中国地质调查成果 CGS 2021-025
深海仪器装备规范化海上试验（2017YFC0306500）
天然气水合物海底钻探及船载检测技术研究与应用（2017YFC0307500）
深水油气近海底重磁高精度探测关键技术（2016YFC0303000）
海马号深海遥控潜水器科学应用及其性能优化（2017YFC0306700）
近海底高精度水合物探测技术（2016YFC0303900）
天然气水合物高分辨率三维地震探测技术（2017YFC0307400）
白云凹陷陆架坡折迁移前后的沉积响应及其对水合物成藏的影响（2020A1515011172）

联合资助

深海探宝之采集技术与装备

SHENHAI TANBAO ZHI CAIJI JISHU YU ZHUANGBEI

肖 波 陈 洁 温明明 等著

图书在版编目(CIP)数据

深海探宝之采集技术与装备/肖波等著. —武汉:中国地质大学出版社,2021.3

ISBN 978-7-5625-5005-1

Ⅰ.①深…
Ⅱ.①肖…
Ⅲ.①深海-海洋调查-探测技术②深海-海洋调查设备
Ⅳ.①P71②TH766

中国版本图书馆 CIP 数据核字(2021)第 066696 号

深海探宝之采集技术与装备	肖 波　陈 洁　温明明		**等著**
责任编辑:张旻玥　　选题策划:毕克成　李国昌　段 勇　张 旭　　责任校对:徐蕾蕾			
出版发行:中国地质大学出版社(武汉市洪山区鲁磨路388号)			邮编:430074
电　　话:(027)67883511　　传真:(027)67883580		E-mail:cbb@cug.edu.cn	
经　　销:全国新华书店		http://www.cugp.cug.edu.cn	
开本:880 毫米×1 230 毫米 1/16		字数:476 千字	印张:15
版次:2021 年 3 月第 1 版		印次:2021 年 3 月第 1 次印刷	
印刷:武汉中远印务有限公司			
ISBN 978-7-5625-5005-1			定价:188.00 元

如有印装质量问题请与印刷厂联系调换

《深海探宝之采集技术与装备》
编辑委员会

主 编：肖 波 陈 洁 温明明

副 主 编：刘思青

编委成员：（按姓氏笔画排序）

于宗泽 王 明 王先庆 王伟巍 王俊珠

田烈余 代爽玲 邢子浩 朱 峰 牟泽霖

李柯良 李勇航 杨 册 宋来勇 张家发

陈宗恒 陈春亮 罗贤虎 郝小柱 俞欣沁

黄 宁 梁永志 彭朝旭 廖开训

前　言

深海探测与深潜技术对于深海生态的研究和利用、深海矿物的开采以及深海地质结构的研究，具有非常重要的意义。向深海进军，推动深海探测科技创新是自然资源部贯彻落实党中央、国务院指示精神的重要举措，是加快实施海洋强国战略的具体行动。从20世纪60年代至今，发达国家率先向深海大洋进军，深海探测技术发展迅速。调查船、钻探船（平台），各类探测仪器、装备，无人/载人/遥控深潜器，水下机器人，取样设备，海底监测网等相继问世，探测广度和深度不断刷新。在深海极端环境、地震机理、深海生物和矿产资源，以及海底深部物质与结构等领域取得了一系列重大进展和新发现。本书的主要目的是在了解全球深海探测技术的基础上，对广州海洋地质调查局深海调查设备的采集能力进行介绍，为我国深海勘探工作提供指导。

广州海洋地质调查局在天然气水合物资源调查、海洋矿产资源调查、海洋油气资源调查、深海稀土资源调查、工程地质与环境地质调查、海洋高科技等领域成绩显著，为全力支撑国家资源能源安全保障、精心服务自然资源管理中心工作发挥了突出作用。针对天然气水合物资源的调查，仍然是以地震勘探技术为主，其他勘探方法包括流体地球化学探测、微地貌勘查、海底可视调查、海底热流探测、海底电磁重力探测、海底取样与深海钻探，天然气水合物资源勘探向着高精度、定量化和综合性方向发展。针对深海油气调查，开展以综合地球物理调查为主、综合地球化学为辅和钻井的海洋油气勘探方式。在海洋油气的探、寻阶段，综合地球物理调查的方式运用最多，特别是三维地震勘探。针对重点构造或其他具有油气潜力的岩性圈闭而实施的加密调查，数据分辨率和密度都非常高，可以对海底地质体进行清晰的三维立体成像；而重、磁勘探是勘探初期为了解区域地层厚度分布状况而采用的常规手段。针对深海多金属结核、富钴结壳调查，主要是利用多波束、浅剖等地球物理手段获取海山地形、沉积和构造信息，利用地质拖网获取海底结壳样品，利用海底摄像了解海底结壳分布特征，利用深海遥控潜水器（ROV）对海山基岩、结壳和沉积的局部分布特征进行精细勘探，通过综合调查手段，验证了大洋矿产资源的分布状况和成矿规律，并逐步实现了海山富钴结壳的"体系化"勘探。针对近岸岛礁等综合地质调查，采用无人艇、无人机等新技术手段以及遥感水深反演等新理论方法，构建海陆一体化调查体系，开展海陆衔接带地形地貌、浅地层结构调查，取得了良好效果，初步形成了一套适用于近岸浅水区的地质方法体系，为正在实施的海陆统筹综合地质调查提供技术支撑，实现了海陆调查无缝连接。

深海探测最重要的作业平台就是海洋调查船，如果从英国海军的"挑战者"号巡航舰于1872年12月开始的历时三年零五个月的大洋调查算起，人类利用船舶进行海洋调查研究的历史只不过140余年。国外早期的海洋调查船主要是用其他旧船改装，直到20世纪50年代末期才开始出现专门设计建造的海洋调查船，国内早期的调查船也多是通过改装制造。党的十九大以来，海洋调查船舶得到了飞速发展，特别是海洋地质调查船，逐渐形成了由近岸调查船到深远海调查船、由专业调查船到综合调查船等一系列调查船队，主要包括"海洋地质十号"地质钻探船、"海洋地质九号"综合调查船、"海洋地质八号"物探调查船、"海洋地质六号"综合调查船、"海洋地质四号"综合调查船、"海洋地质十二号"物探调查船、"海洋地质十六号"物探调查船、"海洋地质十八号"地质钻探船。

茫茫大海里，靠的是海上导航和水下定位所确定的经纬度来找寻自己的位置。水上定位导航技术从几千年前的天文定位技术、罗盘等到21世纪的GPS空间测量技术，精度得到了极大的提高。随后水下定位技术也逐渐发展，可以精确定位水下宝藏的具体位置，为人类深海探宝指明了方向。

透过深海巨厚的水层，去寻找深海海底及海底以下的宝藏，海洋地质工作者是如何使用十八般武器进行深海探测呢？一个重要的手段就是通过声学设备对重点调查区域进行探测，即类似于体检做的"CT"和"B超"，以详细了解该区域的海水物理化学性质、海底地形地貌特征以及海底以下的地层结构与构造，为寻找海底宝藏提供基础数据。海洋声学探测的原理是：激发出的声波信号遇到地下不同介质的分界面时产生反射，接收这些带着地下信息的反射声波信号，并对其进行处理剥离，就能形成反映地下介质结构的"CT图像"。主要声学探测设备包括用于海底地貌测量的多波束测深系统、用于海底图像调查的侧扫声呐系统、用于浅地层结构调查的浅地层剖面仪和用于深部地层调查的地震调查系统。

此外，海洋地质工作者利用对地球重力场、磁场的测量，解析重力场、磁场的特点与规律，是人类认识地球环境的重要手段，更是调查如油气、矿产等资源的重要方法与技术。地球海洋水域的重力场与磁场，是地球海洋环境的重要组成部分。"深海、深地、深空、深蓝科学研究"被列为战略性、前瞻性重大科学问题，海洋近海底的水下重力场、磁场的测量是深海探测的重要部分。另外，人们还利用热流场和电磁场测量来解析地球热流、电磁场的特点和规律，作为调查海底资源的技术方法手段，它可从另一个角度来认识地球的内部结构。

前面介绍的声学、重磁等手段，都是通过间接的方法进行深海宝藏探测，通过光学设备能获得更为直观的探测。实际上，对于绝大部分海域，阳光能穿透海面而到达的最大深度为200m，更深的海洋被永恒的黑暗所覆盖着。因此，调查人员通过将一系列水下光学探测装备，搭载在深潜器或者水下无人潜器等平台上，从而辅助或代替人类在水下环境进行观察与探测活动。在近距离海底探测过程中，光学传感器具有较多的成像特征和较高的分辨率，能获得丰富的目标信息（例如阴影、表面的标记、纹理等）。

除了各类探测设备外，海洋地质工作者还利用各类取样设备进行深海取样，以便找到跟深海宝藏相关的更为直接的证据。最早发展起来的地质取样设备是抓斗取样器，可取样深度为0～40cm。和抓斗取样器类似的是箱式取样器，能取样的深度为0～100cm。随着科技的发展，多管取样器诞生了，它可以一次取8管无扰动的0～80cm的样品。柱状取样器分为重力取样器和活塞取样器，能取到的样品长度为0～2500cm。随着研究的进一步发展，又研制出保压重力取样器、深海浅钻及船载钻机，可以获取更深、更长的样品，取得的样品更加接近在海底时的状态，甚至能直接探查到深海底的天然气水合物、石油和天然气等深海宝藏。

海洋蕴含的多种资源和产生的巨大经济效益越来越引起人类的关注，实践证明，海洋是人类生产和生活不可缺少的领域，海洋对人类的影响随着时间的推移将会成倍增长，海洋是人类社会持续发展的希望所在，更多的深海宝藏等待我们去探查和开发，正像众多专家预言的一样，未来世纪是人类的海洋世纪。

全书分为十章。第一章由王俊珠、李勇航、王先庆、陈宗恒、朱峰撰写；第二章由何水原、张家发、梁永志撰写；第三章由肖波、温明明、彭朝旭、张家发、梁永志、朱峰、李勇航、牟泽霖、冯强强、俞欣沁撰写；第四章由李勇航、王伟巍、王明、刘思青、萧惠中、杨册、宋来勇、邢子浩、黄宁、赵庆献、郝小柱、代爽玲、韦成龙撰写；第五章由朱峰、于宗泽、傅晓洲、徐泽撰写；第六章由廖开训、王功祥、罗贤虎、陈洁、徐行撰写；第七章由陈宗恒、陈春亮、王先庆、刘思青撰写；第八章由罗贤虎、陈爱华、李柯良、王聪、曾宪军撰写；第九章由田烈余撰写；第十章由陈宗恒、苏丕波、杨振、杨永、邓希光、朱克超、李勇航撰写。全书由刘思青负责统稿。本书在撰写过程中，广州海洋地质调查局的陶军、唐军、柯胜边、张志刚，708设计院的张海瑛、高晓磊，701设计院的孙攀、刘洪亮，ION公司的王立明，海军大连舰艇学院海测工程系的刘雁春，解放军海军装备研究院的黄谟涛，中国地质大学（武汉）地球物理与空间信息学院的张昌达，西安测绘研究所的孙中苗，北京自动化控制设备研究所的胡平华，浙江大学的宋宏等领导和专家给予了许多具体的指导和帮助。本书的出版得到了国家重点研发计划深海关键技术与装备重点专项"深海仪器装备规范化海上试验（2017YFC0306500）""天然气水合物海底钻探及船载检测技术研究与应用（2017YFC0307500）""深水油气近海底重磁高精度探测关键技术（2016YFC0303000）""海马号深海遥控潜水器科学应用及其性能优化（2017YFC0306700）""近海底高精度水合物探测技术（2016YFC0303900）""天然气水合物高分辨率三维地震探测技术（2017YFC0307400）"以及广东省基础与应用基础研究基金项目"白云凹陷陆架坡折迁移前后的沉积响应及其对水合物成藏的影响（2020A1515011172）"的资助。

由于作者学识和能力有限，书中难免存在不足之处，恳请读者批评指正。

陈　洁

2020年3月7日

作者介绍

肖波，男，中国地质调查局广州海洋地质调查局海洋技术方法研究所副所长，教授级高工，"十三五"国家重点研发计划项目"天然气水合物海底钻探及船载检测技术研究与应用"项目首席科学家兼课题负责人。长期从事海洋地质与海洋物探专业技术工作，20年来奋战在海洋地质调查研究第一线，作为调查船首席科学家与技术负责主持了海洋工程与环境、大洋矿产资源、南海水合物资源等30余个大型项目，主持"国家重点研发计划"项目1项并担任项目首席科学家参与了"863"计划和天然气水合物勘查与试开采工程配套科研课题5项，公开发表论文10余篇。近年来主要业绩如下：

"十三五"国家重点研发计划项目"天然气水合物海底钻探及船载检测技术研究与应用"项目负责人首席和课题负责人，该项目以形成水合物海底钻探保压取芯及船载检测完整技术装备链条为目标，满足我国天然气水合物勘探及试采对水合物高质量岩芯、高精准检测技术与装备需求，为我国自主实施首次天然气水合物取芯与船载技术集成提供工程化应用。

"十二五""天然气水合物样品保压转移及处理技术"项目子课题负责人，实现了保压取样技术、保压转移技术以及后处理技术的无缝对接，最终形成水合物保压取芯和处理分析技术系列，最大程度提取保压样品的各项技术参数，为2017年天然气水合物试采提供了勘查服务。

大洋项目"富钴结壳资源勘查技术方法体系与勘查方案研究"子课题负责人，针对勘探阶段富钴结壳资源评价的工作要求和富钴结壳矿床特点，对已有的技术方法体系进行了优化完善，形成了一套有效的勘查技术方法体系和勘查方案，为资源评价工作服务。

2016年作为主要负责人编写修订了中华人民共和国矿产行业标准《海洋多波束水深测量规程》，在海洋地质区域调查、海洋矿产资源勘查与工程地质勘察中广泛使用，形成了适合自己国情的行业标准，提高了多波束勘查质量，最终目的是形成国家标准。

"海域天然气水合物成藏机制及勘查技术创新团队"核心成员，为构建天然气水合物装备技术研发及应用做出了应有的贡献。

2018年作为"深海探测创新工程"副首席专家，主要负责重点研发计划的实施工作，推进局"十三五"重点研发计划的保障工作，协助项目负责人进行重点研发项目的组织实施，目前技术方法所承担项目研究经费1亿多元。

陈洁，女，二级教授级高级工程师，中国科学院地质地球物理研究所理学博士学位，固体地球物理专业。中国地质大学（武汉）、海军工程大学、中山大学兼职教授，博导，中国地球物理相关的安全和信息委员会的委员或理事。全国海洋地球物理学科学传播专家团队副团长，广东省科普大使。"十三五"国家重点研发计划"深水油气近海底重磁高精度探测关键技术"项目长。

1984年—1988年6月，江汉石油学院任教，开设并主讲"地震地层学"，独立开课，系优秀教师，教学评议连续两年为物探系及江汉石油学院前茅。

1988年7月—2002年胜利油田工作15年，发现滨南、利津深层油田，上报控制储量近5000万吨，成功部署探井百余口，相应成果获得中国石油化工集团公司"科学技术进步奖"一等奖。

2003年，作为特殊引进人才，调入国土资源部广州海洋地质调查局，带队国家"863"计划国家重大项目"深水油气综合地球物理采集处理及联合解释技术"课题，首次构建了深水油气调查勘探的技术框架，建立"海域石油和天然气地球物理调查规范"，形成一系列拥有自主知识产权的技术成果，"深水油气地球物理综合调查技术及其应用"获得中国海洋咨询协会与国家海洋局颁发的"海洋工程技术进步"一等奖，编制的南海重力测量图件、磁力测量图件收录于《南海地球物理图集》，并且入选了中国地质学会"新一代高精度南海地质地球物理图系编制"项目2016年度十大地质科技进展。

组织20多个不同领域的专家团队，主持制定行业标准：《海洋重力测量技术规范》（DZ/T 0356—2020）、《海洋磁力测量技术规范》（DZ/T 0357—2020）、《海洋地质调查导航定位规程》（DZ/T 0360—2020）、《海洋热流技术规程》（DZ/T 0359—2020）、《海洋地震测量技术规范（第一部分（二维地震）～第二部分（三维地震）》（DZ/T 0358.1—2020，DZ/T0358.2—2020）5项海洋地球物理测量的6个标准，第一次建立了海洋地球物理测量标准系列，规范了海洋地球物理从采集、处理到解释、评价等不同阶段技术要求，填补具有战略性、基础性、公益性调查工作的空白。这些标准的研发，得到了海军的大力支持，成为军民融合测量体系建设的重要组成。

2016年，作为第一期国家重点研发计划"深水油气近海底重磁高精度探测关键技术"项目的项目长，带领项目组全体成员，针对水下重磁领域的三大难关，不但要打破美、欧对中国的封锁，对于深水油气资源调查起到关键作用，而且海防海战场环境信息体系建设重要组成部分，项目成功实施且海试成功，将为海防填补水下重磁信息体系空白。已获得发明专利：一种水下拖曳式高精度重磁探测系统及方法（专利号：ZL 2018 1 0764190.2；样机名称：探海谛听）等2项发明专利和4项实用新型专利。

出版《南海地球物理图集》《深水油气综合地球物理勘探技术文集》专著2部，出版《1∶200万南海空间重力异常图》《1∶200万南海布格重力异常图》《1∶200万南海磁力异常图》专业图3幅，公开发表论文60余篇，从2009年开始在中国地质大学（武汉）开设"海洋地球物理概论"研究生课程。

温明明，男，广州海洋地质调查海洋技术方法研究所副所长，教授级高工，自工作以来一直从事海洋野外调查及海洋物探技术方法的研究工作，作为项目负责人主持"十三五"国家重点研发计划项目1项，作为课题负责人主持完成十二五国家"863"计划课题及"127专项"配套科研课题2项，作为骨干成员参加"863"课题等研究工作3项以及中国地质调查局地质调查技术标准编写2项，作为首席科学家助理或技术负责主持了30多次国家专项调查任务，公开发表论文10余篇，并任《地球学报》第五届编委。近年来主要业绩如下：

"十三五"国家重点研发计划项目"近海底高精度水合物探测技术"项目负责人。该项目围绕我国天然气水合物资源勘查和试采工程对高精度勘察的迫切需求，完成深拖式高分辨率多道地震探测系统和近海底原位多参量地球化学测量系统关键技术和装备的研发，形成一套完整的野外数据采集技术方法，实现研发设备、技术方法的工程化应用。

"十二五"国家"863"计划课题"天然气水合物地球物理立体探测技术"的子课题负责人，主持研发的"海底冷泉水体回声反射快速探测系统"是国内首套针对海底冷泉气泡溢出进行探测的专用设备，在海上试验中成功发现了海底活动冷泉标识。该设备的研制成功，为天然气水合物勘查增加了一个重要的技术手段，使快速冷泉探测成为可能，极大地提高了海域天然气水合物勘查的准确性。研究成果在2016年"十二五"国家科技成果展和国际矿业大会上对公众进行了展示。

作为课题负责人参加了国家"127专项"配套子项目"南海天然气水合物勘查

技术研发"的研究工作。其中 2014 年主持研发的"天然气水合物超大能量等离子体震源系统"目前是国内最大能量的水合物探测高分辨率震源，填补了国内空白，并在海试中发现了明显的与天然气水合物相关的地层速度异常。

作为骨干成员参加了"十一五""863"计划课题"300 公斤级小型自主探测系统""天然气水合物的海底电磁探测技术""大容量电火花震源的技术研究"等多项课题的研究工作。

参加中国地质调查局《海洋天然气水合物地质勘查规范》和《侧扫声呐测量技术规程》的编制，其中前者已发布实施。

目 录

第一章 调查平台 (1)
第一节 调查船 (1)
一、国外的进展 (1)
二、国内的发展历程 (2)
三、现在的工作方案 (5)
第二节 水面无人艇 (12)
一、国外的进展 (12)
二、国内的发展历程 (13)
三、现在的工作方案 (15)
第三节 遥控无人深潜器 (18)
一、国外的进展 (18)
二、国内的发展历程 (20)
三、现在的工作方案 (22)
第四节 深拖系统 (29)
一、国外的进展 (29)
二、国内的发展历程 (29)
三、现在的工作方案 (33)
第五节 水下滑翔机 (34)
一、国外的进展 (35)
二、国内的发展历程 (35)
三、现在的工作方案 (36)

第二章 海上导航定位 (41)
第一节 水上导航系统 (41)
一、国外的进展 (41)
二、国内的发展历程 (44)
第二节 水下导航系列 (47)
一、国外的进展 (47)
二、国内的发展历程 (48)
第三节 现在的工作方案 (49)

第三章 弹性波场之一——浅层海底的探测 (54)
第一节 单波束系统 (54)
一、国外的进展 (54)
二、国内的发展历程 (55)
三、现在的工作方案 (55)
第二节 多波束系统 (57)
一、国外的进展 (57)

二、国内的发展历程 ··· (58)
　　三、现在的工作方案 ··· (61)
第三节　浅地层剖面测量 ··· (63)
　　一、国外的进展 ··· (64)
　　二、国内的发展历程 ··· (65)
　　三、现在的工作方案 ··· (67)
第四节　侧扫声呐测量 ··· (71)
　　一、国外的进展 ··· (71)
　　二、国内的发展历程 ··· (73)
　　三、现在的工作方案 ··· (77)

第四章　弹性波场之二——海底深部的探测 ··· (85)
第一节　单道地震 ··· (85)
　　一、国外的进展 ··· (85)
　　二、国内的发展历程 ··· (86)
　　三、现在的工作方案 ··· (88)
第二节　二维多道地震 ··· (91)
　　一、国外的进展 ··· (91)
　　二、国内的发展历程 ··· (93)
　　三、现在的工作方案 ··· (96)
第三节　三维地震 ··· (99)
　　一、国外的进展 ··· (99)
　　二、国内的发展历程 ··· (103)
　　三、现在的工作方案 ··· (106)
第四节　OBS海底地震 ··· (113)
　　一、国外的进展 ··· (113)
　　二、国内的发展历程 ··· (115)
　　三、现在的工作方案 ··· (117)

第五章　物理海洋 ··· (121)
第一节　温盐深及海水取样 ··· (121)
　　一、国外的进展 ··· (121)
　　二、国内的发展历程 ··· (122)
　　三、现在的工作方案 ··· (123)
第二节　海洋流速测量 ··· (126)
　　一、国外的进展 ··· (126)
　　二、国内的发展历程 ··· (127)
　　三、现在的工作方案 ··· (127)

第六章　位　场 ··· (129)
第一节　重力场 ··· (129)
　　一、国外的进展 ··· (129)
　　二、国内的发展历程 ··· (131)
　　三、现在的工作方案 ··· (134)

第二节 磁力场 (138)
  一、国外的进展 (138)
  二、国内的发展历程 (140)
  三、现在的工作方案 (140)
第三节 电磁场 (144)
  一、国外的进展 (144)
  二、国内的发展历程 (145)
  三、现在的工作方案 (146)

第七章 光 学 (150)
 第一节 海底摄像 (150)
  一、国外的进展 (150)
  二、国内的发展历程 (151)
  三、现在的工作方案 (151)
 第二节 高光谱成像技术 (154)
  一、国外的进展 (154)
  二、国内的发展历程 (164)
  三、现在的工作方案 (164)
 第三节 水下荧光成像 (165)
  一、国外的进展 (165)
  二、国内的发展历程 (167)
  三、水下荧光成像的应用 (168)

第八章 站位调查 (172)
 第一节 热流 (172)
  一、国外的进展 (172)
  二、国内的发展历程 (174)
  三、现在的工作方案 (176)
 第二节 地质取样 (177)
  一、国外的进展 (177)
  二、国内的发展历程 (181)
  三、现在的工作方案 (186)

第九章 钻探技术 (189)
 第一节 深海浅地层钻机 (189)
  一、国外的进展 (189)
  二、国内的发展历程 (194)
  三、现在的工作方案 (195)
 第二节 船载钻机技术 (200)
  一、国外的进展 (200)
  二、国内的发展历程 (202)
  三、现在的工作方案 (203)

第十章 取得的成就 (205)
 第一节 天然气水合物资源 (205)

第二节　深海油气资源 …………………………………………………………………（208）

第三节　大洋多金属结核矿产资源 ……………………………………………………（210）

第四节　富钴结壳资源 …………………………………………………………………（211）

第五节　深海沉积物稀土资源 …………………………………………………………（213）

第六节　近岸环境工程地质与资源 ……………………………………………………（215）

主要参考文献 ……………………………………………………………………………（216）

第一章　调查平台

第一节　调查船

一、国外的进展

海洋调查船是指在海洋气象学、水声学、海洋物理学、海洋化学、海洋生物学、海洋地质学、水文测量学等诸多学科中用于调查研究及承担特殊任务的船舶，可大致分为综合调查船、物探调查船、地质钻探船等。鉴于海洋调查船在海洋研究中的重要作用，世界各国一直将海洋科学调查船的建设视为海洋科学发展的一个重要举措。世界上有 49 个国家拥有自己的海洋科学调查船，总数量接近千艘（陈练等，2014）。其中美国最多，其次为日本、俄罗斯，还包括德国、英国、法国、挪威、西班牙和荷兰等欧洲国家。根据世界各国自身的海洋战略定位，各国海洋调查船的发展思路也有所不同。美国实行的是全球海洋战略，装备成系列、高性能的海洋调查船，除了对海上战略资源进行调查和对生态环境实施保护外，还特别注重对各大洋的气象水文等数据的调查，为海上军事及其他活动提供基础数据。俄罗斯继承了苏联的大部分海洋调查船，主要服役时间集中在 20 世纪 80 年代，也主要是为了获取全球大洋的气象水文等环境数据。日本的战略主要为了获取海洋资源，因此注重发展中远海海洋调查船，包括极地海域调查船，代表船舶包括总吨位高达 56 752t 的大洋钻探船"地球（Chikyu）号"和新"白濑号"南极科考船。欧洲国家的海洋战略为区域海洋战略，因此以近岸作业的小型调查船为主。欧洲 27 个国家目前拥有调查船 238 艘，船长小于 55m 的近岸调查船 164 艘，占到总数的近 70%。此外，这些海洋调查船主要集中在英国、法国、德国、意大利、挪威、西班牙、荷兰 7 个国家，共拥有调查船 152 艘，占到总数的近 65%。

调查对象的特征不同，需要的调查手段也各不相同，因此海洋调查船的设计和功能有所不同。根据调查需求，对海洋调查船通常有如下几方面的特定技术要求。

1）船型以单体船为主

现有海洋调查船大多采用单体船型，只有特殊作业如声学调查船采用双体船型。单体船在综合性能上要优于双体船，也是适合绝大多数科考作业的船型。单体船也可通过静音设计或其他特殊设计，为船舶创造良好的静音性能。

2）模块化实验室

随着科考任务的不断增加和调查方式的日益多样化，对海洋调查船可切换性的要求更高了。由于大多数的新调查方式需要搭载设备，因此要对实验室、船舱及甲板进行特殊设计，同时搭载集装箱式模块化实验室，以实现不同科考任务的快速切换，实现对调查船的利用最大化，降低运营成本。

3）电力推进系统

采用电力推进系统，一方面便于船舶总体的灵活布置，且噪声较小，另一方面兼顾了海洋考察船动力定位系统的要求（陈练等，2014）。考虑到污染及降低能耗等因素，燃料电池有望在将来成为海洋调查船的一种新型动力。

4）动力定位技术

海洋调查船因为需要承担的科考任务类型多样，需要考虑综合运行成本，而不仅仅考虑航速，因此海洋调查船不需要很高的航速，但对船舶的定位能力要求很高。在进行测线作业时，对航速和航行轨迹的精度要求较高；在进行定点作业时，需要长时间保持船舶的精确位置，对动力定位系统要求较高。针对不同作业，对动力定位系统可靠性的要求也不同，因此需要对不同作业内容的海洋调查船采用不同等级的动力定位系统，如 DP-2 或 DP-3。

5）部分具备冰区航行能力

由于远洋调查船的航区为无限航区，因此大部分远洋级调查船均具备一定的冰区加强功能，可以满足冰区航行需求，在两极地区相应海区进行部分作业。部分专业极地调查船则还具备破冰能力。

6）AUV（水下自主航行机器人）、无人机等高科技工具开始应用

为了提高作业效率和获取更高精度的数据，AUV 也开始应用在海洋调查中，可以获取高精度的海底地形资料、视像资料、地层剖面数据及环境水文数据，并可通过布放多台 AUV 来大大提高工作效率。无人机则应用在海洋环境、气象调查及海冰观测方面。

7）综合调查能力强

现有国外先进的海洋调查船普遍装备了多种调查设备，包括固定安装的多波束、单波束、浅剖、超短基线、鱼探仪、ADCP 等声学设备，还搭载多种可移动设备，包括 CTD、磁力仪、重力仪、多道地震系统、沉积物取样器、生物捕获器、ROV、自动气象仪等设备，可满足大多数调查的需要。通过对甲板和实验室的模块化设计，还可搭载更多新研发的科研设备，实现更强的综合调查能力。

8）信息化水平提升

信息化水平不仅体现在船舶通信能力方面，还体现在船岸一体化的数据管理方面，更体现在许多长期观测仪器可以通过卫星将海洋观测数据在全球范围内实时传输。

各国海洋调查船中，尤以美国的数量最多，技术最为先进，体系最为完善，最能代表世界海洋调查船发展的趋势和方向。美国海洋调查船的管理从顶层谋划，有效地保障了调查船队的规模与技术水平。管理模式如下：成立跨部门合作组织，制订海洋科学研究设施使用、更新与投资的政策、程序和计划；大型调查船普遍由政府部门出资建造，研究院所使用、管理；制订长远发展规划，积极推进调查船建设的长远规划，发布了一系列未来海洋调查船的发展报告，如 2001 年的《美国国家科学研究船队未来规划》，2009 年的《海上科学：用强大的海洋科学研究船队满足未来海洋科学研究目标》，2013 年的《联邦海洋科学研究船队现状报告》等。

二、国内的发展历程

自 1956 年中国科学院（简称中科院）海洋生物研究所将一艘美国产的远洋救生拖轮改造成我国第一艘海洋调查船"金星号（图 1-1-1）"开始，我国根据国家需要，在 20 世纪 60~80 年代通过改造、新建等方式，逐渐装备了从近岸级海洋调查船到大洋级调查船的综合调查船、水文调查船、渔业调查船、地质调查船、水声接收船等，包括曙光系列调查船、奋斗系列调查船、"海洋四号"（现"海洋地质四号"）调查船、向阳红系列调查船、"东方红号"调查船、"实践号"调查船、"科学一号"调查船、"北斗号"调查船等（彭德清，1988），为中华人民共和国的近海海洋调查、大洋调查及其他海洋测量任务做出了卓越而丰富的贡献。20 世纪 60~70 年代是我国调查船建造的高峰期，此阶段我国调查船和配套设备的基点均放在国内，走自主研发路线，对配套设备的旺盛需求也促进了国产配套设备产业的不断发展壮大。

自 20 世纪 70 年代末至 21 世纪 10 年代后期的近 40 年，我国建造和改造了部分专业海洋调查船，但总体上看，我国海洋调查船的规划建造基本停滞不前，尤其缺少远洋专业科学调查船。如 1993 年，我国承担大洋海底多金属结核区调查任务的海洋调查船"向阳红 16 号"在东海发生撞船事故沉没，造成了人员伤亡，同时也影响了多金属结核区海洋调查任务的执行。由于当时国内没有合适的调查船，为了满足中国大洋矿产资源调查的需要，中国大洋协会于 1994 年从俄罗斯远东海洋地质调查局购买了"地质学家彼得安德罗波夫号"海洋调查船，并经初步改装后于 1995 年 9 月入列并命名为"大洋一号"。"大洋一号"成为我国第一艘现代化的综合性远洋科学考察船。

图 1-1-1 "金星号"调查船

与此同时，新海洋调查船的建造停滞也导致了对配套设备的需求不断下滑，国产配套设备的设计与生产能力萎缩，生产的配套设备可靠性差，无法与国外产品竞争，这也进一步导致国内在选择调查船设备配套时，将基点放在国外，严重依赖进口，从而形成恶性循环。

在2010年以前，我国所有海洋调查船船龄较老，近一半超期服役，如向阳红系列、曙光系列、奋斗系列等，建造了"延平2号""东方红2号""科学三号""海洋地质六号"和"实验1号"等新调查船，积累不少设计经验和母船船型，为后来科考船的建造打下了基础。随着海洋调查技术的发展进步和海洋调查工作的需求逐渐增加，我国的老一代海洋调查船在综合性能上的落后也无法满足海上调查工作的要求。因此自2010年之后，我国的海洋调查船进入了一波建造高峰，建造了各类更先进的调查船，逐渐缩小了同先进国家的差距，目前民用在役海洋调查船的基本情况如表1-1-1所示。

表1-1-1 我国目前民用在役海洋调查船基本情况

序号	船名	船东单位	年份	级别	使命任务
1	实验2号	中国科学院南海海洋研究所	1979	近岸级	科学研究
2	海洋地质十六号	广州海洋地质调查局	1978	近岸级	地质调查
3	海洋地质十八号	广州海洋地质调查局	1979	近岸级	地质调查
4	延平2号	福建海洋研究所	1997	近岸级	科学研究
5	业治铮号	青岛海洋地质研究所	2004	近岸级	地质调查
6	向阳红08号	国家海洋局北海分局（现自然资源部北海局）	2008	近岸级	科学研究
7	润江1号	舟山润禾海洋科技开发服务有限责任公司	2009	近岸级	综合调查
8	天使1号	中国海洋大学	2013	近岸级	教学/科研
9	浙海科1号	浙江海洋大学	2013	近岸级	科学研究
10	中国考古01号	国家文物局	2014	近岸级	水下考古
11	向阳红81号	国家深海基地管理中心	2015	近岸级	科学研究及辅助调查
12	清研海试1号	清华大学	2019	近岸级	科研与工程试验
13	海洋地质十二号	广州海洋地质调查局	1978	区域级	石油物探
14	北斗号	黄海水产研究所	1983	区域级	渔业调查
15	科学三号	中国科学院海洋研究所	2006	区域级	科学研究
16	向阳红28号	国家海洋局东海分局（现自然资源部东海局）	2014（改造）	区域级	测量
17	向阳红52号	国家海洋局北海分局（现自然资源部北海局）	2018（改造）	区域级	浮标作业及科学研究
18	向阳红20号	国家海洋局东海分局（现自然资源部东海局）	1969	大洋级	科学研究
19	向阳红09号	国家海洋局北海分局（现自然资源部北海局）	1978	大洋级	载人潜器搭载试验

续表 1-1-1

序号	船名	船东单位	年份	级别	使命任务
20	向阳红 14 号	国家海洋局南海分局（现自然资源部南海局）	1978	大洋级	水文测量
21	海洋地质四号	广州海洋地质调查局	1980	大洋级	地质调查
22	实验 3 号	中国科学院南海海洋研究所	1980	大洋级	科学研究
23	发现 2 号	中石化上海海洋石油局	1993	大洋级	石油物探
24	东方红 2 号	中国海洋大学	1995	大洋级	教学/科研
25	实验 1 号	中国科学院南海海洋研究所	2008	大洋级	声学环境调查研究
26	南锋号	南海水产研究所	2010	大洋级	渔业调查
27	发现 6 号	中石化上海海洋石油局	2013	全球级	石油物探
28	海大号	中国海洋大学	2013	大洋级	科学研究
29	实践号	国家海洋局东海分局（现自然资源部东海局）	2014（改造）	大洋级	科学研究
30	向阳红 18 号	国家海洋局第一海洋研究所（现自然资源部第一海洋研究所）	2015	大洋级	科学研究
31	向阳红 05 号	国家海洋局南海分局（现自然资源部南海局）	2016（改造）	大洋级	科学研究
32	向阳红 06 号	国家海洋局北海海洋工程勘察研究院（现自然资源部北海局）	2016（改造）	大洋级	科学研究
33	淞航号	上海海洋大学	2017	大洋级	渔业/科学研究
34	实验 6 号	中国科学院南海海洋研究所	2020	大洋级	科学研究
35	大洋一号	中国大洋矿产资源研究开发协会	1984	全球级	综合资源环境调查
36	雪龙号	中国极地研究中心	1993	全球级	极地科学研究
37	海洋地质六号	广州海洋地质调查局	2009	全球级	水合物调查
38	科学号	中国科学院海洋研究所	2012	全球级	科学研究
39	向阳红 10 号	国家海洋局第二海洋研究所（现自然资源部第二海洋研究所）	2014	全球级	科学研究
40	向阳红 19 号	国家海洋局东海海洋环境调查勘察中心（现自然资源部东海局）	2015	全球级	科学研究
41	向阳红 01 号	国家海洋局第一海洋研究所（现自然资源部第一海洋研究所）	2016	全球级	科学研究
42	向阳红 03 号	国家海洋局第三海洋研究所（现自然资源部第三海洋研究所）	2016	全球级	科学研究
43	探索一号	中国科学院深海科学与工程研究所	2016	全球级	载人深潜
44	张謇号	上海海洋大学	2016	全球级	深渊科考
45	嘉庚号	厦门大学	2017	全球级	科学研究
46	海洋地质八号	广州海洋地质调查局	2017	全球级	石油勘探
47	海洋地质九号	青岛海洋地质研究所	2017	全球级	科学研究
48	海洋地质十号	广州海洋地质调查局	2017	全球级	科学研究
49	向阳红 22 号	国家海洋局东海分局（现自然资源部东海局）	2019	全球级	浮标作业及科学研究
50	向阳红 31 号	国家海洋局南海分局（现自然资源部南海局）	2019	全球级	浮标作业及科学研究
51	蓝海 101	中国水产科学研究院黄海水产研究所	2019	全球级	渔业综合科学研究
52	蓝海 201	中国水产科学研究院东海水产研究所	2019	全球级	渔业综合科学研究
53	东方红三号	中国海洋大学	2019	全球级	科学研究
54	雪龙 2 号	中国极地研究中心	2019	全球级	极地科学研究
55	大洋号	中国大洋矿产资源研究开发协会	2019	全球级	科学研究
56	深海一号	中国大洋矿产资源研究开发协会	2019	全球级	载人深潜及科学研究
57	海洋地质二号	广州海洋地质调查局	2020（改造）	全球级	综合调查
58	探索二号	中国科学院深海科学与工程研究所	2020	全球级	科学研究
59	水合物钻探船（大洋钻探船）	广州海洋地质调查局	在建	全球级	资源勘查及科学研究
60	中山大学号	中山大学	在建	全球级	科学研究

注：部分数据引自陈练等，2014。

三、现在的工作方案

2010 年以后，我国建造了一系列性能先进、装备优良、国际领先的调查船。为更好地满足我国海洋调查需要，需不断提高调查船的调查能力，为国家的海洋强国战略以及"一带一路"倡议的顺利实施保驾护航。

（1）丰富调查船的类型。目前我国已经逐步建成有综合调查船、水合物综合地球物理调查船、水文调查船、渔业调查船、地质调查船、极地调查船等，调查船种类比较齐全。但随着全球陆地资源的消耗，海洋资源调查逐渐走向深远海，需要对大洋及深海进行详细的资源、环境、生态及水文调查，为此，国外装备了深海钻探船等高精尖海洋调查船舶设备，我国应加大投入，逐步掌握高精尖领域海洋调查船设计和建造技术，进行深海高精尖装备的开发及加大产业扶持力度，完善我国的海洋调查船类型及深海产业。

（2）提高调查船的设计和整体性能。在极地调查船、声学调查船以及大洋科考调查船的设计和建造中，我国与国外先进水平还有一定的差距，如国内缺少破冰船设计经验和实验冰池，缺少声学设备受海水气泡影响的水池实验经验等，导致需要到挪威、芬兰等北欧国家进行对应的设计和船模实验。因此需要在一些特殊领域加强学习、交流和积累，提高设计水平（孟庆龙等，2017）。同时，海洋调查船作为一个系统工程，需要根据船舶功能和设备要求进行定制化的设计，在船舶震动、舒适性、减噪、节能、环保等综合性能方面需要整体提高，让一个海洋调查船不仅满足可以开展工作的基本要求，而且要满足安全、环保、舒适的更高要求。

（3）协调发展近岸海洋调查船。欧洲海洋调查船中，近岸海洋调查船占据了 70%，为海洋经济的发展做出了有力贡献。沿海地区的发展与海洋有着紧密的联系，近岸海域为沿海地区的经济发展提供丰富的物资资源；近岸海域优越的气候和自然风光形成了旅游热点，滨海旅游已成为沿海地区创收的重要产业之一，而且海洋交通、沿海造船、海洋水产业都是沿海地区经济发展的特色。鉴于我国海洋经济的迅猛发展，近海区域的调查和日常监测的需求急速上升，应协调发展更为经济的近岸海洋调查船，助力我国海洋经济的发展、海洋环境的保护。

（4）推动海洋调查仪器设备的国产化进程。虽然我国的海洋调查船设计和建造已经比较成熟，但海洋调查船安装的高精尖的海洋调查设备基本依赖进口。一方面是因为学术交流对设备数据一致性的要求，另一方面也是因为我国生产的一些设备的质量、精度、效率还达不到调查要求，严重阻碍了海洋调查活动的进行，海洋调查仪器设备面临着国产化的难题。鉴于目前中美贸易战及部分国家加强技术封锁的明显趋势，我国还需要大力支持国产海洋调查仪器设备厂商，提高我国海洋调查仪器设备自主设计和生产能力，如多波束测深系统、多普勒海流剖面仪等声学设备，以及海洋重力仪、海洋磁力仪、地震测量系统等，摆脱对国外设备的依赖，在形成具有中国自主知识产权调查仪器设备的同时，也能兼容吸纳国际上的全部成果。

广州海洋地质调查局（简称广州海洋局）工作部署定位于海洋调查，目前拥有以下调查船平台。

1)"海洋地质十号"

"海洋地质十号"是广州海洋局的一艘具有钻探功能的综合调查船，由中国船舶重工 701 研究所上海分部设计，广东中远船务工程有限公司于 2016 年开工建造，2017 年 12 月入列。该船长 75.8m，型宽 15.4m，型深 7.6m，最大航速 15kn，续航力 8000n mile，自持力 45 天，满载吃水 5.3m，满载排水量 3 490.7t，定员 58 人，无限航区，具备 B 级冰区加强功能。配有 DP-2 动力定位系统。钻探最大作业水深 1000m，在该水深下最大钻深 200m，升沉补偿正负 1.5m。可以完成海洋地质调查（含钻探）、地球物理调查和海洋水文调查，是目前我国综合科考能力较强的调查船（图 1-1-2）。

该船采用当今世界领先的模块化科考设备布局，可同时搭载包括地震测量系统、地热流测量系统、深潜器作业系统、侧扫声呐系统、静力触探系统、可视化取样系统、振动取样系统等在内的地质、地球物理、海洋水文调查等三大类共计 20 套调查设备，同时配置有功能齐全的液压折臂吊、深海绞车和 A 型架吊放回收设备。提升装置包括 A 型架（动载 20t，净高 9m，净宽 6m）、液压吊机（起重 5t，吊距

图 1-1-2 "海洋地质十号"外观

15m)、万米地质绞车、万米光电复合缆绞车、万米 CTD 绞车。

该船在主甲板靠近露天甲板区域设置干实验室一间，面积约 67m²；湿实验室一间，面积约 35m²；样品储藏间一间，面积约 8m²。钻井作业区域设置在主甲板露天部位。钻井作业区域主要布置有井架、月池、动力猫道、抓管机、钻杆盒、绞车、铁钻工、司钻房等；平台甲板主要布置有液压站、空压机、气瓶等；双层底主要布置有泥浆泵、泥浆池等。A 型架和绞车作业区域设置在露天甲板尾部和平台甲板绞车舱。声学设备区域布置在船首底部，采用导流罩形式安装。主要声学设备有：中深水多波束发射阵列、中深水多波束接收阵列、声学多普勒流速剖面仪、浅底层剖面仪、单波束测深仪换能器等。该船中后部设有宽阔的甲板作业区，主甲板提供了约 500m² 的露天甲板作业区（图 1-1-3）。

2)"海洋地质八号"

"海洋地质八号"是广州海洋局的一艘具有先进三维地震测量功能的综合物探调查船，并具备由 6 缆升级 8 缆小道距的条件（图 1-1-4）。该船由中国船舶及海洋工程设计研究院设计，上海造船厂建成，并于 2017 年入列。该船长 88.0m，型宽 20.4m，型深 8.0m，满载吃水 6.2m，满载排水量 6 585.8t，最大航速 15kn，续航力 16 000n mile，自持力 60 天，定员 60 人，无限航区（抗冰加强 B 级），通导设备按适合 A1+A2+A3 三个海区配置。"海洋地质八号"配备有三维地震采集系统、ORCA 综合导航系统、6 条地震拖缆和 8 排气枪阵列、多道地震后处理系统和单波束水深测量系统等，具备在全球海域进行三维地震勘探作业能力，以及重力测量和磁力测量等调查作业的能力。提升装置包括液压折臂吊（Palfinger，10t@16m）、KONSBERG 绞车等。

图 1-1-3 "海洋地质十号"设备

图 1-1-4 "海洋地质八号"外观

船舶在 4.5kn 航速下，可拖带 6 根地震数据采集电缆，在地震综合导航系统的控制下，高压空气气枪震源激发地震信号，由采集电缆接受地下地层反射的地震信号并传至地震采集记录系统完成地震信息的记录。

物探专业设备主要包括室内电子设备、液压机械设备以及水下拖曳设备，工作区域分为室外甲板工作区和室内工作区。

主甲板、物探电缆甲板、救助艇甲板中后部区域为甲板工作区域，布置安装了专用于收放、储存水下拖曳设备的液压机械设备及各种辅助装置，支持上述液压机械设备的液压动力单元和震源空压机安装布置在中间甲板舱内。

震源共 6 排长度约 20m 气枪阵列。采集电缆采用 6×640 道固体数字电缆，每个电缆绞车最多可存储 8500m 地震采集电缆（包括前后弹性段、铠装段）。

室内物探工作区主要在主甲板、艏楼甲板和系泊甲板。主甲板设置气枪储藏室、震源修理储藏室、震源设备储藏室、气枪控制室等；艏楼甲板设置仪器房、机库、UPS间、磁带库、办公室；系泊甲板设置电缆储藏维修室等（图1-1-5）。

图1-1-5　"海洋地质八号"工作区

3) "海洋地质六号"

"海洋地质六号"（图1-1-6）由武昌船舶重工有限责任公司建造，于2009年10月正式启用，是我国第一艘新一代现代化综合调查船。该船先后完成10个深海大洋科考航次和1个南极科考航次等重大项目，足迹遍布中国海、太平洋和南极海域。

该船长106m，型宽17.4m，型深8.3m，满载吃水5.72m，满载排水量4650t，最大航速15kn，续航力15 000n mile，自持力60天，定员65人，适航航区全海域。

图1-1-6　"海洋地质六号"外观

"海洋地质六号"是一艘配置完善的综合调查船。其采用电力推进系统、动力定位、全回转舵桨等国际先进技术及设备，配置了深海水下遥控探测系统、深海取样分析、深水多波束测深系统、深水浅地层剖面系统、长排列大容量高分辨率地震采集系统、超短基线水下声学定位系统、声学多普勒海流剖面系统、CTD系统、地热流探测系统、万米深海地质绞车、万米深拖绞车、ROV绞车、π型架、A型架、超长重力活塞取样托架等多种高科技调查设备。同时配备4500m级深海水下机器人"海狮"号和"海马"号，能满足海洋地球物理、海洋地质、海洋地球化学、深海水下遥控探测和水文调查等多学科、多手段综合调查要求（图1-1-7）。

图1-1-7 "海洋地质六号"设备

4）"海洋地质四号"

"海洋地质四号"（图1-1-8）是目前国内调查手段较齐全的海洋地质地球物理综合调查船。该船于1978年由上海沪东船厂建造，1980年交付使用，是参加中国大洋科学考察最早、执行航次任务最多、每次都安全圆满完成任务的一艘"英雄科考船"。

该船长104.27m，型宽13.74m，型深7.8m，满载吃水4.95m，满载排水量3 376.18t，最大航速16kn，续航力6000n mile，自持力40天，定员58人，适航航区全海域。

图1-1-8 "海洋地质四号"外观

"海洋地质四号"装备主要有导航定位系统及水下定位系统、深水浅地层剖面系统、深水多波束系统、地质取样设备（抓斗取样器、箱式取样器、重力柱状取样器、大型重力活塞取样器）、声学深拖系统等。提升装置包括10 000m钢缆深海地质绞车（安全工作负荷20t），10 000m光电复合缆深拖绞车（安全工作负荷20t），5tL型架，A型架（安全工作负荷15t，门架跨距5.6m，门架高度7.5m），一台5t伸缩吊（臂长15m），两台2t旋转吊机。

5）"海洋地质十二号"

"海洋地质十二号"（图1-1-9）是我国于1994年从美国西方地球物理公司引进并改装的综合地球

物理调查船,入列以来在南海海域进行了多个航次油气资源调查工作。

该船长 86.83m,型宽 14m,型深 7.45m,满载吃水 4.87m,满载排水量 3 574.1t,最大航速 14.5kn,续航力 10 000n mile,自持力 60 天,定员 58 人,适航航区全海域。

图 1-1-9 "海洋地质十二号"外观

"海洋地质十二号"有两台大容量电缆绞车,仪器房及甲板调查作业区域空间充裕。主要调查技术包括长排列电缆大容量震源的多道地震调查技术,高分辨率准三维地震调查技术,海面拖缆、海底地震联合调查技术,重磁震深联合调查技术,双船("海洋地质十二号"+"海洋地质十四号")地震调查技术等。

"海洋地质十二号"主要调查设备有 SF-2050M 接收机、Orca 综合导航定位系统、BOLT 长寿气枪震源系统、BigShot 气枪控制器、SEAL 24 位数字固体电缆、PCS-DigiFin 电缆深度控制器、SEAL 地震记录系统、Focus 地震资料处理系统、KSS31M 海洋重力仪、SeaSPY 海洋磁力仪、ATLAS DESO 35 测深仪等。

6)"海洋地质十六号"

"海洋地质十六号"(图 1-1-10)综合调查船于 1978 年 10 月由广州造船厂建造,以多道(准三维)地震调查为主,集地球物理、地质调查等多项调查功能于一体,主要在中国近海从事水合物和油气调查,以及海底地形地貌探测。

图 1-1-10 "海洋地质十六号"外观

该船长 68.45m，型宽 10m，型深 5.4m，满载吃水 3.7m，满载排水量 1 218.7t，最大航速 14kn，续航力 3000n mile，自持力 30 天，定员 56 人，适航航区近海。

"海洋地质十六号"配置了高分辨率多道地震采集系统、单道地震采集系统、浅地层剖面系统、中深水多波束测深系统、海洋重力仪、海洋磁力仪、综合导航系统、超短基线水下定位系统等多种高科技调查设备（图 1-1-11）。

图 1-1-11 "海洋地质十六号"设备

7)"海洋地质十八号"

"海洋地质十八号"（图 1-1-12）于 1979 年 12 月由广州造船厂建造，是一艘钻探、物探综合调查船，可在中国近海进行 300m 以内浅钻探、高分辨率地震勘探等作业，先后承担南沙油气调查、珠江口油气调查、天然气水合物专项调查等多项重大项目调查，最远曾开赴曾母暗沙。

该船长 68.45m，型宽 10m，型深 5.4m，满载吃水 3.7m，满载排水量 1 183.4t，最大航速 14.8kn，续航力 3000n mile，自持力 30 天，定员 51 人，适航航区近海。

图 1-1-12 "海洋地质十八号"外观

"海洋地质十八号"配置有单道地震、侧扫声呐、浅地层剖面、多波束测深、单波束测深、浅钻系统、海洋重力、海洋磁力等多种调查设备，可承担钻探、多波束测量、地质取样、多道地震、工程物探、海洋重磁等调查工作，可开展地球物理调查、环境调查和工程地质调查。提升装置包括3000m钢缆取样绞车（美国DT-Marine公司生产的DT3075-EHLWR电动-液压绞车），钢缆长度3000m，直径14mm，破断力约8t。

为贯彻党的十九大提出的"加快海洋强国建设"和"加快建设创新型国家"重大战略部署，落实创新、协调、绿色、开放、共享的发展理念，广州海洋局目前已向国内高等院校、科研院所等机构全面开放科考船舶、大型仪器设备等的应用。该举措充分释放了船舶的服务潜能，提高了使用效率，发挥了广州海洋局基础性、综合性、战略性和公益性的海洋地质调查研究工作优势，服务海洋科学考察与研究需求，促进科技创新和重大成果的实现，为国家进步做出重要贡献。

第二节 水面无人艇

水面无人艇（USV，Unmanned Surface Vehicle，简称无人艇）是人工智能在海洋领域的应用，是"空、天、地、海"无人系统的重要组成部分。它将传统船舶技术与无人技术相结合，是未来海洋智能制造中皇冠上的明珠，将对所有船舶产生颠覆性的影响。

目前，水面无人艇主要针对港口、岛礁周边水深浅的特点进行研制，其主要任务是在常规海洋调查船测量手段受限的条件下，可以快速、机动、高效地实施海洋测量，是对传统调查船海洋测量的突破和重要补充。因此，通常要求水面无人艇可加载的测量设备包括双频测深仪、侧扫声呐、多波束测深仪、高精度的GNSS定位设备、水文设备、船台采集工控主机等测量设备。水面无人艇测量技术涉及的关键技术包括：船型及推进方式设计、测量设备加装测试、无线数据传输功能、测量艇吊放回收技术等。岛礁周边浅水测量区通常海况恶劣，暗礁等障碍物众多、涌浪较大，因此对水面无人艇的船型及推进方式设计要求较为严格，目前多采用三体或双体船型、涵道风扇螺旋桨推进或喷水推进装置。通过在水面无人艇搭载测深、侧扫等测量设备，结合无线数据传输技术即可实现沿岸、岛礁周边浅水区域水深测量全过程的自动化、智能化，实现在岸台或母船基站直接对船台测量设备进行实时监控。借助于水面无人艇自动导引挂接起吊回收系统，实现在岸边或母船通过遥控对水面无人艇的回收，从而保证测量作业人员的人身安全。此外，远程遥控、自主航行、自动避障和路径规划也是目前研究的关键技术。

一、国外的进展

无人艇的发展源于20世纪末，美国最早开始开发用于军事用途的无人艇，并且制定了《海军无人艇主计划》。20世纪90年代，自主驾驶技术出现并被应用于水面无人艇领域，先进的无人猎扫雷艇开始出现，并逐渐具备了监控、通信、网络、传感器等功能，技术不断成熟与完善，水面无人艇的应用需求呈多样化发展，在民用领域也逐渐得到了应用。在军事领域，较为著名的水面无人艇包括了美国研制的"斯巴达侦探兵（Spartan Scout）"和"海洋猎手（ACUTV）"，以及以色列研制的"保护者（Protector）"[图1-2-1(a)～(c)]。国外典型的民用无人艇如图1-2-1（d）～（f）所示（董超等，2019）。其中，意大利研发的Charlie可用于南极海气界面的观测（Caccia et al.，2009），同时兼顾浅水区鱼雷探测的军事用途；日本研发的UMV-O可用于监控海洋和大气生物、化学、物理等参数；英国ASV Global公司研制了多系列民用水面无人艇。针对大范围的海洋调查问题，欧美多家企业推出了Wave Glider、Saildrone、C-Endure等超长航程的水面无人艇[图1-2-1(g)～(i)]。通过波浪能、风能、太阳能等可再生能源增强水面无人艇的续航能力，在全球海域进行流场、波浪场、地形、温度、盐度、生物等方面的综合性海洋调查。发展至今，国外水面无人艇平台经历了从自动化到智能化、从单艇作业到集群协同、从军事应用到民用公用发展历史，平台技术和应用推广已逐渐走向成熟（Savitz et al.，2013；Manley et al.，2008）。

随着海洋主权观念的不断深化，世界各大海洋强国都将无人艇作为重要的研究方向，美国和以色列

图 1-2-1　国外水面无人艇平台的典型代表（董超等，2019）

在这一领域处于领先地位，开发出多型号军事用途的无人艇。除美国和以色列，世界其他国家取得了大量的研究成果，法国、英国、日本、意大利也都研制出了各自的无人艇，除了军事用途外，还用在环境气候监测、港口巡逻警戒、海洋地理探测、海底微表层取样等方面。国外比较具代表性的有英国 ASV 水面无人艇公司、美国 SeaRobotics 公司。

二、国内的发展历程

我国 21 世纪初才开始无人艇技术的研究，起步相对较晚，但是发展很快，呈现出百家争鸣的局面，尤其是在智能控制、遥感探测等领域，形成了具备多项自主知识产权的成果。大专院校、科研院所和一些涉海企业是我国无人艇开发的主力，各自都推出了成熟产品，如中国航天科工集团研制的"天象1号"无人艇，主要用于气象资料采集和测量，是我国首艘投入工程应用的无人艇（李家良，2012），它承担了北京奥运会青岛奥帆赛场比赛海域的水文气象测量任务；珠海云洲智能科技有限公司开发了多个系列无人艇产品，用途涉及环境测量、海洋调查、安防救援、无人航运多个方面，在无人艇集群管理方面，云洲也处于领先地位；上海大学开发的"精海"系列无人艇也在南海、南极海域进行了海底地形地貌的测量工作；哈尔滨工程大学、海军工程大学、中船重工 701 所和 707 所、中科院沈阳自动化所、华中科技大学工业技术研究院、上海交通大学、青岛大学、武汉楚航测控、武汉劳雷绿湾、广州海工船舶设备有限公司等也都开展了不同领域无人艇的研制（表 1-2-1），国内水面无人艇平台典型代表见图 1-2-2(a)(b)（董超等，2019）。

表 1-2-1　国内主要无人艇研制单位

单位	名称
上海大学	精海系列
哈尔滨工程大学	天行一号
华南理工大学	波浪推进 USV
中国航天科技集团有限公司九院十三所	智探一号
珠海云洲智能科技有限公司	瞭望者号
四方公司	SeaFly-01

目前我国无人艇测量技术在民用领域，逐步走向了实用化阶段。利用无人艇搭载智能化程度比较低的固定声呐探头类的测绘设备进行测绘，技术已经较为成熟。但利用无人艇进行自动沉积物取样、绞车收放、拖曳电缆以及无人机起降等技术较为复杂的应用，还处于验证阶段。此外，搭载的测量设备如多波束、浅地层剖面、侧扫声呐、ADCP等，仍然以国外进口为主。

(a) 上海大学"精海3号"无人艇

(b) 云洲智能M80三体无人艇

(c) 美国SeaRobotics中型无人艇

(d) 英国ASV C-Worker4无人艇

图1-2-2 国内外无人艇平台的典型代表

无人艇主要由无人艇控制端、远程基站控制端两部分组成（图1-2-3）。其中，无人艇控制端是无人艇的核心，负责对外与有人系统、周边环境进行信息交互，对内实施对艇体平台、搭载设备的控制。与自主航行直接相关的航行控制分系统又是无人艇控制端的核心，它分为3个部分：制导系统（Guidance system）主要是根据分配的任务、环境条件以及导航信息，为船舶提供稳定、连续、优化的航行轨迹；导航系统（Navigation system）利用艇上的各类传感器，如导航雷达、陀螺、卫星定位系统、光学系统、声呐、海流风流测量等提供船舶的位置、航向、航速、加速度等实时的信息，感知周边态势；控制系统（Control System）根据制导系统、导航系统提供的指令信息，通过对主机、舵的控制对船舶航行实施自动控制（图1-2-4）。

海洋测绘是水面无人艇应用的一个重要方向。我国拥有海域面积近300万平方千米，存在大量岛屿和岛礁。据估计，东海有岛礁3500多个，南海有1700多个。岛礁附近海域进行精细调查具有其独特的国防、经济价值。但岛礁附近海域地形变化复杂，尤其是岛礁边存在大量不可控危险因素，常规海洋科考船吃水较深，无法进入岛礁附近海域。此外，海岸带由于处于海陆结合的特殊位置，受人类活动影响最为强烈，也是目前海洋调查的难点和重点区域。广州海洋局作为海洋调查的主力军和排头兵，积极致力于先进的技术在海洋地质调查方面的应用（图1-2-4）。2017年、2018年、2019年和2020年连续多年在珠江口、海南岛周边以及西沙海域开展了基于水面无人艇岛礁和海岸带浅水区的地形地貌调查，取得良好效果（图1-2-5、图1-2-6）。

图1-2-3　无人艇的主要组成部分（李勇航，2020）

图1-2-4　作业中的无人艇

根据实际的应用需求，无人艇可以选择性搭载侧扫声呐、单波束测深仪、多波束测深仪、合成孔径声呐、浅地层剖面仪、ADCP海流计等海洋调查设备进行海洋测绘工作。随着技术的发展，无人艇的应用领域也不断在扩展（图1-2-7）。

集群作业是无人艇发展的一个重要方向，涉及无人艇集群的动态任务分配、动态环境下的运动决策、协同避障和容错控制等方面的技术（Lv et al.，2010）（图1-2-8）。在海洋测绘方面，无人艇集群作业体现在多艘测量艇共同完成对某一水域的测绘，无人艇群能够根据测绘区域形状分布、无人艇群的当前位置、无人艇数量，自主分配任务区域，并规划各单艇的航行轨迹，以最小代价完成测绘任务（王石等，2019）。

三、现在的工作方案

无人艇系统作为一种实现浅海高精度探测的移动平台，根据调查需要，在艇体上搭载不同的测量设备，通常单独或同时搭载有侧扫声呐、浅地层剖面仪、多波束测量系统、温盐深测量系统等。目前的工作方案主要是针对其在野外作业的特殊性进行制订，而资料的处理和解释则可参考相应测量手段的处理和解释办法。以下针对广州海洋局从英国ASV公司引进的C-worker 4声学无人艇的作业流程展开介绍。无人艇野外测量作业主要划分为以下6个部分。

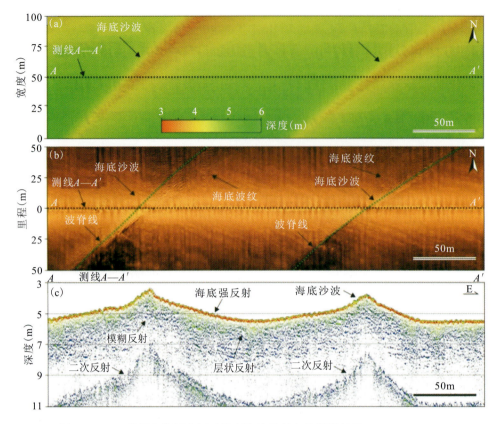

图1-2-5 利用声学无人艇对海底沙波进行立体探测结果(李勇航,2020)
(a) 多波束测深对沙波的揭示;(b) 侧扫声呐对沙波的揭示;(c) 浅剖对沙波的揭示

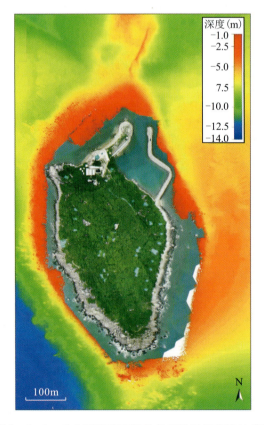

图1-2-6 无人艇搭载声学设备获取近岸海底地貌图

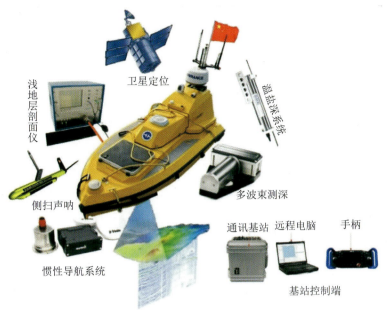

图 1-2-7 无人艇组件及部分可搭载设备

图 1-2-8 无人艇集群协同作业场景图

1) 无人艇下水作业前检查

下水前,应完成以下主要的检查程序,以确保无人艇处于良好状态:①绕着无人艇一圈,按流程检查是否有任何损坏迹象及设备是否安全。确保所有夹板、吊点、牵引点和挡泥板牢固连接,确保水射流防护框架牢固连接且未损坏;检查雷达、导航灯、摄像机和所有天线是否有损坏迹象(包括电缆和连接器)。②打开有效载荷舱和发动机舱口并检查所有内部隔间和设备。检查所有设备是否牢固,所有软管是否牢固连接且没有泄漏,接线是否牢固且无腐蚀,舱底是否没有水/油。确保正确安装任何外部有效负载/传感器并固定到位,确保水下伸缩式桅杆处于抬起位置。③通过量油尺检查发动机机油,冷却液液位,转向总箱中的液压油液位,燃油滤杯;确保手动燃油阀已打开。根据需要在油箱中加注燃油。

2) 设置无人系统远程控制站

在将电源线插入远程基站之前,应将所有天线连接并安装到位。确保拔下所有设备主电源线,并确保基站电源开关处于关闭位置。天线安装在较高位置(一般高于 3m),连接到无人艇的操作区域。

3) 无人艇下水并启动

无人艇通过吊架放下水,启动流程如下:①检查所有无人艇搭载的测量设备,通过图形用户界面接收数据并进行监控；②在试机模式下，试验紧急停止控制系统是否能正常工作；③检查无人艇前进后退，向左向右控制是否正常。打开导航三色灯、测深仪、雷达；④放下船载测量仪器的探头，并逐项检查测量系统是否正常。

4）无人艇测量系统水下作业

对工区水深、水文状况进行资料收集，确保无人艇测量系统安全。在现场根据海图等资料，进行测线布设，然后进行无人艇巡线测量，海面作业时要保证船体航向以及船速尽量稳定且保持在低速、匀速状态，根据搭载的设备情况，船速尽量控制在6kn以内。通过监控软件界面，关注各个无人艇工作状态参数变化是否正常，比如船体姿态、供电电压、电流、舱内温度等。同时，通过远程监控界面，关注各搭载设备测量状态和采集数据质量。在作业过程中，若测量参数发生改变，要按照对应测量方法操作规程要求做好班报记录；若无人艇测量状态未发生改变，每完成一条测线或每隔30min记录一次班报。在近岸海区调查，应重点关注无人艇作业路径、测量探头距离海底的高度。通过控制船速以及改变测量路径确保无人艇安全。所有测线作业完毕后，先关闭测量设备发射开关；保持船端与远程站实时通信，控制船只返回母船附近，准备无人艇回收。

5）无人艇回收与处理

将无人艇开回到母船附近，到母船附近后，在后甲板通过控制器进行目视现场精确监控。使用母船尾部甲板液压A型架，通过辅助船或者纤维杆脱钩器，使得绞车钢缆钩住无人艇3个吊点，缓慢吊起，同时拉紧止荡绳，将无人艇平稳放到支撑母船后甲板并固定。检查船体外部、桅杆、天线，摄像头和导航灯及相关配件是否有损坏，发动机室内的所有软管和连接是否有泄漏，舱底是否干燥，并根据需要抽出/抽干。检查油箱加注口和通风口是否有损坏，根据需要，将无人艇连接到岸电。

6）数据备份和处理

用笔记本连接无人艇专用网口，把存放于无人艇控制盒处理单元的测量数据导出，进行备份。对测得的侧扫声呐、浅地层剖面、多波束测深、水体、背散射等数据进行处理。

第三节 遥控无人深潜器

水下机器人也称作潜水器（Underwater Vehicles），准确地说，它不是人们通常想象的具有人形的机器，而是一种可以在水下代替人完成某种任务的装置。无人潜水器可分为有缆水下机器人和无缆水下机器人两种。根据运动方式不同可分为拖曳式、移动式和浮游式3种。主要由水面设备（包括操纵控制台、电缆绞车、吊放设备、供电系统等）和水下设备（包括中继器和潜水器本体）组成。

有缆水下机器人又称作遥控无人深潜器（Remotely operated vehicle，简称ROV），由电缆从母船接受动力，人们通过电缆对ROV进行遥控操作，电缆对ROV像"脐带"对胎儿一样至关重要，虽然细长的电缆悬在海中成为ROV最脆弱的部分，大大限制了ROV的活动范围和工作效率，但ROV可以代替人员作业，保障人员的生命安全。尤其是在高强度水下作业、潜水员不能到达的深度和危险条件下，ROV更加凸显其优势，因此ROV是使用最为广泛的深潜器。

一、国外的进展

欧美国家对于ROV的研究起步较早，积累的经验也相对成熟，技术较为先进，引领着ROV的发展方向。20世纪50年代，几个美国人想把人的视觉延伸到神秘的海底世界。于是，他们把摄像机密封起来送到了海底，这就是第一代浮游式缆控水下机器人的雏形。

世界上第一个ROV-"CURV"是1960年由美国研制成功，之后，美国军方对CURV的改进版在国家层面上做出了很多重大成果。1966年CURVⅡ与载人潜器配合，在西班牙外海水深856m处找到了一颗失落海底多年的氢弹，此事在世界范围内引起了极大的轰动，从此ROV技术开始逐渐引起人们的重视。此后，美国军方又在ROV-"CURVI"的基础上研制出了性能更高的ROV-"CURVⅡ"（图

1-3-1左）和ROV-"CURVⅢ"型ROV（许竞克等，2011）。1973年，CURVⅢ被紧急从美国圣地亚哥派往爱尔兰用于在480m的海底救援被困在载人潜水器里的两名潜水员。当时载人潜水器里剩余的空气已经非常稀少，CURVⅢ下潜之后在载人潜水器上系上绳索，最终载人潜水器被成功营救到水面安全区域（Christ and Wernli，2013）。

进入20世纪70年代后，由于海洋工程以及军事的需求，以及电子、计算机和材料的新技术的迅速发展提高，ROV的研究进入了高速发展阶段，并开始形成了产业。1975年，第一个商业化的ROV"RCV-125"问世。"RCV-125"是一种观察型ROV，其外形像一只球，故又称作"眼球"。"眼球"首先工作在北海油田和墨西哥湾。"RCV-150"型ROV是由Hydro Products公司在"RCV-125"的基础上于1978年到1980年设计出来的，如图1-3-1右所示。它有4个推进器，最大下潜深度914m，被用于水下管道连接，还可为水下钻井提供帮助。

图1-3-1　ROV-"CURVⅡ"（左）和RCV-150型水下机器人（右）

20世纪80年代，美国伍兹霍尔海洋研究所（WHOI）研制了Jason Ⅰ型ROV，并于1988年投入使用，其最大下潜深度可达6000m，最长工作时间可为100h，平均下潜工作时间为21h。2002年，又研制Jason Ⅱ型ROV（图1-3-2），其下潜深度可达6500m，拥有更加优良的性能指标以及更加先进的作业技术（Smallwood，2003）。

20世纪90年代，日本海洋研究中心（JAMSTEC）研发了10 000m级别的KAIKO，即"海沟号"ROV。1995年，该ROV成功下潜至10 970m深的马里亚纳海沟，创造了潜水器的最大作业深度纪录。然而不幸的是，KAIKO于2003年在太平洋海域进行作业时神秘丢失。2004年，日本改装了一艘目前世界上下潜深度最大的7000m级ROV-"UROV7K"号，与"海沟号"载体系统配合，称为"Kaiko 7000 Ⅱ ROV"（图1-3-3）（Barry and Hashimoto，2009）。

图1-3-2　Jason Ⅰ型ROV　　　　　　　　　图1-3-3　Kaiko 7000 Ⅱ ROV

21世纪初,为使美国海洋协会可以率先获得11 000m海底的使用权,由WHOI设计研发了可以在无缆的自治模式及携带小直径光纤的遥控两种模式下转换的混合型摇控潜水器(HROV)"海神号(Nereus)"(图1-3-4),并于2009年在太平洋马里亚纳海沟成功下潜至10 911m的深海,完成了对于极深处的挑战。2014年5月10日在新西兰的克马德克海沟约9990m处作业过程中被摧毁(刘正元等,2011)。

此外,法国Ifremer与德国、英国的相关机构合作,共同研制了拥有最大下潜深度达6000m的ROV Victor 6000(Michel et al.,2003)。该ROV从1999年开始进行了很多科学考察活动。Victor 6000是一台采样功能非常丰富的ROV,底部可根据不同工作任务更换不同的作业工具,可以完成海底取样、探测和地球物理测量等深海作业任务,曾被法国用来寻找失事客机的黑匣子(图1-3-5)。

图1-3-4　Nereus ROV

图1-3-5　Victor 6000 ROV

在ROV高新技术领域,美国、加拿大、英国、法国、德国和日本等国家处于领先地位。而在商用ROV方面,美国和欧洲国家占据了绝大部分市场。目前全球有上百家ROV制造商,正在使用的不同型号和不同作业能力的ROV数以千计,而且还在继续增长。美、日、俄、法等发达国家已经拥有了从先进的水面支持母船到可下潜3000～11 000m的深海潜水器系列装备,通过装备之间的相互支持、联合作业和安全救助等,能够顺利完成水下调查、搜索、采样、维修、施工和救捞等任务(晏勇等,2005)。

二、国内的发展历程

相比欧美国家和日本,我国ROV的研究起步较晚,大致经历了起步、合作发展与自主创新3个发展阶段。国内从事ROV开发的科研机构主要是中科院沈阳自动化研究所、上海交通大学、哈尔滨工程大学及中国船舶科学研究中心等。20世纪70年代末,上海交通大学和中科院沈阳自动化研究所开始了ROV的研究工作,并合作研制了我国第一套ROV"海人一号"(王去伪,1989),受材料以及技术的制约,该ROV下潜最大深度仅为200m,与国外同等时期的ROV相比,有较大差距。其后沈阳自动化研究所在第一代ROV"海人一号"的基础上又成功研制出RECON-IV-SIA作业型ROV,其最大下潜作业深度增加至300m。随后1994年,中国船舶科学研究中心成功研制了8A4型ROV(图1-3-6),其最大下潜深度增至600m,标志着我国在ROV方面的研究进入了一个新的阶段(许广清,1997)。

因深海装备研发投入大、风险高、周期长,直到最近十年我国的ROV技术才有了快速发展,与国际先进水平的差距才开始逐渐缩小。上海交通大学在ROV研发领域始终走在我国前列,其研发的产品从微小观察型ROV到重载作业级深水ROV不等。随着我国不断加大对海洋作业装备的研究和投入,国内ROV的发展开始有质的飞跃。2009年,由上海交通大学研制"海龙号"ROV(图1-3-7)开始用于实际工程作业中,并成功完成了"大洋一号"深海热液科考任务,从而标志着国内作业型水下机器人进入全新的阶段。

"深海科考型"ROV(图1-3-8)是我国首台自主研制的6000m ROV装备,由中科院"热带西太平洋海洋系统物质能量交换及其影响"海洋先导专项支持,由中科院沈阳自动化研究所联合海洋研究

图 1-3-6　8A4 型 ROV

图 1-3-7　"海龙号"ROV

图 1-3-8　"深海科考型"ROV

所共同研制，可开展近海底海洋环境调查、生物多样性调查、新物种发现、基因获取、深海极端环境原位探测和深海矿产资源等深海科考工作。2017年9月30日，"深海科考型"进行了首次深海试验，最大下潜深度达到5611m，创下我国ROV下潜的最深纪录。"深海科考型"利用自主研发的深海机械手和个性化科考工具，在海底布放了标志物，并进行了采水、底栖生物观察、生物和岩石采集等科考工作,圆满完成首次深海试验任务。"深海科考型"填补了我国 6000m 级深海 ROV 空白,使我国跨入美国、日本、法国等世界上少数拥有 6000m 级 ROV 的国家行列。

"海马"号深海遥控潜水器(ROV)(图 1-3-9)是国家"863"计划海洋技术领域"4500m 级深海作业系统"重点项目的主要成果,由广州海洋局牵头的"海马团队"经过 6 年的艰苦努力研制完成。在研制过程中,"海马团队"瞄准国际前沿技术,全面开展了基础研究和关键技术攻关,突破并掌握了深海遥控潜水器的总体设计与制造、系统控制与实时检测、远程动力传输与分配、远程信息传输与处理、深海液压与推进、观通导航、大深度浮力材料、机械手和作业工具、重型升沉补偿器、大规模系统集成与试验等核心技术,实现了 90%的技术装备国产化和一步正样,打破了国外技术封锁,实现了我国在大深度遥控潜水器自主研发领域"零的突破",形成我国基于"海马"号的 4500m 深海作业能力,是"十二五"海洋技术领域的重大标志性科技成果(陶军等,2016;连琏等,2015;陈宗恒等,2014)。

图 1-3-9 "海马"号 ROV

总体上讲,潜水器技术集中体现了一个国家的综合技术能力和国防能力,在海洋维权、领海军事保障、全球气候变化应对、资源开发、环境保护、防灾减灾等涉海领域都起到了关键作用。发展潜水器技术也可以带动导航通信、电子、精密制造加工和材料等诸多领域,对国家安全、经济、海底空间利用、深海旅游、深海打捞和救生等都有着不可估量的战略意义。而在所有的潜水器中,ROV 是数量最多、应用最广泛、类型最多样、功能最强大的潜水器,具有作业适应性强、功率大、功能扩展灵活、作业时间不受限制等独特优势,已成为人类开展水下活动不可或缺的手段。

三、现在的工作方案

(一)"海马"号 ROV 结构

"海马"号 ROV 有强大的拓展功能。和世界上其他一些著名的科考型 ROV 一样,它是一个能扩展安装众多海洋探测设备的运载平台,除了动力推进系统、高清视频系统和作业机械手等基本设备外,需要根据具体的作业任务搭载不同的调查设备。

ROV 通过光电复合缆("脐带缆"是对其形象的叫法)由母船向其提供动力,作业人员在母船上通过电缆光纤通信遥控 ROV 进行航行和作业（图 1-3-10）。ROV 携带的电缆除了能提供能源外，还能传输声光信号，以支持母船控制遥控潜器和回传周围环境信息、目标信息和自身状态信息。

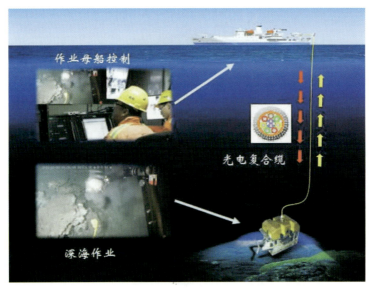

图 1-3-10　"海马"号 ROV 在深海的工作模式

ROV 系统要能够在深海实现作业功能，还需有：①作业母船（提供 ROV 能量）；②水面控制室（显示其水下状态、远程遥控作业）；③甲板吊放回收系统（收放脐带缆）；④6000m 光电复合缆（金属铠装，起吊本体、传输能量和信息）、ROV 水下本体（水下机器人）；⑤推进、照明、视频系统（水下机器人的双脚和眼睛）；⑥水下观测搜寻系统（丰富多彩的神经传感系统）；⑦机械手和水下作业工具系列（水下机器人的双手和作业工具）等组成，系统组成如图 1-3-11 所示。

1. 海洋六号船作业母船
2. 水面控制室
3. 甲板吊放回收系统
4. 6000m 复合缆
5. 推进、照明、视频系统
6. 水下观测搜寻系统
7. 机械手和作业工具

图 1-3-11　"海马"号 ROV 作业系统组成

ROV 的水下本体是一个开放的框架结构，外形有点像萌萌的"小黄人"（图 1-3-12），有手（2

只手，叫机械手）、脚（8个螺旋桨）、眼睛（5～8个摄像头）、大脑（电子控制舱）、心脏（电液动力系统）、感觉（各类传感器）、干活的工具包（扩展作业底盘）。

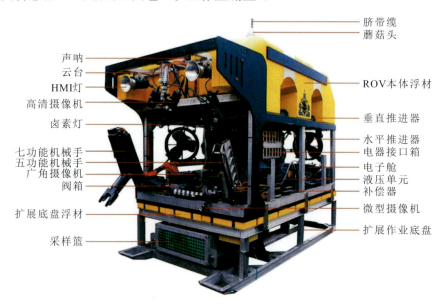

图1-3-12 "海马"号ROV图解

ROV一旦潜入大海，顶部黄色的浮力块提供浮力会让它身轻如燕，隐藏在身体内的8个螺旋桨可以让ROV在水下前进后退、上浮下潜、横移、水平旋转，在深海灵活运动。

ROV上的多个摄像头，通过云台可以360°转动，可以全方位多视角观察它周围的水下环境，它相当于人眼睛的延伸，通过它的拍摄和观察，我们才能看到斑斓多姿的水下世界和方便快捷地去执行水下作业。

ROV上配置有多种传感器，就相当于人的神经感觉系统。温度传感器可以感受深海低温和自身系统的各部分的温度变化；声呐相当于雷达，可以提前知道前方的障碍物或者目标；罗经可以感知水下的方位和自身的姿态；深度计和高度计可以测量水下机器人在水下的深度和离海底高度。此外还可以根据作业任务需要配置不同类型的传感器去了解和探索深海奥秘。

ROV前部配置有2只手，俗称机械手，它相当于人手，一般左手比较粗糙，共有5个功能，俗称五功能机械手，力量较大，常常干一些重体力活，主要用于抓住物体；右手比较精细、长得稍微秀气，共有7个功能，又叫七功能机械手，相当于人的手腕、小臂、大臂动起来，可弯折、旋转、抓、举、松、开、合等动作，作业灵巧且精度高。ROV机械手能干水下很多"体力活"，这是ROV在水下能干活的关键部件，在科考作业时可以完成取样、触探、安放仪器、布放设备等任务，在石油工程作业时对于水下解钩、挂钩、开阀、关阀、导管架安装、海管铺设以及释放水泥压块等任务，它均能手到擒来，踏实干活。

此外，为了实现更多功能，ROV的机械手还可以携带许多外接工具，例如剪切器、水下清洗刷、砂轮锯、冲击扳手、破碎锤等。

（二）"海马"号ROV工作过程

ROV下潜作业包括6个过程：潜前检查、吊放入水、下潜、海底作业、回收、潜后检查。整个过程必须严格按照"ROV安全作业规范"进行操作并做好班报记录。

1）潜前检查

入水前或出水后必须按照《潜前/后检查表》逐项认真检查，特别是承重头检查，潜前/后检查分两个过程，加电前的检查和加电后的检查，先进行加电前的项目检查，再开展加电后的系统检查，每项检查配备2人，一人检查，另一人确认，确保系统在下潜作业前后工作正常。在上电检查时要注意安全，特别是在上高压电时要注意人身和设备安全，电机不可启动过久。

2）吊放入水

只有完成了ROV的完整入水前检查程序，确认ROV系统各项指标正常后，方可根据ROV现场作业总指挥的指令吊放入水，起吊前准备好止荡绳进行止荡，A型架止荡锁紧及解锁注意与绞车的配合，起吊过程中ROV下方禁止站人，ROV入水后开启液压动力单元，后甲板ROV遥控操作人员开始控制ROV远离母船，待浮球安装的准备工作完成后，操纵ROV靠近船尾，开始安装ROV缆尾部浮球。安装浮球时注意安全，ROV后甲板主操在配合安装浮球时注意人身和设备安全，ROV不可脱离遥控主操的视线范围外，操作人员需谨慎作业，避免任何剧烈碰撞，特别是在安装ROV铠装缆尾部浮球的时候，特别要注意ROV和浮球安装人员的安全。

3）下潜

待浮球安装完全后，若系统正常，即可全速下潜，此时绞车操作员根据铠装缆的松弛程度控制放缆速度，待铠装缆完全受力后，即可按照正常速度放缆，ROV正常下潜速度不超过50m/min。ROV遥控操作下潜到30m后并调整好位置后方可切换至ROV控制室进行操作，下潜过程中ROV主操要严密监控ROV在水下的状态，ROV保持自动定向控制，下潜中定期进行后甲板和绞车间的巡视。

4）海底作业

当高度计进入有效量程范围内后，密切监控离底高度，离底10m时启动自动定高，接近海底时缓慢着陆，ROV到达海底后，ROV操作员根据导航和水下定位界面，ROV前置声呐，ROV的GUI界面和视频照明系统，操控ROV浮游至目标位置进行近距离观察，并根据现场科学家的指令，进行海底目标观察、触探和取样等作业，密切监控脐带缆的长度和状态，避免脐带缆的打结和缠绕，密切监控声呐图像，注意观察周围可能出现的障碍物，海底作业中定期进行后甲板和绞车间。

5）回收

ROV完成站位作业任务即可回收，开始的时候低速回收脐带缆，密切监控脐带缆状态，待ROV完全离底且脐带缆处于张紧后再正常速度回收，回收过程中ROV主驾驶员要严密监控ROV在水下的状态，ROV保持自动定向控制，回收过程中定期进行后甲板和绞车间的巡视，待ROV离水面40~50m时切换至遥控主操，并浮出水面进行浮球回收。

6）潜后检查

ROV回收至甲板后首先进行ROV本体的固定，并冲洗淡水，严格按照潜后检查表进行详细检查，并做好资料的保存与备份工作，如有样品，按照相关规定进行样品处理，若检查后，需要检修维护，组织人员进行维护，确保系统处于可用状态。

（三）"海马"号ROV海底作业手段

ROV到达作业站位的海底后，根据现场科学家的研究需要，通过水下定位技术，视频照明系统、传感器、机械手和作业工具等技术手段和方法，获取高精度、高清晰、高分辨率的视像资料和富钴结壳样品，发挥ROV综合勘探手段的优势，服务于科学家富钴结壳资源研究需要，现就具体的技术手段和作业方法阐述如下。

1. 水下定位和导航作业方法

"海马"号ROV安装有水下超短基线定位信标，信标探头都安装在ROV本体的前部顶端，与母船上的水下定位系统通信，对ROV进行跟踪定位，为"海马"号在水下作业时提供高精度定位，同时也可以提供ROV本体的下潜深度值。

在ROV下潜到一定深度后和海底作业的整个过程中，开启系统水下定位单元，实时跟踪ROV的水下位置，导航界面能够实时显示ROV和船舶的位置（图1-3-13），其中浅绿色线为ROV本体在水下的位置轨迹，导航信息显示了船舶和ROV各自的经纬度、相对距离以及ROV本体的水深，为ROV的深海探查提供准确的位置信息。

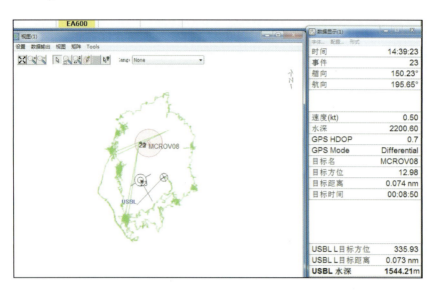

图 1-3-13 水下定位和导航界面

2. ROV 水下摄像系统作业方法

ROV 配置有多路视频系统,其中三路视频可以从不同角度对海底目标进行观察并拍摄视频图片,如图 1-3-14 所示,其中 1 号摄像机为高清变焦摄像机,视频分辨率达到 1080i,并配置有云台,可以水平 360°回转和上下 180°运动,可以对目标进行多角度详细观察,2 号摄像机为前高清照相机,可以发现观察目标并进行拍照,3 号摄像机为监控摄像机,可以对 ROV 作业工作进行监控。作业完成后,ROV 作业人员可以直接在 ROV 视频存储系统对海底作业和进海底观察的整个过程的视频文件进行回放、采集和分析。

图 1-3-14 ROV 在海底的多视角观测

此外,为了解 ROV 站位的海底富钴结壳类型及分布特征、沉积物特征及海底生物相关信息,ROV 可以通过视频系统借助其本体、机械手和搭载的作业工具对海底目标进行触探,判断富钴结壳板状和砾状形态,富钴结壳的厚度、生物特性和沉积物特征等相关信息。

3. 海底取样作业方法

ROV 在海底巡游的过程中,可根据现场科学家的需要操控 ROV 座底,通过机械手及携带的取样工具进行取样。

1) 机械手取样

通过机械手可以对海底的生物样本或者小岩石块直接进行取样,并将抓获的样品放入采样篮带回甲板,如图1-3-15所示。

2) 机械手通过强力爪等工具取样

海底目标物若通过机械手无法直接取样,可通过取样工具进行取样,如图1-3-16所示,机械手通过强力爪获取重达62kg的结壳样品。

图1-3-15　通过机械手抓取生物样品　　　　图1-3-16　机械手通过强力爪获取富钴结壳样品

3) 通过ROV钻机获取富钴结壳岩芯样品

"海马"号搭载富钴结壳岩芯型钻机,安装在ROV的左右侧,可利用ROV液压系统的备用接口进行驱动和控制钻进,可对海底特定的富钴结壳勘探目标进行钻进岩芯取样,如图1-3-17所示。

图1-3-17　ROV搭载的钻机进行岩芯取样作业

4. 声学测厚仪探测作业方法

"海马"号搭载由中科院声学研究所东海研究站最新研制的实时在线原位测量的声学测厚仪(图1-3-18),可以进行定点测量和测线测量两种模式。在定点测量时,ROV针对特定目标的结壳厚度座底进行多次测量,实时了解结壳厚度;在测线调查时,ROV为浮游模式下沿着测线搭载声学测厚仪进行富钴结壳厚度测量。两种模式都可以为资源评价提供基础数据。

5. 生物诱捕器的作业方法

为了解海底巨型底栖动物群落等生物的多样性和分布规律,利用ROV强大的运载能力,将生物诱捕器搭载至海底,并进行精确布放,待ROV完成近海底观测和作业后,再搜寻生物诱捕器并进行回收。"海马"号利用高精度水下定位系统,在布放生物诱捕器时,对其精确定位,ROV完成作业任务后根据定位点操控ROV近海底进行搜索,成功收回(图1-3-19)。

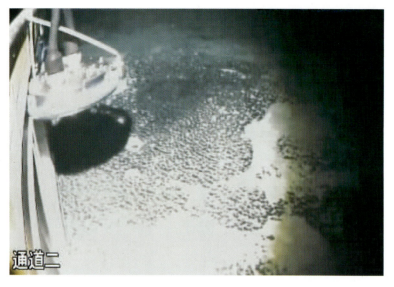

图1-3-18 声学在线实时探测结壳厚度

图1-3-19 生物诱捕器的布放

6. 搭载激光拉曼光谱仪、高光谱成像仪等设备，对冷泉喷口形成的水合物结构和成分进行了原位探测（图1-3-20）

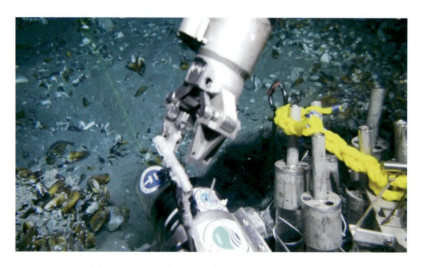

图1-3-20 在海马冷泉区进行激光拉曼试验

在"海马"号出现之前，我国的ROV全部依赖进口，除了厂家，谁也无法对它的零部件进行改动，因此哪怕一个小小的接口修理，也要厂家技术人员到场，这导致了我国科考人员在深海调查中的处处掣肘。作为我国第一台自主研制的4500m级深海遥控潜水器，"海马"号的出现彻底改变了这一局面。因为"海马"号是我国自主研制并掌握了核心技术的ROV系统，因此不管想对它做怎样的扩展和升级，搭载什么样的设备，都可以自主实现。

在南海天然气水合物调查中，"海马"号根据调查任务搭载了甲烷礁钻机、沉积物长柱状取样器、生物诱捕器、底层水采集器、甲烷传感器、高精度图像声呐、侧扫声呐等设备进行调查。而在大洋海山的富钴结壳调查中，为它配备了结壳钻机、强力爪、生物诱捕器、温盐传感器、测流传感器、富钴结壳实时在线测厚系统等调查设备。能够完成近海底高清视频拍摄、多角度视频观察、海底目标物触探、生物和矿物岩石标本取样、声学在线实时测厚、定点精确岩芯取样、生物诱捕器和测流仪布放、CTD/LADCP数据采集、高精度水下定位和机械手手持钻机与切割锯试验等多项海底任务。

第四节 深拖系统

一、国外的进展

常规的海洋调查手段通常以船为载体，设备搭载在船舱内、船底或者漂浮在海水表面。随着海洋探索的不断深入，人类不再满足于近岸大陆架（0～200m）、陆坡区（200～2000m）的调查，而是逐渐把目光投向了深海（2000～10 000m）。水深的增加导致调查设备与调查目标的距离增大，产生"近视眼"效应，设备放在近海面的位置无法清晰的"看清"海底的形态和地层结构，于是，可以让设备更加贴近海底的观测平台——深海拖曳系统（英文名为"deep tow"，简称"深拖系统"）应运而生。

深拖系统的研究起源于19世纪70年代，伴随着海底扩张学说的发展和对深海海床精细结构的研究需求，美国率先开始了深拖系统的研制，同时开展的还包括水下定位方法以及相关配套设备（铠装缆等）的研究。早期搭载的设备是磁力仪、侧扫声呐和浅地层剖面仪，后期扩展到地震、光学影像、物理海洋、多波束、大地电磁、地球化学等设备。国外生产深拖公司的主要是美国Teledyne Benthos公司和法国IXBLUE公司。

TTV-301是由美国Teledyne Benthos公司生产的一款适用于深海复杂海底环境的声学深拖系统，其拖体搭载3种声学系统：侧扫声呐系统、多波束测深系统及浅地层剖面系统，配备有定位和辅助设备，同时也可以根据用户的需求搭载其他声学设备。最大工作水深为6000m，集成所有设备后正浮力约为91kg，作业速度为2～4n mile/h；作业时姿态稳定性强，最大横摇和纵摇角度为1°，周期为5s，上下升沉约0.15m。一次作业可同时获取侧扫声呐资料、多波束测深资料及浅地层剖面资料，不同声学设备相互之间的信号干扰较少，极大地改变了传统的海底微地形微地貌探测技术手段（郭军等，2018）。

IXBLUE SAMS DT-6000合成孔径声学深拖测量系统集成了合成孔径侧扫声呐、ECHOS5000浅地层剖面仪、EM2040多波束系统（记录背散射数据）、PHINS6000惯性导航系统、多普勒计程仪、SBE49温盐深传感器、水下定位信标、声速剖面仪等，可以同时采集合成孔径侧扫声呐、浅地层剖面测量以及温盐深数据。另外，该深拖系统还搭载了黑匣子搜寻设备，可用于搜寻失事飞机和船舶。IXBLUE SAMS合成孔径深拖主要技术指标对比见表1-4-1。

二、国内的发展历程

我国在20世纪90年代开始了深拖系统的研制，中科院声学研究所、中船重工702所等单位在国家"863"计划海洋资源开发技术主题和中国大洋矿产资源研究开发协会的支持下研制了我国首套声学深拖系统。2015年以来在"国家重点研发计划深海仪器装备"专项资金的支持下，由广州海洋局牵头联合国内外多家科研机构、大专院校以及行业内相关企业参与了多套近海底深拖系统的研发，包括深拖多道

表 1-4-1　IXBLUE SAMS DT-6000 合成孔径声学深拖主要技术指标

设备名称	参数名称	IXBLUE SAMS DT-6000 声学深拖
拖体	拖体尺寸	3.3m×1.0m×1.5m
	拖体质量	1.3t
	工作水深	6000m
	最大拖曳速度	7kn
合成孔径声呐	频率	50kHz
	分辨率	40cm×40cm
	声呐条带宽度	1600m@2.5kn
		800m@5.0kn
		400m@7.0kn
	覆盖率	133km²/d
浅剖	浅剖工作频率	2~7kHz
	浅剖分辨率	<25cm
	穿透	最大 80m
Gapfiller（EM2040）	频率	400kHz
	发射角	1°×1°
	最大离底高度	130m
	最大条带宽度	150m
惯性导航	航向	0.02°
	横摇/纵摇动态精度	0.01°
	垂荡、纵荡、横荡精度	5cm 或 5%
	定位	3倍精度好于辅助系统（USBL）
多普勒计程仪	量程	1~200m
	相对水体速度精度	±0.4%±0.2cm/s
	压力传感器	集成
CTD 温盐深传感器	型号	SBE49
黑匣子搜寻设备	频率	37.5kHz、10kHz

地震、深拖大地电磁、深拖重力、深拖化学观测系统（图 1-4-1~图 1-4-5）。

深拖系统提供一个深水观测平台（拖体），它具有很强的抗压能力（3000m 级、6000m 级），可以搭载多种学科手段的调查设备（图 1-4-6 以 Teledyne Benthos 6000m 级声学深拖为例），如声学（多波束、浅地层剖面）、光学（摄像机）、重力、磁力、热力学、化学等调查设备。

因为深海具有强大的压力，所以深拖系统必须具有很强的抗压能力（3000m 级、6000m 级）。深拖一般有两种作业形式，分别是直拖式和压载式，如图 1-4-7 所示。深拖式摄像、深拖式大地电磁、深拖式多道地震通常采用直拖式；声学深拖、深拖式重力等系统对拖体姿态要求较高，一般采用压载式（刘晓东等，2005）。

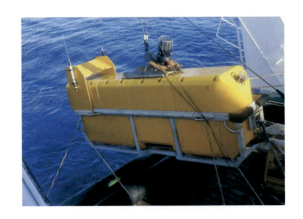

图 1-4-1　国产声学深拖

图 1-4-2 国产深拖多道地震系统

图 1-4-3 国产海底摄像拖体

图 1-4-4 国产深拖重力系统

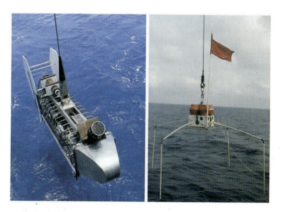

图 1-4-5 国产深拖大地电磁系统

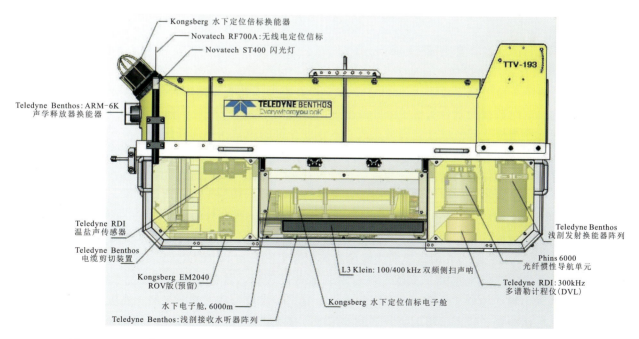

图 1-4-6 Teledyne Benthos 声学深拖拖体（搭载多波束测深、浅剖、侧扫声呐、CTD 等设备）

拖体自身并没有动力系统，作业时在母船的拖曳下前进。母船通过光电复合缆和拖体进行信号传输，并为拖体提供电源，同时母船会利用卫星定位系统、水下声学定位系统和安装在拖体上的声学信标

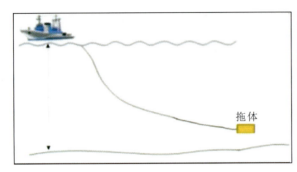
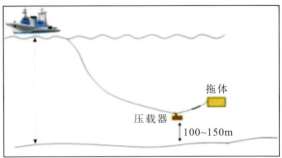

图 1-4-7 深拖的两种作业形式（左图为直拖式，右图为压载式）

为拖体提供精确的位置信息。图 1-4-8 以声学深拖为例，模拟深拖系统的工作形态。

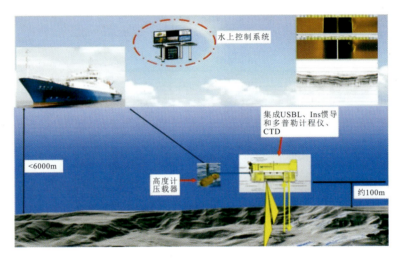

图 1-4-8 声学深拖作业示意图

广州海洋局目前引进 2 套美国 Teledyne Benthos 公司 TTV-301 声学深拖和 1 套法国 IXBLUE 公司 DT-6000 合成孔径声学深拖，自从 2016 年引入以来，已经完成了南海北部海域数千千米的声学深拖调查，获取了声呐全覆盖镶嵌数据达 3000 多平方千米，查明了调查工区的海底微地形地貌特征和浅表层的地质结构，同时数据的融合实现了海底浅层三维立体探测。"海洋地质四号"船搭载 DT-6000 合成孔径声学深拖在南海北部海域已经圆满完成了本年度全部的声学深拖调查任务。该深拖设备集成了合成孔径声呐、浅地层剖面仪和多波束系统等声学设备（图 1-4-9），合成孔径声呐是利用小尺寸物理基阵，通过处理声呐载体运动时采集到的数据合成大孔径，因此可以获得更大的覆盖范围，且成像分辨率与覆盖宽度无关。在扫测宽度达到千米级的情况下分辨率可达到分米级，这就在满足分辨率的前提下大大提高了测绘速率。DT-6000 深拖另外一个优势就是多波束背散射的填缝功能，为了弥补合成孔径声呐压缩区的海底数据，拖体还搭载了多波束 EM2040，利用记录其背散射数据来提高此区域海底图像分辨率（图 1-4-10）。集成在拖体上的浅地层剖面仪是 Chirp 型的 ECHOES5000，其工作频率是 2～8kHz，较宽的扫频带宽可以获得不同深度高分辨率的地层数据，其中垂直分辨率达到厘米级，最大穿透深度可达百米。惯性导航系统也是该深拖的亮点，其定位精度可以达到分米级，在失去超短基线信号时也能计算出拖体位置，这不仅极大提升了调查精度，还大大提高了拖体作业时的安全性。

声学深拖系统应用范围广泛，军用可用于猎雷、水下战场精细测绘与侦察、水下防救和水下地形匹配导航；民用可用于海洋地形地貌测绘、井场路由调查、岸堤工程的工程量评估、考古、沉物打捞等。广州海洋局的声学深拖调查立足于天然气水合物资源勘查，在重点靶区进行全覆盖精细测量，为水合物详查提供重要的数据支撑。

图 1-4-9 合成孔径声学深拖系统搭载的调查设备

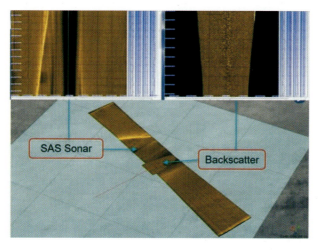

图 1-4-10 合成孔径声呐与多波束背散射数据叠加

三、现在的工作方案

深海拖曳系统作为一种实现深海近海底高精度探测的平台，根据调查需要，在拖体上搭载不同的测量设备，目前深海拖曳系统上通常搭载有侧扫声呐、浅地层剖面仪、多波束测量系统、温盐深测量系统等。目前的工作方案主要是针对其在野外作业的特殊性进行制订，而资料的处理和解释则可参考相应测量手段的处理和解释办法。

以广州海洋局 DT-6000 声学深拖为例，其集成了合成孔径声呐、浅地层剖面仪和多波束系统等声学设备（图 1-4-9）。具体作业流程主要包括设备下水前检查、设备下放、上线操作、线上数据采集、下线及转线操作、设备回收、甲板检查等步骤。各步骤具体如下。

1）设备下水前检查

设备下水前要做认真检查，包括水密接头、锁紧扣、连接电缆、浮力材料、设备供电及通信等。

2）设备下放

深拖系统的下放至少需要配备七名有经验的后甲板人员，其中包括总体指挥一名，一人负责吊机和 A 型架，一人负责绞车，一人负责脱钩操作，一人负责收放脐带缆，左右两侧需要两名止荡人员。船舶航行到下放点后，调整船艏向至顶风顶浪方向，船速控制在 1~2kn。首先下放拖体，使用吊机结合 A 型架进行拖体下放，拖体完全入水后脱钩，然后人工顺放脐带缆，接着使用 A 型架下放压载器，在拖体和压载器下放时，要做好止荡措施，并注意个人安全。压载器入水后，为了避免脐带缆和铠装缆缠绕，首先使用 20m/min 的速度放缆，放至 200m 后，绞车停，进行水下定位系统测试，测试通过后，继续下放拖体，下放速度可以调整至 40m/min。

3）上线操作

根据调查区的水深、作业船速（通常为 2~3kn）、放缆速度（＜40m/min），计算好开始放缆点的位置，保证上线前拖体下放到作业深度（通常为 80~100m）。根据压载器上的高度计返回的数据判断拖体的离底高度，当压载器离底 200m 左右时，放缆速度调整至 20m/min，继续下放拖体至作业深度（通常为 80~100m），同时观察 DVL 对底速度的测量数据（DVL 量程 150m）。调整船的偏移距，最好控制拖体与测线的偏移距在±50m 内。

4）线上数据采集

启动主机电源，打开相应的采集软件，如浅层剖面、侧扫声呐、CTD、惯性导航、姿态等数据。在作业过程中，应时刻关注拖体及压载器高度计的数据，及时通过绞车收放来调整拖体高度。

5）下线及转线操作

测线完成后，绞车开始收缆，初始使用 20m/min 的收缆速度，拖体离底 200m 以上，收缆速度可增加至 40m/min，收缆过程中驾驶台保持航向航速，待缆长收至小于水深时，船速可增加至 4kn 进行转线，船转弯半径应大于两倍缆长，作业顺序相邻的两条测线间距最好大于两倍水深。

转线过程中，要密切注意滑轮的偏向，如果滑轮偏角过大，可通知驾驶台进行调整，待转到下条线上，船艏向和拖体艏向相差不大且滑轮基本垂直后，开始放缆。

6）设备回收

与设备下放相同，深拖系统的回收也至少需要配备七名有经验的后甲板人员，下放时负责脱钩的人员现在负责挂吊钩。设备回收期间，船艏向保持顶风顶浪，速度控制在最低速度。首先进行压载器的回收，压载器两端挂钩子的地方用于止荡，压载器收至甲板面后需要根据后甲板的空间进行移位，方便拖体的安放。拖体的回收需要人工结合小吊拉脐带缆，脐带缆最好排成"8"字形，以防下放时脐带缆打结缠绕。拖体拉近至船尾，首先挂吊钩，在吊点受力的状态下，挂拖体两侧的止荡绳，结合 A 型架，将拖体收至甲板面。

7）甲板检查

拖体收至甲板面后，也要对设备进行检查，包括频闪灯、无线电信标、浮力材料、拖曳点、主承重终端、脐带缆终端、水下多路光纤转换器及各防水接头、释放器及接头、水下声学信标及接头等。

广州海洋局依托重点研发项目"近海底高精度水合物探测技术"，发展深拖等离子体震源技术、深拖多道地震接收技术，拟自主研制深拖式（近海底）高分辨率多道地震探测系统样机、近海底原位多参数地球化学测量系统样机。通过综合集成、联合调试和海上试验，形成一套近海底高精度水合物探测系统，形成地层穿透深度≥500m、分辨率≤2m、溶解甲烷检出限低于 20ppbv（1nM）、碳同位素精度优于 1‰的高精度综合探测技术方法，并在南海海域开展应用示范。项目已于 2019 年开展了两次深海海试，各项指标在海试后继续优化。

第五节　水下滑翔机

水下滑翔机（Underwater Glider，UG）是一种新型的水下机器人，水下滑翔机依靠调节浮力实现升沉，借助水动力实现水中滑翔，是一种特殊的无人水下航行器，可对复杂海洋环境进行长时续、大范围的观测与探测，在全球海洋观测与探测系统中发挥着重要作用（沈新蕊等，2018）。水下滑翔机具有成本低、续航长及可重复利用等优点，并兼具一定的航迹控制能力，已成为海洋环境观测与探测平台的重要组成部分（温浩然等，2015）。此外，它还具备短时延信息传输和大范围运行的能力，是海洋四维空间强有力的观测和探索工具之一。为水下滑翔机安装加速度传感器，可用于测量水下滑翔机的运动加速度，特别是中性悬停时随着水体运动的加速度，加速度积分计算得到运动速度（宗正等，2018）。可用于探测和追踪典型或突发海洋事件，适用于"中尺度"和"亚中尺度"海洋动力过程的观测，可为海洋学领域的研究提供高分辨率的空间和时间观测数据。

一、国外的进展

当前，国外 UG 技术的发展与应用主要集中于美国、法国、英国和澳大利亚等海洋强国，其中美国一直是先驱者和领导者。自 1989 年美国海洋学家 Stommel 提出 UG 的发展和应用规划后，UG 技术进入高速发展期。20 世纪 90 年代，美国相继开发成功 Slocum、Seaglider 和 Spray 3 种典型 UG，并持续进行 UG 技术攻关和应用探索。除美国外，欧洲和澳大利亚从 21 世纪开始专注于 UG 的应用和协作技术的研究，并组建了各自的 UG 观测网络，显示了其在 UG 应用方面的技术水平。目前国外水下滑翔机技术研究主要侧重于以下几点。

（1）特种水下滑翔机：①美国 Exocetus 公司（原 ANT）研制的浅海声学探测型 ANT Littoral Glider 搭载了 Reson 公司的 TC-4033 型水听器和 Wilcoxon 的矢量水听器。在 6 年的研制周期内共制造 18 套浅海声学水下滑翔机，累积作业约 4500h。②法国 SeaExplorer 系列水下滑翔机分别搭载不同传感器进行了声学探测、海水溶解有机物以及海水物理和生物特种探测。③美国 Scripps 海洋研究所研制成功高升阻比翼身融合 X-Ray 滑翔机，具备一个 10 kHz 带宽水听器阵列，可检测低频信号源、海洋哺乳动物和海洋环境噪声；Z-Ray 在 X-Ray 的基础上研制成功，其搭载一个 27 通道水听器阵列，主要功能是跟踪和自动识别海洋哺乳动物；Z-Ray 应用于圣地亚哥海底被动声学自主监测海洋哺乳动物计划。

（2）多种能源水下滑翔机：①美国 TELEDYNE 公司持续性开展温差能利用技术研究，目前已研制四型温差能动力水下滑翔机，并应用于温差能供电剖面浮标。②日本积极进行太阳能水下滑翔机研究。大阪府立大学将非晶硅太阳能电池板装在 SORA glider 上，并通过水池试验验证。在此基础上，研制出太阳能水下滑翔机（Ocean-going solar-powered underwater glider），并通过推进测试。此外大阪府立大学还设计了一种远洋太阳能水下滑翔机（Tonai60），装有两块太阳能电池板，最大下潜深度 60m，可用于长期海洋环境和生态系统监测；目前处于概念设计与原理样机制作阶段。

（3）协作与编队观测：①美国海军海洋局已经实现同时指挥和控制 50 台架水下滑翔机；正计划同时部署 100 架滑翔机，通过收集温盐数据，完成海洋模型预报。②澳大利亚综合海洋观测系统 2008—2015 年，共投放 26 台滑翔机在澳大利亚东南部大陆架上收集 33 600 多个 CTD 剖面，提供了该地区高分辨率观测数据；至 2017 年 5 月 IMOS 共进行 225 次滑翔机任务，相当于约 6400 个滑翔机天，总航程约 150 000km。③欧洲滑翔机观测站从 2005—2014 年共布放约 300 台次滑翔机，主要进行物理生物耦合现象、海洋环流等进行调查。④美国自主采样网分别于 2003 年 8 月利用 10 台 Slocum 和 5 台 Spray 水下滑翔机，对夏季蒙特利湾上升流进行了为期 40 天的调查试验，获得 12 000 组剖面试验数据；2006 年 8 月利用 4 台 Spray 和 6 台 Slocum 滑翔机，对蒙特利海湾西北部寒流的周期上升流进行调查。

此外，国外水下滑翔机技术还积极探索在实时数据传输、下载和军事应用上的发展。

二、国内的发展历程

我国 UG 技术的研究始于 20 世纪初，虽然起步较晚，但在 UG 单机相关技术方面发展迅速。天津大学 2002 年开始第一代 UG 的研制，于 2005 年研制完成温差能驱动 UG 原理样机，并成功进行水域试验。同年，中科院沈阳自动化研究所开发出了 UG 原理样机，并完成湖上试验。天津大学于 2007 年研制出"海燕"混合推进UG试验样机,并在抚仙湖成功完成水域试验。此外,国家海洋技术中心、中国海洋大学、中国船舶重工集团公司第710研究所和第702研究所、华中科技大学、上海交通大学、浙江大学、西北工业大学、大连海事大学等也对UG技术进行了相关研究。2015年4—6月,天津大学水下机器人团队投入多台"海燕"UG在多家UG性能综合测试中,创造了我国UG当时的工作深度、连续航程、航时及剖面数等多项纪录。2017年3月,中科院沈阳自动化研究所的"海翼-7000"深海滑翔机在马里亚纳海沟完成了6329m大深度下潜观测任务,打破了当时UG工作深度的国际纪录,随后在南海、印度洋和北极进行了科学考察。2018年4月,由天津大学承担的国家重点研发计划"深海关键技术与装备"重点项目"长航程水下滑翔机研制与海试应用"研制的"海燕-10000"水下滑翔机深海UG在马里亚纳海沟首次下潜至8213m,刷新了深海UG工作深度的世界纪录,取得了连续119天、862个剖面、2272km航程的技术突破(图1-5-1)。

图1-5-1 "海燕"水下滑翔机

目前我国已有多家海洋科研单位积极使用多型号水下滑翔机进行各项科研观测及相关技术研究,水下滑翔机应用也取得了快速发展。2016年12月,海翼水下滑翔机搭载水听器在南海进行了连续9天的海洋环境噪声观测。2017年7月,12台不同载荷海翼水下滑翔机在南海集群观测,揭示南海北部涡旋的三维精细结构,研究涡旋输运不对称性导致的南海北部跨陆坡物质能量输运。2017年8月,青岛海洋科学与技术试点国家实验室使用10台"海燕"水下滑翔机开展了面向海洋中尺度涡观测的海上立体组网综合调查。2017年8月,中山大学利用"海燕"水下滑翔机搭载CTD传感器和ADCP流速剖面仪,在南海海域成功获取500m以上深度的剖面40个。2018年4月,自然资源部第一海洋研究所在南太平洋首次布放"海燕"水下滑翔机开展大洋湍流观测。2018年5月,青岛市海洋装备研究所利用长航程"海燕"水下滑翔机连续运行119天,航程2272.4km,成功获取862个温度和电导率观测剖面数据。2019年4月,第二代长航程"海翼"水下滑翔机在南海续航时间达到211天,完成3400km剖面观测,创造我国水下滑翔机续航能力新记录。2019年8月,自然资源部第一海洋研究所第十次北极考察中,利用3台"海燕"水下滑翔机进行组网观测,获取了高密度的水文和生化观测数据,并获取了气旋过程对海洋影响的数据。2019年10月,青岛海洋科学与技术试点国家实验室使用15台"海燕"水下滑翔机面向台风、涡旋等多种海洋现象进行了同步组网观测。2020年2月,自然资源部第一海洋研究所利用6台搭载不同传感器的长航程"海燕"水下滑翔机,在亚印太交汇海域开展了海洋环境协同编队观测任务。

三、现在的工作方案

水下滑翔机依靠调节浮力实现升沉,借助水动力实现水中滑翔,是一种特殊的无人水下航行器,可对复杂海洋环境进行长时续、大范围的观测与探测,在全球海洋观测与探测系统中发挥着重要作用。广州海洋局目前使用的是北京蔚海明祥科技有限公司和天津大学联合研制的"海燕L-MP02"型多参数水下滑翔机,目前搭载有美国Sea-bird公司生产的GPCTD和SBE 43F溶解氧传感器以及挪威Nortek AS公司生产的AD2CP-Glider湍流传感器,可扩展高度计、叶绿素等传感器,可以获取长时间的海洋环境测量剖面数据,"海燕L-MP02"型多参数水下滑翔机技术指标如表1-5-1所示。

目前广州海洋局的水下滑翔机主要应用于南海海域海洋环境的长时间观测。常规工作过程如下。

1)水下滑翔机下水前准备工作

到达预定布放点后,首先使用船载CTD进行表层海水温盐数据采集,确定调查海区海水密度,检查并调整滑翔机配重;将水下滑翔机搬至后甲板,安装机翼、天线杆等外部设备,对CTD系统进行注水

表 1－5－1 "海燕 L－MP02"型多参数水下滑翔机技术指标

序号	设备名称	型号	产地/制造商	性能以及指标
1	水下滑翔机	海燕 L－MP02	中国 北京蔚海明祥科技有限公司	质量：93kg。 最大工作深度：1000m。 最大滑翔速度：1.5kn。 浮力调节能力：1L。 横滚角度调节能力：$-65°\sim65°$，具备横滚姿态控制能力。 航程：标配 CTD，经济航速下 3000km。 最长续航时间：140 天（锂电池供电）。 定位方式：全球 GPS。 通信方式：无线通信、铱星通信。 甲板控制能力：①实现远程通信（无线/卫星）、数据下载存储、滑翔机状态检查、精确定位、姿态控制、航向控制等；②发送指令、更新任务、航线规划调整等；③能同时对 12 台滑翔机实现组网作业控制。 搭载能力：5kg（不含标配 CTD）。 选配溶解氧、流速、声学、光学等传感器，可在作业现场不拆舱快速更换搭载传感器，便于传感器现场维护
2	CTD	GPCTD	美国 Sea－Bird Scientific	量程：电导率 $0\sim9$S/m，温度 $-5\sim+42$℃，压力 $0\sim2000$m。 精度：电导率 $\pm0.000\ 3$S/m，温度 ±0.002℃，压力满量程的 $\pm0.1\%$。 稳定性：电导率 0.000 3S/m（每月），温度 0.000 2℃（每月），压力满量程的 0.002%（每年）。 分辨率：电导率 0.000 01S/m，温度 0.001℃，满量程 0.002%。 采样频率：1Hz。 功耗：CTD175mW（采样时），190mW（数据传输）；CTD & DO265mW（采样时），280 mW（数据传输）。 耐压深度：1500m
3	溶解氧传感器	SBE 43F	美国 Sea－Bird Scientific	含泵、去污装置，测量范围：在所有天然水域，淡水和盐水表面饱和度的 120%。 精度：饱和度的 $\pm2\%$。 稳定性：0.5%（部署时间每 1000h）。 响应时间：$2\sim5$s（0.5mL 膜），$8\sim20$s（1mL 膜）。 输入电压：DC6.5$\sim$24V；7000m 耐压
4	测流传感器	AD2CP－Glider	挪威 Nortek AS	声学频率：1 MHz。 换能器：4 个对称换能器，前后声束与中垂线呈 47.5°，左右声束与中轴线呈 25°。 带宽：200kHz。 分层厚度：$0.5\sim2$m。 采样间隔：$1\sim10$s。 数据输出：流速数据 4 组，声强数据 4 组，相关性数据 4 组，方向姿态等传感器数据。 内存：4G。 水深范围：1000m。 震颤等级：IEC 60068－1/IEC 60068－2－64

感温；对水下滑翔机上电检测，将滑翔机调节至水面等待阶段（通信姿态），准备布放［图 1－5－2 (b)］。

(a)水下滑翔机日常存放

(b)作业前甲板安装准备

(c)水下滑翔机的起吊

(d)水下滑翔机入水

图 1-5-2　水下滑翔机布放步骤示意图

2) 水下滑翔机布放工作

水下滑翔机属大型海洋调查设备，布放时需要多人密切合作，人员分工及站位如图 1-5-3 所示。

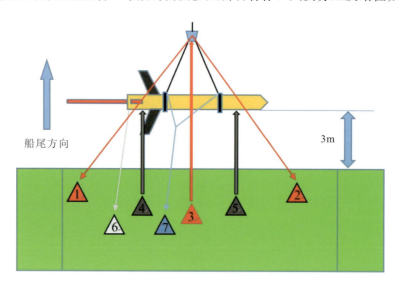

图 1-5-3　水下滑翔机布放人员站位示意图

(1) 人员 7 用吊绳套好水下滑翔机，并检查脱扣，理顺脱扣绳，确保正常可靠[图 1-5-2(c)]。

(2) 将 A 型架吊钩置于水下滑翔机正上方，人员 4、5 将吊绳挂在吊钩上，起吊，待吊绳均受力后，准备好托叉杆，起吊水下滑翔机距离甲板 1m 高时，停止起吊，A 型架开始向外打开至吊点距离后甲板外沿水平距离 3m 后，降下水下滑翔机（水下滑翔机在甲板移动时，人员 4、5 先用手扶住水下滑翔机，待水下滑翔机将要离开甲板范围时，人员 4、5 分别使用托叉杆顶住水下滑翔机机翼后侧和水下滑翔机前端，两人用力应均匀,保持水下滑翔机姿态不变,注意防止水下滑翔机撞船,直至水下滑翔机入水)。

(3) 水下滑翔机入水后,人员 7 迅速拉开脱扣,布放水下滑翔机(在此之前确保脱扣绳不受力,与其他工具、绳缆无打结)[图 1-5-2(d)]。

(4) 水下滑翔机入水脱扣后,人员 4、5 使用托叉杆处于机动状态,防止水下滑翔机撞船。

(5) A 型架回位,人员 1、2、3 迅速清理布放工具。

(6) 人员 6 负责布放鱼线,注意不得干扰到其他人员操作,水下滑翔机下水后,将鱼线交给人员 7,回操作间检查水下滑翔机水面状态,调节油量,满足通信姿态后,对讲机通知人员 7 剪断鱼线(现场随机协同),启动滑翔。

(7) 人员 1、2、3 主要进行 A 型架吊钩止荡操作,相互协调,随 A 型架吊钩移动调整位置,尽量保证布放过程相对稳定,布放后使用长杆视情协同人员 4、5 保护水下滑翔机,避免靠近船体。

(8) 拖拽鱼线时,务必保证鱼线松弛不受力,随水下滑翔机漂移视情放松鱼线,水下滑翔机飘出距离不能大于 30m,目测超出距离,应拉鱼线将其缓慢匀速拉回至距离甲板 5～10m 范围,切割鱼线时拉回水下滑翔机距离甲板 5～8m。

(9) 水下滑翔机启动滑翔 5min 后,母船视情调整位置,错开水下滑翔机的航线范围。

(10) 待 100m 测试剖面结束,水下滑翔机处于水面等待时,母船驶近水下滑翔机,距离 30m 左右,观察滑翔机通信姿态,确认正常后,按设计航线进行水下滑翔机测量。

3) 水下滑翔机回收工作

回收工作时人员分工及站位如图 1-5-4 所示。

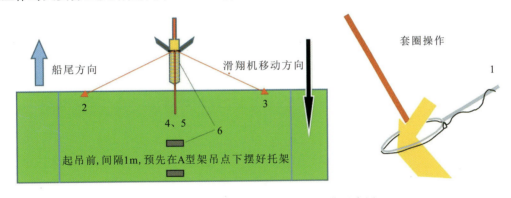

图 1-5-4 水下滑翔机回收人员站位示意图

(1) 水下滑翔机操控权交于甲板操控员后,甲板操控员向驾驶员报告水下滑翔机实时位置信息,船只向滑翔机位置航行靠近,距离滑翔机 2000m 时,降低航速,缓慢靠近。

(2) 待距离滑翔机 300m 左右时,位于船只甲板各处的人员根据甲板操控员提供的目标方位信息,通过目视或借助望远镜搜寻滑翔机,找到滑翔机并锁定水下滑翔机;操控船只,使滑翔机向后甲板缓慢靠近。

(3) 人员 1 使用套圈,视情及时套住水下滑翔机后尾舵,并抓牢套圈绳,牵引水下滑翔机至甲板后方 A 型架吊钩起吊位置,人员 2 使用托叉、人员 3 使用钩子协同稳定水下滑翔机,人员 4、5 可视情协助。

(4) 人员 6 用网兜套住水下滑翔机(需人员 1、2、3 协同),收紧网兜吊缆,卸掉网兜连接杆,将俯仰调整至前极限,展开 A 型架,放下吊钩,将吊缆系挂好后,起吊水下滑翔机,待水下滑翔机高于甲板 1m 时,停止起吊,收回 A 型架至甲板边沿内侧 2m 后缓慢下降,人员 4、5 协同人员 6 将水下滑翔机平稳放置在托架上。

(5) 脱开吊钩,整理工具,淡水冲洗水下滑翔机,擦净晾干,搬入室内,下载数据。

(6) 回收过程,人员 2、3 于 A 型架两侧负责拉紧止荡绳,人员 4、5 使用托叉杆顶紧网兜吊缆,人员 6 准备托架,人员 1 保证套圈绳不影响其他操作。

(7) 人员 4、5 除所列职责外,回收全程视情协同保证水下滑翔机与甲板处于安全距离。

4）水下滑翔机回收后检查工作

水下滑翔机回收完成后，及时进行测量数据下载并检查确认；拆卸机翼、天线杆等外部设备并进行维护。

5）水下滑翔机作业重点注意事项

（1）吊装、搬运过程中注意轻拿轻放，避免造成水下滑翔机精密部件损伤。布放回收作业时，注意收放过程尽量保持平稳，防止水下滑翔机撞船，尤其要防止天线损坏。使用工具收放作业时，尽可能避免与CTD等传感器、数据缆接头等部位接触，避免损坏精密元件或易损件。尽量选择良好的海况进行设备回收，禁止在夜间或视线不良的情况下进行布放、回收作业。

（2）水下滑翔机甲板测试时，注意防止高温环境造成水下滑翔机内部器件损伤，可积极做好防晒、降温处理。

（3）布放回收及拆装、装箱过程，切记注意保护好水下滑翔机天线线缆，禁止折叠、挤压、剐蹭。

水下滑翔机对海洋调查具有重要的意义，随着资源开发逐步从陆地转向占有地球大部分面积、资源丰富的海洋，水下滑翔机技术在这种转变中将扮演着重要的角色（温浩然等，2015）。

第二章 海上导航定位

在远离陆地的大海航行，日月星辰可以作为导航的参考，但它们却难以满足海上各类调查活动中数字化导航定位的需求。如何为船舶和水下调查设备进行高精度定位是海上调查过程中不可避免的问题。本章着重介绍海洋导航定位领域中水上导航定位和水下导航定位这两个最重要的分支。

第一节 水上导航系统

一、国外的进展

人类对海洋的探索由来已久，伴随着航行带来的定位问题，大体经过了天文导航、无线电导航和GNSS导航等阶段。

由于日月星辰构成的惯性参考系具有无可比拟的精确性和可靠性（房建成等，2006），因此古代航海人把解决定位导航问题的目光投向了星体，形成了天文导航。明代根据牵星板测定星体的垂向高度和牵绳的长度，即可换算出北极星高度角，它近似等于该地的地理纬度。英国人J哈德利于1730发明了双反射八分仪，后来为了便于观测月距，刻度弧加长到了60°，称为六分仪。六分仪是天文导航系统中重要的导航仪器。随着天文导航技术的进步，现代星光折射和空间六分仪可实现定位精度约百米级别，美国的MANS能实现优于30m的定位精度，而且随着天文导航部件精度的提高，现在的天文导航精度还在不断提高（房建成等，2006；何炬，2005）。天文导航作为一种古老而悠久的导航方法，极大地促进了航海探索的进程，但是由于其自身易受外界观测条件（昼夜、气象等）影响，导航定位精度有明显的限制，因此在无线电导航发展以后，天文导航的主体地位便被迅速取代。

通过无线电技术对舰船等载体及平台实施定位和导航引导的过程就是无线电导航。无线电导航技术在导航领域发挥了极大的作用，衍生出了包括塔康、罗兰C、多普勒、子午卫星系统等多个导航系统。

罗兰C系统在海上定位领域占有重要地位，其原理为距离差定位法（双曲线定位法）（胡安平，2016）。罗兰C系统定位原理为距离差定位法（双曲线定位法），主要利用了两个站台的无线电信号沿不同传播路径到达舰船的时间差，即舰船到达两个站台的距离存在差值，满足这个差值的点都在双曲线上的原理进行定位。罗兰C系统发射峰值功率可达2MW，抗干扰能力强，可以全天候连续重复定位。作用距离随发射电磁波类型不同而不同，其中海上地波作用距离可达1000km，天波可达4000km，作用距离更远。罗兰C系统增大了海洋调查范围，极大地推动了海洋调查事业的发展。

无线电定位模式下，野外调查依旧严重依赖手工计算和图板绘图。此外，还需要在陆地上架设多个无线电发射台，费用昂贵。由于晚上无线电信号受干扰，不得不暂停工作，因此，只能采用"日出而作，日落而息"的作业方式，作业效率严重受到限制。随着无线电技术的发展，无线电导航后续发展到无线电距离测量设备、子午卫星定位及专业导航计算机相结合的作业模式。这种模式下导航计算机的应用不仅把导航人员从图板和计算器中解放出来，还增强了数据采集的科学性与完整性，极大地提高了效率。

全球卫星导航系统（Global Navigation Satellite System，GNSS）是指能在地球表面或近地空间的任何地点能为用户提供全天候的三维坐标和速度以及时间信息的空基定位系统（李征航等，2016；周忠谟等，1992）。全球卫星导航系统给航海定位带来了新的革命性的变革，改变了以往的作业模式，彻底将海上定位推进到现代化的平台，海上导航定位进入到第三阶段。GNSS以其定位精度高、全天候服务、覆盖范围广、能同时获取三维坐标以及应用广阔等特点，展示出了它在导航定位领域的优越性和先进性，加之导航定位系统在军事、经济及国家安全领域的重要地位，各国相继发展了自己的卫星导航系统。GNSS成为主要导航定位技术手段，为海上调查事业奠定了最坚实的技术基础。

GNSS主要包括四大全球性导航系统，分别为美国全球卫星定位系统（Global Positioning System，GPS）系统、俄罗斯格洛纳斯系统（Global Navigation Satellite System，Glonass）、欧洲伽利略系统（Galileo）和中国北斗系统（Beidou Navigation Satellite System，BDS）。区域性卫星导航系统还有日本准天顶QZSS系统和印度IRNSS系统。

20世纪末的美国GPS系统是最早的全球卫星导航系统，主要通过用户对高于一定角度的卫星实时观测，对所接收到的GPS信号进行变换、放大和处理，以便测量出GPS信号从卫星到接收机天线的传播时间，解译出GPS卫星所发送的导航电文，实时地计算出测站的三维位置。GPS前身是美国海军子午卫星导航系统，于1964年建成，由6颗卫星组成星座，用于海上军用舰船的导航定位，是世界上第一个卫星导航系统。该系统在1967年解密，提供民用导航电文，极大地提高了海上导航能力，使得海上调查范围得以扩大，是海上导航领域的重要里程碑。

GPS目前共有29颗卫星提供服务，民用平面精度优于9m，单点定位精度优于1.5m，单频优于4m，平均可见卫星数约为10颗，全年可用性约为99.7%（刘春保，2019）。近期美国提出GPS-3系列的发展计划，将其作为美国未来导航的重要支撑技术。GPS-3系统设计2个系列共32颗卫星，其中GPS-3卫星10颗，GPS-3F卫星22颗，按照其部署计划，预计2034年完成发射，达到其设计性能要求。GPS-3卫星的功能与能力主要变化包括：①增加了L1频段的互操作信号L1C；②设计寿命增加至15年；③定位精度是之前型号的3倍，抗干扰能力是原来的8倍。在GPS-3卫星的基础上，GPS-3F卫星还将增加如下能力：①在轨升级与信号重构能力；②点波束信号功率增强能力；③V频段高速星间/星地链路；④增加搜索救援功能；⑤激光反射器阵列，提高卫星轨道测量精度。

Glonass系统于1976年正式建设，使用24颗卫星实现全球定位服务，可提供高精度的三维空间和速度信息，也提供授时服务。按照设计，Glonass星座卫星由中轨道的24颗卫星组成，包括21颗工作星和3颗备份星，分布于3个圆形轨道面上，轨道高度19 100km，倾角64.8°。截至2019年底，Glonass系统在轨卫星28颗，包括26颗Glonass-M卫星和2颗Glonass-K卫星，其中提供导航服务卫星22颗，其余卫星处于测试、备份等状态。2019年，俄罗斯完成了Glonass-K系列卫星的研发，2020年将全面启动Glonass-K系列卫星的发射，计划于2025年完成全部由Glonass-K系列卫星组成的空间星座的部署，完成Glonass系统空间星座的全面升级。近年来，Glonass系统提供定位、导航与授时服务的卫星数量一般保持在23~24颗，有效提升了全球卫星导航领域多系统并存格局下Glonass系统的国际地位与影响力，其在全球卫星导航应用领域的发展较好地证明了这一点。随着Glonass系统的恢复与多系统应用的发展，全球超过50%的卫星导航装备使用了Glonass系统，使Glonass系统在全球民用市场的竞争中占据有利位置（刘春保等，2019）。

Galileo系统是欧洲独立发展的全球导航卫星系统，提供高精度、高可靠性的定位服务。Galileo系统由30颗卫星组成，包括27颗工作星和3颗备份星。卫星分布在3个中地球轨道（MEO）上，每个轨道上部署9颗工作星和1颗备份星。截至2019年底，欧洲完成4颗Galileo-FOC卫星的部署，在轨卫星达到25颗，其中22颗Galileo-FOC卫星，3颗"伽利略-在轨验证"（Galileo-IVO）卫星，18颗卫星提供导航服务，4颗处于测试状态，2颗处于试验状态，1颗处于备份状态。根据欧洲航天局的卫星发射计划，Galileo系统实现全面运行状态会在2021年左右完成。

日本自2018年11月完成本国卫星导航系统的运行后，进行了一系列的实验活动，推动QZSS在军事和民用领域的应用。QZSS系统的部署分2个阶段进行，第一阶段，于2018年前完成由1颗地球静止轨道（GEO）卫星和3颗倾斜地球同步卫星轨道（IGSO）卫星组成的空间星座部署；第二阶段，2023年前完成由7颗卫星组成的QZSS系统部署，并投入运行。

印度IRNSS系统2016年完成初步部署，2018年发射1颗IRNSS-Ⅱ卫星用于替换原有的IRNSS-1A卫星，现系统运行正常，并积极谋求自主军事卫星导航能力。

GNSS 系统具有多种定位方法和技术，在海上定位中常用的定位方法是差分定位技术（Differential GNSS，DGNSS）和相对 GNSS 定位技术（Relative GNSS，RGPS）。GNSS 系统工作时会受大气电离层延迟、对流层延迟、多路径效应等因素的影响，使得观测值存在误差，影响定位精度。差分定位技术和相对 GNSS 定位技术能够减小这些测量误差对定位精度的影响（裴彦良等，2014）。

星基增强系统（Satellite-Based Augmentation System，SBAS）是利用类似广域差分原理实现定位的系统，其工作原理是利用分布在全球的参考站，通过对 GNSS 观测量的误差源加以区分和模型化，并计算出每一个误差源的修正值（差分值），并将修正值发送给用户，对用户在 GNSS 定位中的误差进行修正，以达到削弱误差和改善精度的目的。星基增强技术克服了局域差分技术中主控站和用户站之间定位误差对时空的相关性，而且又保持了局域差分系统的定位精度。因此在星基增强系统中，只要数据通信链有足够能力，主控站和用户站间的距离原则上是没有限制的，在远洋定位领域具有极大的优越性（裴彦良等，2014；王春瑞等，2010）。

目前，各国发展的星基增强系统有：美国雷声公司的广域增强系统（WAAS），覆盖美洲大陆；欧空局的欧洲静地星导航重叠系统（EGNOS），覆盖欧洲大陆；日本的多功能卫星增强系统（MSAS），覆盖亚洲大陆。这些星基增强系统相互兼容，且向覆盖地区用户免费开放。除了免费的星基增强系统外，一些厂商也提供星基增强服务。目前导航定位市场上主流星基增强系统主要有 TerraStar、RTX/Omnistar、Veripos、Starfire、Atlas/ChinaCM、TopNET Global、C-Nav、Starfix、QZSS L6、Galileo E6 等（裴彦良等，2014）。主要星基增强系统的定位精度如表 2-1-1 所示。

表 2-1-1 各星基增强系统定位精度

系统	TerraStar	Omnistar	Veripos	Starfire	Atlas	TopNET	Starfix	QZSS L6
精度（cm）	3	3.8	5	5	3	4~10	3	静态 6 动态 12

资料来源：各服务商官网。

相对 GPS 定位技术（Relative GPS，RGPS），通过相对定位原理实时解算基线，获得船基 GPS 与尾标（枪标）基线向量，获取到高精度的距离与方位值。相对定位技术常用在海洋资源的多道地震调查中，用于得到电缆关键部位的位置，实现对枪阵、电缆头部、尾部的高精度定位（方守川，2014）（图 2-1-1）。

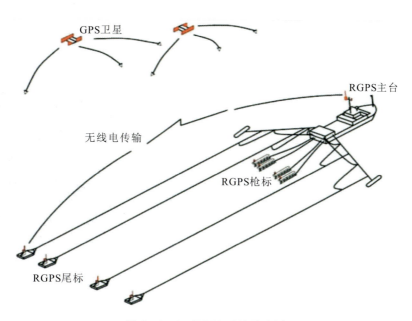

图 2-1-1 RGPS 系统示意图

目前广州海洋局引进的国际主流 RGPS 定位系统包括 Satpos 系统、Seamap BuoyLink 系统、Seatrack 系统。Seamap BuoyLink 定位系统主要解决拖缆地震调查中的电缆头部、尾部及地震震源的定位问题，以提高野外资料的精度，保证数据的可靠、准确。其应用领域包括水合物和油气调查等二维、三维、四维地震调查项目中。其定位精度为亚米级，最大工作距离：15km。Seatrack 系统由挪威 KONGSBERG 公司生产，主要是解决拖缆地震调查中的电缆头部、尾部及地震震源的定位问题。Seatrack 系统定位精度为亚米级，采用 RTK 模式结算，最大工作距离 20km（图 2-1-2）。

图 2-1-2　Seatrack RGPS 系统

二、国内的发展历程

我国海上导航定位技术发展起步相对国外较晚，但随着国家的大力推进和研究人员的不懈努力，我国的海上导航定位技术已完成巨大跨越，跻身世界先进水平。

早期无线电导航时代，我国主要导航系统为长河二号系统。长河二号系统为我国自主设计和建设的陆基无线电导航系统，系统主要由发射站台部分、检测和控制部分以及用户接收部分组成。通过计算舰船接收"长河二号"岸基无线电信号的时间差，所有满足该时间差的点位于一条双曲线上实现舰船导航定位的目的。"长河二号"工作频率为 100kHz，能提供经度、纬度、航向、航速、航程、航迹、标准、时间等多种导航参数信息，能实现北起日本海、南至南海的服务覆盖，最远可以远离台站 1000n mile，定位精度 100m 至 1n mile。其中东北海区定位链基本呈南北走向，南海海区定位链呈东西走向，两者在饶平站呈 90°直角相接。

"长河二号"系统主要任务有 3 个方面：一是保证各种气象条件下引导舰艇、飞机和汽车按预定方向、航线安全行驶；二是保证水面、水下（有条件使用）、空中等多兵种协同作战训练；三是配合完成诸如武器投射、扫布雷、侦查、巡逻、反潜、救援、海洋石油勘探、海洋调查、海洋捕捞、海洋测量、海底电缆铺设与授时等任务，提供军用及民用方面的定位导航授时服务（杜鸿，2010；王智，2011；任席闯，2018）。

随着子午卫星导航技术的发展与成熟，我国也引进了子午卫星导航系统，推进了我国海上调查事业的发展。图 2-1-3 是广州海洋局 20 世纪 80 年代引进的子午卫星导航仪。

图 2-1-3　20 世纪 80 年代广州海洋局引进的子午卫星导航仪

北斗卫星导航系统是我国在全球卫星导航技术领域的重大

突破和技术结晶,将我国导航定位技术推进到世界前沿水平。北斗卫星导航系统是中国着眼于国家安全和经济社会发展需要,自主建设、独立运行的卫星导航系统,是为全球用户提供全天候、全天时、高精度的定位、导航和授时服务的国家重要空间基础设施。

北斗系统是我国正在实施的自主发展、独立运行的全球卫星导航系统,GNSS系统的重要组成部分。该系统由空间卫星、地面中心站和用户终端三部分组成。其中空间部分主要为卫星星座部分,由若干地球静止轨道卫星、倾斜地球同步轨道卫星和中圆地球轨道卫星等组成,见图2-1-4。地面部分主要包括主控站、时间同步/注入站和监测站等若干地面站,以及星间链路运行管理设施。用户终端包括北斗兼容其他卫星导航系统的芯片、模块、天线等基础产品,以及终端产品、应用系统与应用服务等。

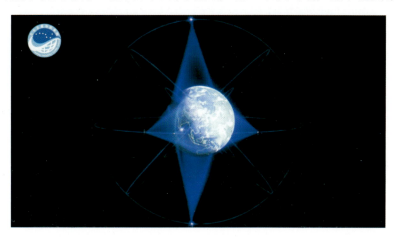

图2-1-4 北斗系统卫星星座[①]

北斗系统发展至今,主要经历了3个阶段:2000年底建成北斗卫星导航实验系统,即北斗一号(Beidou navigation demonstration system,BDS-1),并向中国地区提供服务;2012年底建成北斗二号系统,向亚太地区提供服务;2020年底建成北斗三号系统,向全球提供服务,并实现区域性导航系统向全球性导航系统的跨越。北斗系统可提供双向高精度授时和短报文通信服务,其位置精度为平面5m,高程10m,测速精度0.2m/s,授时精度为单向50ns,2020年7月31日,北斗系统宣布北斗三号卫星正式开通,标志着北斗"三步走"发展战略圆满完成,北斗迈进全球服务新时代,可提供全球性服务。北斗三号全球卫星导航系统的建成开通,是我国攀登科技高峰、迈向航天强国的重要里程碑,是我国为全球公共服务基础设施建设做出的重大贡献(图2-1-5)。

国内星基增强技术随着北斗系统的发展而陆续展开,北斗系统中的增强系统包括地基增强系统与星基增强系统。

北斗地基增强系统是北斗卫星导航系统的重要组成部分,按照"统一规划、统一标准、共建共享"的原则,整合国内地基增强资源,建立以北斗为主、兼容其他卫星导航系统的高精度卫星导航服务体系。利用北斗/GNSS高精度接收机,通过地面基准站网,利用卫星、移动通信、数字广播等播发手段,在服务区域内提供1~2米级、分米级和厘米级实时高精度导航定位服务。系统建设分2个阶段实施,一期为2014—2016年底,主要完成框架网基准站、区域加强密度网基准站、国家数据综合处理系统,以及国土自然资源、交通运输、中科院、地震、气象、测绘地理信息6个行业数据处理中心等的建设任务,建成基本系统,在全国范围提供基本服务;二期为2017—2018年底,主要完成区域加强密度网基准站补充建设,进一步提升系统服务性能和运行连续性、稳定性、可靠性,具备全面服务能力。

北斗星基增强系统是北斗卫星导航系统的重要组成部分,通过地球静止轨道卫星搭载卫星导航增强信号转发器,可以向用户播发星历误差、卫星钟差、电离层延迟等多种修正信息,实现对于原有卫星导航系统定位精度的改进。按照国际民航标准,开展北斗星基增强系统设计、试验与建设。目前,已完成

---

① 图片来源:www.beidou.gov.cn/zy/bdsp/202006/t20200628_20715.html。

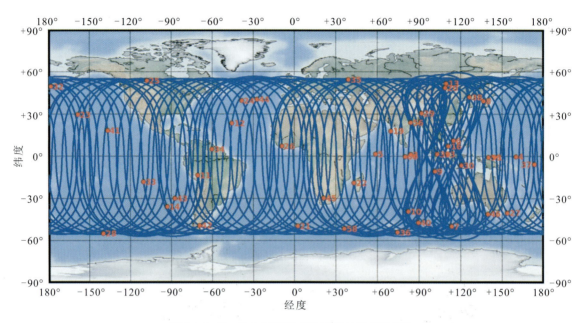

图 2-1-5 北斗系统建成后星历星座示意图①

系统实施方案论证，固化了系统在下一代双频多星座（DFMC）SBAS标准中的技术状态，进一步巩固了BDSBAS作为星基增强服务供应商的地位。

现在国内主要商用产品有中海达Hi-RTP和千寻系统的天音计划（吴勇毅，2018；史小雨等，2019）。此外中国航天科技集团发布的"虹雁"系统和中国航天科工集团发布的"虹云"系统均能搭载导航有效载荷，既能为北斗系统提供增强改正数和完好性信息，又可以自主播发导航测距信号，增强PNT服务性能（张小红等，2019）。中海达自主研发的Hi-RTP系统是一套可覆盖全球的实时精密定位服务系统，主要融合了星基（SBAS）、地基（GBAS）两种增强手段的技术优势，可实现3min内快速收敛，且定位精度可达到4cm。天音计划是千寻系统提出的基于北斗的星基增强系统，由超过2200个北斗地基增强站和全球范围内建设和接入了120个海外地基增强站点共同组成，可实现厘米级定位精度。

广州海洋局作为国内较早开展海洋调查的科研单位，导航定位技术需求大、要求高。通过技术引进和自我研发，整体导航装备技术水平达到"国际先进，国内一流"。现在的技术装备水平是广州海洋局人一步一个脚印走出来的，见证了我国海上导航定位技术的发展。

20世纪60年代广州海洋局海洋调查中采用的是苏式坐标仪（圆圆定位系统）和图板进行数据采集、室内手工数据处理，是最初的小米加步枪的时代；70~80年代初随着我国无线电导航技术的发展，无线电导航技术成为调查主力军，此时广州海洋局主要采用"长河二号"定位系统、"雷迪斯特（Radist）"定位系统和图板进行数据采集、室内手工数据处理的作业模式，极大地增加了作业效率。

80年代在改革开放的时代大潮下，广州海洋局积极对外沟通，紧跟行业前沿，根据不同任务需求引进了一批先进的技术和设备。近岸调查任务采取FALCON484无线电定位系统（美国生产）和室内手工数据处理的作业模式。1983年从美国引进ARGO-MAXIRAN定位系统＋NC100专业自动导航计算机用于近海调查任务，导航定位摆脱图板绘图的模式，定位精度和效率得到极大提高。无线电导航技术发展到子午卫星系统，广州海洋局也积极引进用于革新导航定位工作模式。从美国引进的200型B子午卫星导航定位系统和5000型子午卫星导航定位系统被用于远海调查任务。1988年广州海洋局引进第一台天宝10X GPS接收机，这是国内首次GPS技术用于海洋地质调查领域。

90年代广州海洋局一直是国内海洋地质调查的技术先锋，分别于1992年和1994先后从法国SERCEL

---

① 图片来源：www.beidou.gov.cn。

公司引进两套差分 GPS 定位系统（主台＋NR103 接收机），DGPS 技术在国内首次被应用于海洋地质调查领域。此阶段仅可以根据 NR103 接收机上显示的偏线距离指挥船舶修正航向，人工进行定位数据记录，室内手工数据处理，没有自动记录自动处理的能力。1996 年开始，广州海洋局自行开发了计算机智能导航系统和室内数据处理软件，全面实现了野外数据采集和室内资料处理的计算机自动化，自我研发和技术引进共同助力广州海洋局海洋调查事业蓬勃发展。

进入 21 世纪后，2000—2010 年分别从美国和英国引进 HYPACK 系统和 SPECTRA 导航系统，2013 年又引进 ORCA 导航系统，针对站位、走航和地震等不同任务需求都有了对应的导航系统支持。2008 年后，先后引进 SF2050 接收机、veripos 接收机、天宝 R9 及 R10 接收机等设备，星基增强技术被应用于海洋调查任务，拓展了海洋地质调查的范围，提高了实际作业效率和定位精度。2020 年 10 月，广州海洋局率先引进北斗系统星基增强设备，在完成初步测试后，将北斗星基增强系统率先引入到远洋海洋调查事业。

第二节　水下导航系列

水上导航定位系统信号传播的介质是空气，包括无线电信号、光电信号在内的大多数信号在传播的过程中损耗很小。而水下环境则要复杂得多：首先，水体对大多数无线电波具有强烈的吸收作用，光波也存在同样的问题。其次，水体理化性质是动态的，这对在其中传播的信号具有重要影响。声信号在水体传播的过程中损耗小，传输距离远，是水下信号传输的优质载波。当前水下导航系统系统可分为 3 类：惯性导航系统、声学导航系统和地球物理属性导航系统。这 3 种导航系可以独立运行，也可以组合运行实现组合导航。

一、国外的进展

惯性导航系统（简称惯导系统）的主要部件包括陀螺仪和加速度计（统称为惯性仪表），它利用陀螺仪和加速度计同时测量载体运动的角速度和线加速度，并通过计算机实时解算出载体的三维姿态、速度、位置等导航信息。惯导系统主要可以分为平台式惯导和捷联式惯导。平台式惯导有跟踪导航坐标系的物理平台，惯性仪表装载在物理平台上，捷联式惯导直接安装在载体上，没有装载平台。由于惯导系统的定位误差会随着时间累积，导致定位精度随时间降低，所以系统需要定时修正以保证精度（王巍，2013）。

水下声学定位是基于声波在水下传播损耗小、传输距离长的特点发展而来的一项定位技术，是最常用的水下定位方法，主要分为长基线定位系统（Long Base Line Positioning，LBL）、短基线定位系统（Short Base Line Positioning，SBL）和超短基线定位系统（Utral Short Base Line Positioning，USBL）3 种定位方式。声学定位系统除各自系统特有的部件外，一般包括导航主控单元、主控计算机、声学换能器、声学应答器等组件。水下声学定位系统工作时，一般由水面导航系统实时获取船只位置，通过船体坐标系和水下坐标系的相对关系将坐标转化至水下定位系统。三种定位方式的特点如表 2-2-1 所示（黄玉龙等，2019）。

表 2-2-1　声学定位系统比较

类型	基线长度（m）	特点	优点	缺点	适用场景
LBL	100～6000	基元分布广	精度高，范围广	基阵投放、回收困难，校准烦琐，数据率低	大面积作业区域
SBL	20～50	基元分布在船体底部	精度位于 LBL 和 USBL 之间，不需要安装误差校准	基元固定，受船体影响大	母船附近 AUV 定位
USBL	<1	基元集中在紧凑的独立单元	体积小，安装方便，回收简单	作用距离小，精度低，校准工作量大	低成本小型航行器

目前，国际上主要的长基线定位系统有法国 iXblue 公司的 RAMSES、挪威 Kongsberg 公司的 cPAP17 和英国 Sonardyne 公司的 ROVNav6。其中 RAMSES 的最大作业深度为 6000m，最大作用距离为 8000m，测距精度为 0.05m；cPAP 的最大作业深度为 7000m，最大作用距离为 8000m，测距精度为 0.02m；ROVNav6 的最大作业深度为 7000m，测距精度为 0.015m（张同伟等，2019）。

国际上超短基线系统主要有 Kongsberg 公司 HiPAP 和 μPAP 2 个系列产品，前者适用于 AUV 深水和海底探测，该系列中的 HiPAP502 型产品工作范围达到 50 000m，定位精度 0.15%D（D 表示作用距离），开角覆盖范围 200°，20dB 信噪比下角精度可达到 0.06°。μPAP 系列则适用于 AUV 浅水探测，并且部分型号内置有姿态传感器，该系列中的 μPAP200 型号产品作用距离 4000m，开角覆盖范围 160°，浅水定位精度达到 0.45%D。法国 IXBlue 公司主要推出了 POSIDONIA Ⅱ 和 GAPS - USBL 两种产品。POSIDONIA Ⅱ 是一款长程 USBL 型号，作用距离超过 10 000m，工作深度可达 7000m，在该水深处的最高定位精度能达到 0.2%D。GAPSUSBL 的作用距离超过 4000m，工作深度 25m，定位精度达 0.06%D，角度精度为 0.01°。英国 BluePrint 公司推出的 SeaTrac 系列作用距离超过 2000m，可同时定位 14 个目标，定位精度 1.5%D，并且内置有 MEMS 陀螺仪和加速度计，定位性能优异（黄玉龙等，2019）。

二、国内的发展历程

在水下定位技术的研究方面，相对于国外，我国起步要晚很多，但是随着研究的积累，我国的水下定位水平已经有了长足进步。20 世纪 80 年代，国内最先引入法国 Oceano 的 LBL 系统，实现对水下目标的精确测量。2002 年哈尔滨工程大学研制了 Grat LBL 系统。东南大学 YMT 系统和哈尔滨工程大学 MATS 系统都是基于短基线定位研发出的水下声学定位系统。江苏中海达海洋信息技术有限公司推出的 iTrackUB 系列 USBL 水声定位系统是唯一市场化的国产 USBL 水下定位系统，目前有 2 款型号：iTrack - UB 1000 和 iTrack - UB 3000。该系统可同时对 5 个水下目标进行精确定位，其中 iTrackUB 3000 的量程可达 3000m，工作深度 2000m，测量精度可达 0.45%D（吴永亭，2013；李壮，2013；梁国龙等，1999；黄玉龙等，2019）。早期哈尔滨工程大学的"TOSS-Ⅰ靶"是基于短基线定位的测量系统。2006 年由哈尔滨工程大学和海洋一所研制了国内第一套长程 USBL 系统样机，2013 年研制出国内首台定位系统样品，并应用于"蛟龙号"载人潜航器的导航定位。

"蛟龙号"载人潜航器是我国水下探测领域的结晶，是多学科、多系统的集合应用范例。目前"蛟龙号"载人潜航器装有长基线和超短基线两种导航定位系统，分别为法国 iXblue 公司的 RAMSES 6000 和 POSIDONIA Ⅱ。此外，2014 年哈尔滨工程大学特制的 USBL 系统首次参与了"蛟龙号"作业的导航定位中，并为后续的实验性应用提供定位服务。"蛟龙号"长基线定位时，需要事先在作业海域布放多个声学信标，并对各信号进行精确位置标定。"蛟龙号"处于水下作业状态时，换能器发送询问信号，经由各应答器之间的信号传播时间测定各水下基元的距离，按照距离交会法实现定位。同时"蛟龙号"通过超短基线定位系统，装载的信标每 8s 发出一次声学信号，与母船进行通信。母船上各接收器根据声学信号到达的先后顺序，将信号的时间差通过相位法进行定位，可以获取"蛟龙号"的实时位置、所处深度以及与母船之间的距离，再通过声学通信将信息发送给潜航器（张同伟等，2019）。长基线定位系统的定位原始轨迹和平滑后轨迹的均方根差值为 1.3m，二者定位差值的均方根为 37m，差异基本上成一个直径为 55m 的圆。

2007 年 8 月，"海洋六号"（现"海洋地质六号"）综合调查船开始建设，2008 年 10 月建成。水下定位系统被引入"海洋六号"的海上调查作业中，"海洋六号"水下定位的应用越来越多：获取水下声呐、磁力、深拖、取样器、ROV 等设备的位置。这些调查工作都需要水下定位系统提供水下精确的位置和状态监控。广州海洋局现在的水下定位系统主要包括 Ranger - Pro 超短基线水下定位系统、HiPAP 超短基线水下定位系统和 GAPS 超短基线水下定位系统。HiPAP100 水下定位系统由广州海洋局于 2010 年从挪威 Kongsberg 公司引进，其固定安装于"海洋六号"船上，是一种超短基线水下定位系统。引进至今，该系统已服务于多种水下设备，例如 ROV 水下机器人、海底摄像、磁力深拖、声学深拖等，为我国南海调查以及大洋调查中的水下设备提供了高精度定位，特别是在大洋航次海底摄像作业中，HiPAP100 为水下 5500m 深、距母船近 8000m 的摄像拖体提供了较稳定的高精度定位。广州海洋局 2008 年开始使用 Ranger-Pro 水下定位系统，安装"海洋地质四号"船上，多年来为海洋地质取样提供了准确定位数据，曾为准确采获水合物样品作出贡献。2015 年升级为 Ranger2-Pro，提升了定位能力，为海洋地质取样，海洋近海底深拖探测提供准确位置（图 2-2-1）。

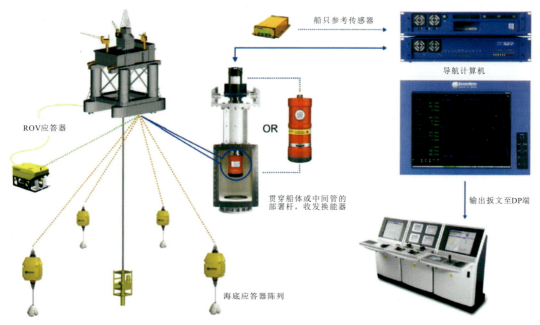

图 2-2-1　Ranger2-Pro 系统示意图

第三节　现在的工作方案

在海上调查实际作业中，根据调查任务的目的与技术要求、设备情况及海域特点等客观条件，工作方案也各有不同。走航、站位、地震采集、水下潜航器导航等不同调查任务对导航定位方法从精度、连续性、动态性、单点稳定性等不同方面有各自侧重的要求。

三维地震采集需要在动态模式下实现高精度导航定位功能。常规道距三维地震采集调查对导航定位数据的精度、动态连续性和稳定性都有较高的要求。而小道距三维采集调查对三者的要求更高。三维地震采集时，需要通过 GNSS、RGPS、罗经、罗盘鸟、声学测距、测深仪、深度传感器实现船只动态模式下对电缆水听器、震源实现高精度定位，解算出船只、震源、电缆的实时三维位置，是一项多系统集合、多源数据耦合的工程，是海上调查任务中对导航定位要求较高的任务。

"海洋地质八号"是广州海洋局 2017 年底入列的三维地震船，调查船搭载有 Fugro、Veripos GPS 接收机，Octans 光纤罗经，EA600 万米测深仪，Seatrack RGPS 尾标定位系统，同时搭载 Gunlink4000 枪控系统及 Seal428 地震记录系统，目前主要采集方式是双源四缆。图 2-3-1 为"海洋地质八号"主要搭载的调查设备连接示意图，图 2-3-2 为"海洋地质八号"船载设备位置图。

地震采集前，需要进行 GPS 系统、RGPS 系统、罗经、测深仪等设备的检校与各系统间联调，保证设备和各系统的可用性。同时在作业前需要进行声速剖面测量（SVP）和磁偏改正等实验获取调查区域的调查属性，用以改正后续的声学测距和磁偏计算，以达到更优的定位结果。

地震采集时，"海洋地质八号"拖曳 6 排枪阵作为激发源，拖曳 6 根电缆作为接受源，详见图 2-3-3。船体及设备进行地震采集时，需要对每个枪阵和电缆进行定位，精确测定震源激发位置和电缆每一接收道的位置。

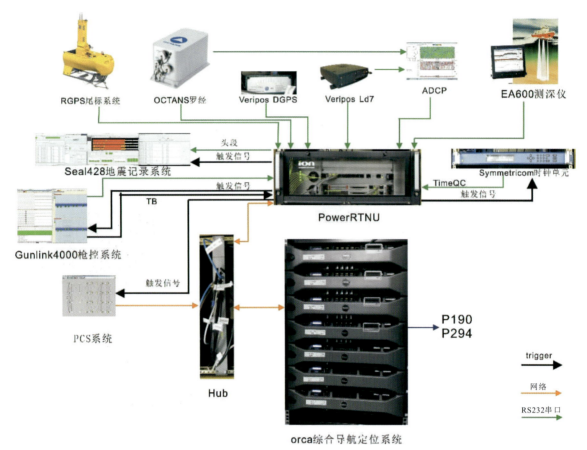

图 2-3-1 "海洋地质八号"船载设备示意图

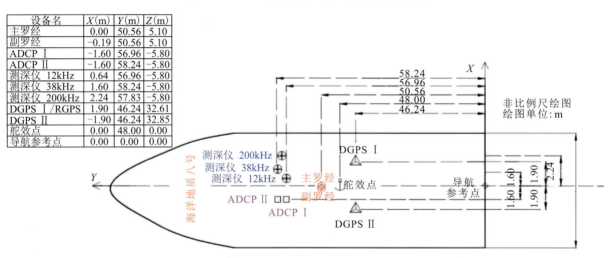

图 2-3-2 "海洋地质八号"船载设备位置图

"海洋地质八号"船载 Veripos LD7 和 Fugro GPS 接收机,可以通过星基增强技术,获取高精度差分信号,对船只进行厘米级动态定位。在获取了船只精密位置的基础上,按照国内常规作业模式,可以通过 RGPS 系统测量安装在电缆头部的头标和安装在电缆尾部的尾标与主船的基线,获取头标和尾标相对主船参考点的距离和方位,实现电缆的准确定位。

由于电缆头标需要电缆头部数字包额外供电,在实际作业中布放设备困难,效率低下。"海洋地质八号"兼顾了定位精度和作业效率,在枪标精确确定枪阵位置的基础上,采用在枪阵尾部加装 CTX,电缆头部加装声学鸟(CMX),采用声学定位网取代原有的 RGPS 头标,对电缆头部进行定位(图 2-3-4、图 2-3-5)。定位时,枪阵的声学探头和电缆上的 CMX 不断发送声学信号测定两者距离,

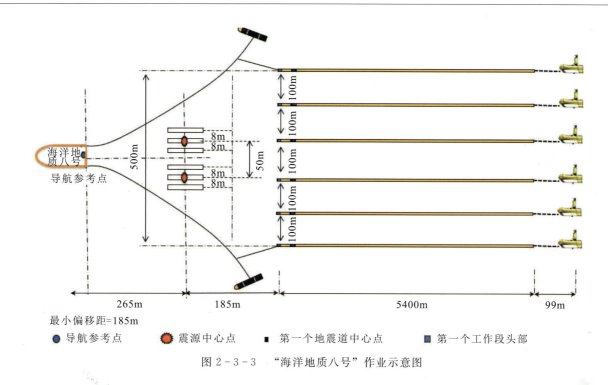

图 2-3-3 "海洋地质八号"作业示意图

结合电缆和震源的深度传感器就可以将测量的斜距改算为平面距离,通过多个声学测量值可以形成声学网,按照测边网进行平差计算后可精确获取各声学探头和 CMX 的准确相对位置。通过震源枪标结算的实时位置,即可将相对位置改化为绝对坐标。这种作业模式的改进既兼顾了定位精度,又降低了作业难度,提高了作业效率。

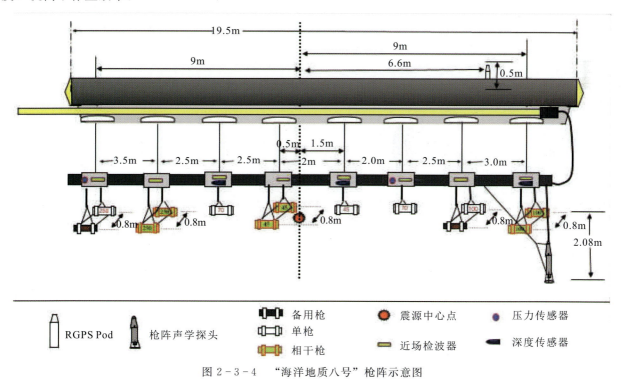

图 2-3-4 "海洋地质八号"枪阵示意图

精确获取震源激发位置和电缆头部、尾部位置后,通过电缆上固定距离布设的罗盘鸟和电缆模型可以对电缆形态进行初步定位。再经过电缆上声学鸟组成的声学网就可以对电缆形态做更准确的定位,从而获得每一个水听器的位置。声学网络详见图 2-3-6。

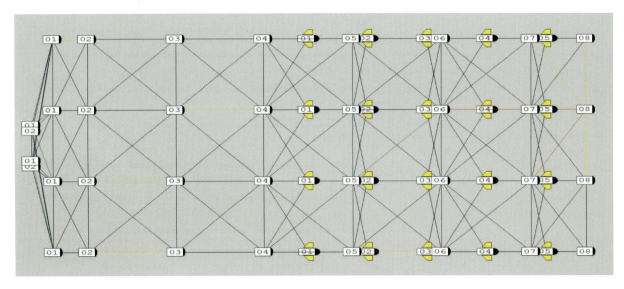

图 2-3-5 "海洋地质八号"电缆配置图

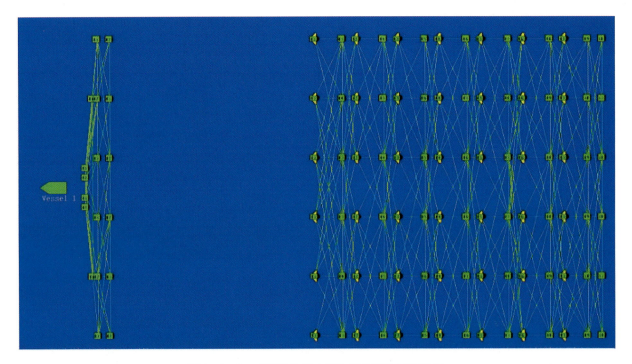

图 2-3-6 "海洋地质八号"声学定位网配置图

Veripos 星基增强系统可实现平面 5cm 定位精度,结合 LD7 差分接收机能够在海上实现厘米级定位要求,达到国际先进水平,能够满足高精度定位要求。Kongsberg Sea Track 拖缆定位系统通过解算载波和相位码,实现厘米级定位的精度。由 DGPS 和 RGPS 相结合的定位方式能满足三维地震采集等调查任务的要求,极大地提高了作业采集精度和质量(图 2-3-7)。

"海洋地质八号"采取的定位模式既保证了三维地震对定位导航的高精度、高动态、连续稳定的要求,又兼顾了布放流程和作业效率。但是随着水合物探测等地质调查任务的出现,常规道距地质调查很难满足其调查目的,小道距地质调查(面元一般为 6.25m×3.125m,甚至 1.6m×1.6m)等新的调查手段需要更高的定位精度,对导航定位技术提出了更高的要求。这些新出现的任务需求也将是推动导航定位技术进一步发展的动力。

总而言之,海上导航定位是海洋调查的基础支撑技术。导航定位技术是深海探宝过程中确定位置、

图 2-3-7 "海洋地质八号"作业导航示意图

给定探宝路线的技术,对于调查的顺利开展具有关键作用,是调查数据准确性的保证,直接影响航行安全和作业效率。准确的定位结果与优化的导航路径、丰富的导航监控信息,能极大地提高作业效率,为海洋地质调查争取宝贵的时间,提高社会经济效益。

人类自古以来就没有停止过对海洋的探索,而且随着各个国家对海洋越来越重视,探索海洋的步伐只会越来越快。探索海洋、开发海洋的过程中对支撑技术的要求也会越来越高,这将不断推动技术的发展和革新。不难预见,在不久的将来,自动控制、大数据、多数据通信、无人船等技术将推动海洋导航定位向着适用范围更广、精度更高、功能更为强大的方向发展,海洋调查事业也会走向更加蓬勃美好的明天。

第三章 弹性波场之一——浅层海底的探测

第一节 单波束系统

一、国外的进展

海底探测一直是航海过程中一项不可避免的任务，对于海底世界的好奇始终盘旋在航海者的脑海中。海底探测就是解决"海底什么样"这一问题的。从最初的利用铅锤垂到海底确定船只航行深度，发展到现在对海底地形变化、水下地物状态以及水下目标进行探测等都是海底探测的测量内容。深度信息能反映海底起伏形态，展示水下地物状态，是了解海底变化的重要工具（赵建虎，2015；赵建虎等，2017）。

随着测量技术的发展，水深数据获取方法也发生着变化。在测深仪发明前，水深数据只能通过铅锤测量来获得，这种测量方法效率低下，数据受限于测量条件，精度低。20世纪20年代，基于回声测深原理，单波束测深仪被发明并应用于水深测量（赵建虎，2015）。单波束测深工作时，换能器向海底发射一束探测信号，探测信号触及海底时反射回换能器，记录换能器发射接收的时间差，结合声速及换能器吃水情况就能获得水深数据。单波束测深仪的出现对水深测量的工作模式产生了巨大的革新，作业效率和测量精度得到巨大提高。

单波束测深时只向海底发送一个波束信号，因此只得到一个水深值，属于点测量模式。随着船只航行，单波束测深仪能获得一条航迹上的水深线。水深线的数值变化一定程度上能够展示海底地形的变化趋势。图3-1-1是船只航行时获得的水深线。

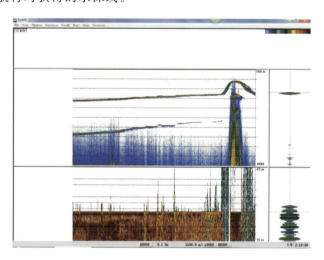

图 3-1-1 航线深度图

单波束测深仪最初主要应用是"二战"的军事用途，随后在民用领域被广泛使用。单波束测深系统以其价格低廉、使用方便、性能适中的特点在水深测量领域被广泛使用。单波束测深仪是利用声波在水体中传播特性进行测量的，不同频率的声波穿透性能也不同。集合了高、低频率的单波束测深仪叫作双频单波束测深仪（于宗明和张乐乐，2019；陈钧等，2008）。现在单波束测深仪已经发展到多频率测深，一般分为低频率、中频率和高频率。

国外生产单波束测深仪的商业公司主要有芬兰的 Meridata 公司、德国的 L3-ELAC 公司和 Atlas 公司、美国 Syqwest 公司、加拿大的 Knudsen 公司、挪威的 Kongsberg 公司等（郑权，2016）。这些公司的测深仪产品具有多频、大量程、高精度的特点，部分产品可以满足全海域的水深测量。

二、国内的发展历程

我国研制单波束测深仪的公司主要有无锡市海鹰加科海洋技术有限责任公司、江苏中海达海洋信息技术有限公司、上海华测导航技术股份有限公司、广州南方测绘科技股份有限公司。HD 系列测深仪是中海达海洋公司研制的测深仪，包括 HD-Max、HD-370、HD-380、HD-390 等产品。HD 系列测深仪实现了变频测深，采用了多频多探头等多种工作方案，在便携性和系统集成等方面也实现了进步，为野外施测提供了便利（表 3-1-1）。

表 3-1-1 HD 系列测深仪主要指标

名称	工作频率（kHz）	功率（W）	测深范围（m）	精度	工作方式
HD-Max	200	800	0.2～300	10mm±0.1%D	一体机
HD-370	100～750	500	0.3～600	10mm±0.1%D	变频
HD-380	高频：100～750 低频：10-50	500/1000	0.3～600	10mm±0.1%D	双频
HD-390	100～750	/	0.5～100	10mm±0.1%D	多探头

无锡海鹰集团研制推出了 HY 系列测深仪，包括 HY1600、HY1601、HY1602、HY1680、HY1690 等产品。HD 系列研制成功万米测深仪，是国内单波束测深仪研制领域的重要突破（表 3-1-2）。

表 3-1-2 HY 系列测深仪主要指标

名称	工作频率（kHz）	测深范围（m）	精度	工作方式
HY1601	208	0.3～300	0.01m±0.1%D	单频
HY1602	24/208	0.5～2000	24kHz：0.1m±0.1%D 208kHz：0.01m±0.1%d	双频双通道
HY1680	24/208	0.6～1000	124kHz：0.1m±0.1%D 208kHz：0.01m±0.1%D	双频
HY1690	10.5/25	1～10 000	/	双频、万米测深

广州南方测绘公司推出的 SDE 系列主要包含了 SDE-28S+、SDE-230、SDE-260D 等产品，也是我国比较成熟的测深仪产品。该系列的主要技术参数如表 3-1-3 所示。

表 3-1-3 HY 系列测深仪主要指标

名称	工作频率（kHz）	功率（W）	测深范围（m）	精度	工作方式
SDE-28S+	200	300	0.3～600	0.01m±0.1%D	单频
SDE-230	200	300	0.3～600	0.01m±0.1%D	单频
SDE-260D	20/200	20kHz：300～400 200kHz：600～800	20kHz：0.3～300 200kHz：0.3～1200	200kHz：0.01m±0.1%D 20kHz：0.1m±0.1%D	双频

由于深水测深仪的市场需求少、研发费用高，国内一些科研院所和高校等虽然开展了相关的研发工作，但基本没有形成民用产品。目前，我国在用的深水测深仪仍以进口产品为主。

三、现在的工作方案

20 世纪 80 年代，广州海洋局引进的 Raytheon 测深仪被安装于"海洋四号"，该测深仪具有万米测深的能力，是 80 年代海洋调查领域的主流产品。随后广州海洋局先后引进 BATHY2000 浅层剖面仪/测深仪、Atlas Deso25 以及部分国产测深仪，相继安装于"海洋四号"（现"海洋地质四号"）、"探宝号"（现"海洋地质十二号"）等相关船只。进入 21 世纪后，广州海洋局先后引进 ATLAS DESO35、EA600、EA640 等新型测深仪，并应用于海洋调查。

目前广州海洋局在用的单波束测深仪主要为挪威 Kongsberg 公司生产的 EA600 和德国 Atlas 公司生产的 DESO 35。DESO 35 测深仪为双频测深仪，换能器主频为 210kHz 和 12kHz，作用距离 5～6000m。EA640 测深仪为三频测深仪，换能器主频为 12kHz、38kHz 和 200kHz，作用距离 5～10 000m，测深频率可随调查任务需求调整（图 3-1-2）。

作业时通过发射箱即可实现水深测量的控制，减少了人工布放次数，提高了采集效率。根据调查任务要求和作业的实际情况，可调整发射功率和声波波长。根据水深和要求，可以在测深控制软件中配置不同频率的探头。图 3-1-3 是 GPT 配置界面，可实现不同测深频率探头的配置。

图 3-1-2　EA600 单波束测深仪

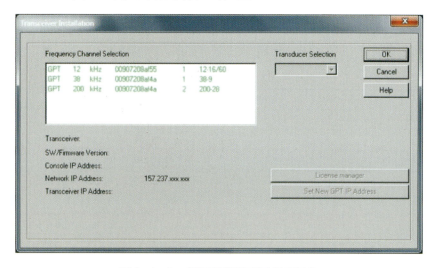

图 3-1-3　GPT 可配置不同频率探头

EA640 为广州海洋局最新的测深仪，相比前一代 EA600，工作频率更加多样，分辨率更高，能适应更多海况，更好地满足各项调查任务的需求（表 3-1-4）。

表 3-1-4　EA640 测深仪主要指标

测深探头	脉冲长度	分辨率	最大适用量程
500kHz	32～512μs	0.6 cm	100m
200kHz	64～1024μs	1.2 cm	500m
38kHz	256～4096μs	4.8 cm	3000m
18kHz	512～8192μs	9.8 cm	7000m
12kHz	1～16ms	19.6 cm	12 500m

广州海洋局现有的单波束测深仪的测深探头都已固定安装在调查船底，相对位置也都经过精确的测

定，减弱了因相对位置带来的误差，提高了数据的准确性。单波束测深仪工作时，换能器向海底发生声学信号，再通过接受回波的时间和海区的声速计算实时水深。调查船相对稳定的姿态可以保证发射声学信号的角度和波束形态良好，回波正常。对调查区域水体进行全声速剖面测量，可以获取更高精度的声速，进而保证水深测量的精度。船只航行状态中产生的晃动倾斜也会使声学信号的传播路径发生改变，将船载姿态信息引入水深改正能获取更优的测量结果。此外，海况恶劣时，船只上下晃动较大，船头拍击水面会产生气泡。若声学探头安装在船头位置，声学信号传输过程中经过水-空气界面会产生较大误差。为减弱恶劣海况下对测深结果的影响，需将单波束测深探头安装在船中间等晃动起伏较小的位置。

单波束测深仪都能精确测定实时水深并通过数据链传输到导航系统中，为走航、定点站位等航行计划提供可靠数据。与多波束测深仪相比，单波束测深仪效率不高，获取整体测区水下地形时需要往返重复测量，但因其价格低廉、使用方便、测深精度高的特点依旧在水深测量领域被广泛使用，是重要的海底探测手段。

第二节 多波束系统

多波束测深系统是一种高效的海底地形测绘设备，它是利用安装于船的龙骨方向上的一条长发射阵，向海底发射一个与船龙骨方向垂直的超宽声波束，并利用安装于船底的与发射阵垂直的接收阵，经过适当处理形成与发射波束垂直的许多个预成接收波束，从而当多波束测深系统在完成一个完整的发射接收过程后，形成一条由一系列窄波束测点组成的、在船只正下方垂直航向排列的测深剖面。多波束测深系统工作原理见图3-2-1。多波束测深声呐每次发射声波都能获得几十个甚至上百个海底条带上采样点的水深数据，其测量条带覆盖范围为水深的2~5倍，与现场采集的导航定位及姿态数据相结合，绘制出高精度、高分辨率的数字成果图。多波束测深技术把以前的点、

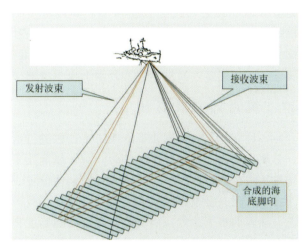

图3-2-1 多波束测量工作原理图

线探测扩展到面探测，并进一步发展到三维立体测深和自动成图，大大促进了海底地形探测的效率和质量。随着国外部分发达国家对声学深拖、AUV等技术的成熟应用，搭载多波束系统进行地形地貌调查从浅水至海沟的应用也日益广泛。

一、国外的进展

对多波束测深技术的研究始于20世纪60年代美国海军的军事科研项目，多波束测深系统出现在20世纪70年代，是在单波束回声测深仪的基础上发展起来的。经过短短四十多年的发展，随着电子、计算机、新材料和新工艺的广泛使用，各国的多波束测深系统取得了巨大发展。从80年代中期到90年代初，许多制造公司也开始进入这一领域，研制出不同型号的浅水用和深水用多波束测深系统。目前常见的多波束测深系统主要有挪威Kongsberg公司的EM系列、德国L3 ELAC公司的SeaBeam系列、丹麦Reson公司的Seabat系列、美国R2 Sonic公司的Sonic系列以及德国Atlas公司的Fansweep系列和Hydrosweep系列等。

自1959年以来，美国通用仪器公司便一直从事声学、声信号处理、多波束形成技术及声学换能器领域的专业工作。1961年，通用仪器公司开发了第一代声呐测深系统（SASS），并于1974年开始商业

应用，定名为 SeaBeam 多波束测深系统，相继研制出第二代多波束系统 SASS Phase Ⅳ 和 Sea-Beam2000。1991 年，SeaBeam 仪器股份有限公司成立，在 SeaBeam2000 系统的基础上开发出第三代多波束产品：SeaBeam2100 系列多波束测深系统。后 SeaBeam 公司与德国 L3 ELAC 公司合并，继续研发新一代 L3 SeaBeam 系列多波束测深系统。

1986 年，挪威 Simrad 公司首次推出一种浅水多波束测深系统，简称 EM100 系统，换能器工作频率为 95kHz，具有 32 个波束，最大测量水深达 700m。20 世纪 90 年代以后，相继研制出 EM 系列浅水多波束测深系统，第一套 EM3000 浅水多波束系统于 1996 年通过了加拿大 CHS 的海试验收。自 1997 年起，Simrad 公司更名为 Kongsberg Simrad AS，目前产品共有 EM124 深水多波束系统、EM302 中水多波束系统、EM712 中浅水多波束系统和 EM2040 浅水多波束系统。

德国 ATLAS 公司主要有 Fansweep 浅水多波束系统和 Hydrosweep 中深水多波束系统两大系列，其主要特色是与公司其他侧扫声呐系统以及浅地层剖面测量系统相结合，共用换能器等部件，为用户节省了一定的成本。

美国 RESON 公司第一代产品是利用模拟波束形成技术研制的 Seabat9001 多波束测深系统；随着计算机及数字信号处理技术的发展，数字波束形成技术在 Seabat8101 多波束系统中得到了应用；第三代 Seabat8125 多波束系统则使用了动态聚焦波束形成技术；现在 RESON 公司致力于 AUV 等特殊应用上的 Seabat7125 多波束系统。

美国 R2 Sonic 公司成立于 2006 年，其创始人主要是 RESON 公司资深多波束设计师。其主要致力于宽带浅水多波束测深系统，系统不同的频率选项和测深能力可以灵活权衡分辨率和测距的关系，同时有效排除来自其他声呐的干扰。Sonic 系列多波束系统换能器体积较小，不仅可以作为便携式船载多波束系统进行浅水测量，而且非常适合水下自主潜器 AUV 等近海底观测设备的集成。

二、国内的发展历程

目前各种海洋工程设施建设方兴未艾，在进行水下钻探、敷设海底输油管道以及海底电缆等工程建设时，必须了解和详细测量海底地形。对于航海业来说，新开辟的航道、锚地等水域，必须进行详尽的水深测量及检查扫描，探明水下障碍物的具体位置、种类，确定水深和范围大小，确认水下安全，使船舶可以畅通无阻。至于打捞海底沉船、进行水下救护、清除水下障碍物、进行航道疏浚整治工作等，都需要进行准确的水下测量，而航运区测量的准确度和精确度的提高，无论对于航行安全，还是对于保证能按海底地形确定水下作业的位置和方式，均是十分必要的。

世界海洋中蕴藏着极为丰富的矿产和食物资源，是人类的一个巨大无比的资源宝库。要规划和发展海洋渔业，需要了解近海包括远洋海域渔场的详细海底地形。同时，沿海地区海水养殖业的发展也都需要沿海滩涂及浅海的海底地形、底质等测量资料。海洋矿产资源是人类进行扩大再生产的潜在原料仓库，据不完全统计，海底蕴藏的油气资源储量约占全球油气储量的 1/3，海洋石油工业更是方兴未艾。为了开发海底石油和天然气资源，首要的任务就是测量高精度的海底地形。此外，蕴藏在深海底的多金属热液，将是 21 世纪深海矿产开发的重点，而详细的海底地形图对于探查和开发这些有用矿物尤为重要。

从海洋科学研究的角度来看，海底地形测量资料往往是其他学科研究最基础的地理环境资料。为了确定地幔表层及其物质结构、研究板块运动、探讨海底火山爆发、海底地震及矿藏分布形成的地球物理现象，除了需要采用海洋重、磁、地震测量方法外，也需要在地壳断层裂带、重力和磁力异常区、断裂盆地、海底峡谷、水下山脊等地区进行详细的海底地形测量。

海洋已成为各国开发资源争夺权益的主战场，国际海洋权益的分配、合作和斗争将会引起新的矛盾。目前，大范围海域资源经济利用的重点，是海洋近岸基本平坦的浅水区域大陆架，各国与邻国在海域划界和维护海洋权益方面面临的形势十分复杂，而解决海域划界就需要高精度的海底地形图。随着海洋科学和海洋开发的迅速发展，海底地形测量和系列配套的海底地形图将为维护我国海洋权益、开发海洋自然资源提供所必需的基本资料和基础依据，以促进海洋可持续利用和海洋事业的协调发展（赵建虎，2008）。

我国的海底地形测量设备起步比较晚，发展也比较缓慢，国内使用的多波束测深系统绝大多数是从国外进口的。直到 20 世纪 80 年代末，我国才由中科院声学研究所和天津海洋测绘研究所联合研制成 861 型多波束测深声呐实验样机。1997 年，哈尔滨工程大学水声研究所和天津海洋测绘研究所联合研制出了我国第一套实用性条带测深系统 H/HCS - 017（范震寰，2005）。21 世纪以来，在国家"863 计划"等项目的支持下，哈尔滨工程大学、中国科学院声学研究所、中国船舶重工集团公司第 715 研究所和浙江大学等单位研究设计了多款样机和产品。如哈尔滨工程大学研发的 HT 系列多波束测深系统（图 3 - 2 - 2），中海达联合中科院声学所研发 iBeam 8120（图 3 - 2 - 2），声学所联合美国亚迪研发 HRBSSS 测深侧扫声呐系统，积极推动国内多波束技术的发展。其中 HRBSSS 系统主要应用在我国自主研发的潜龙系列 AUV 上。

图 3 - 2 - 2　哈工程 HT 系列浅水多波束（a）和中海达、中科院声学所 iBeam 8120（b）

虽然国内多波束技术发展近几年突飞猛进，但是距离发达国家的工艺还有差距，技术参数方面存在不足，发射功率、波束稳定、浅水调频、回波强度等方面的技术指标尚处于劣势。采集软件与国外后处理软件的衔接存在问题。所以，国产多波束测深声呐的用户并不多，除海军及部分内河航道单位使用外，市场占有率很小，基本只在浅水区进行应用，而深水型多波束测深声呐还处于实验样机阶段，没有实现产品化。国内多波束声呐发展任重而道远。

目前广州海洋局共引进多套多波束测深系统，包括 EM122 全水深多波束测深系统、EM302 和 AT-LAS MD30 中深水多波束测深系统、EM710 和 EM710S 多波束测深系统、R2 Sonic 2024 和 EM2040 浅水多波束系统（表 3 - 2 - 1）。

表 3 - 2 - 1　广州海洋局多波束探测系统一览表

科考船	设备名称	设备型号	产地	实际测量能力
海洋地质四号	中深水多波束测深系统	MD30	ATLAS/德国（现 Teledyne 公司）	低船速下 7000m
海洋地质六号	全海深多波束测深系统	EM122	Kongsberg/挪威	全海深
海洋地质十号	中深水多波束测深系统	EM302	Kongsberg/挪威	7000m
海洋地质十六号	中浅水多波束测深系统	EM710	Kongsberg/挪威	已损坏
海洋地质十八号	中浅水多波束测深系统	EM710S	Kongsberg/挪威	最大 500m
便携式安装	浅水多波束系统	R2 Sonic 2024	R2Sonic/美国	200m
便携式安装	浅水多波束系统	EM2040	Kongsberg/挪威	300m

广州海洋局已陆续引进的多套多波束测深系统，测深范围由浅水到中浅水再到全水深，基本满足了广州海洋局地质生产与科研对水深测量的需求。由于多波束测深系统在水深测量中的高效应用，近年来广州海洋局已相继完成多个图幅的水深测量任务，基本实现了南海海域水深测量的全覆盖，但这并不意味着多波束测深系统即将完成使命。相反，随着多波束测深系统的多项新技术的应用，多波束测深系统

将在广州海洋局的海洋地质调查中做出更大的贡献。

多波束测深声呐的发展趋势主要包括：①通过研究和应用新技术和新算法，进一步提高精度和分辨率。例如相干声呐技术已越来越受到科研单位和部分厂商的重视，多波束系统 Hydrosweep DS 即利用了该技术，但目前业界对该技术还存在疑虑，国内也未有应用实例。②多手段融合。集海底地形探测、地貌探测、水体数据采集和底质分类等更多功能于一体，为资源探索提供保证。③在实现高精度和高分辨率的同时，进一步减小换能器的尺寸，实现装备的小型化和集成化。高精度测量方法。船载及近海底平台（AUV、ROV、声学深拖等）同时作业，形成三维立体的调查模式，对大范围提高船载多波束测量数据精度具有重要作用。

目前，多波束系统的应用主要利用其探测的水深、回波强度、水体信息三种不同信息展开。利用船载、声学深拖、ROV、AUV 搭载高精度多波束测深系统进行高精度、高分辨率地形调查，获得微地形地貌，对研究特征地形，寻找海底能源十分有用。例如利用高分辨多波束测深数据获取麻坑地形特征（图 3-2-3）。

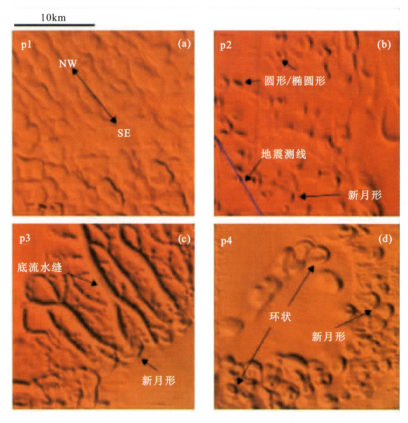

图 3-2-3　多波束测得的麻坑地形特征

多波束测深系统不仅可以获得高精度的水深地形数据，还可以同时获得类似侧扫声呐测量的海底声响图，为人们提供直观的海底形态。如果配以自动海底底质分类技术，利用其同步采集到的每个波束的反向回拨强度数据，就可以得到测量区域的海底沉积物分布图（唐秋华，2006）。例如利用回波强度数据进行多金属结核和富钴结壳分布研究（图 3-2-4）。

多波束水体影像资料处理技术是指记录并分析多波束测深系统的水体数据，判断水体中其他介质存在情况。由于海水中其他介质的声学参数与海水存在显著差异，因此多波束测深系统的声信号在海水中传播时，与海水不同的其他介质的回波强度就会被记录在水体数据中。通过对水体数据的分析就可以获得多波束测量范围内海水的组成情况，尤其可以获得清晰介质的三维立体数据。

近年来，利用多波束系统进行水体影像观测，应用于沉船、水下工程、鱼群分布、冷泉、气泉、海洋内波等领域的研究，已成为一个新兴的研究手段并取得了很好的效果。例如在水合物调查区，使用多波束

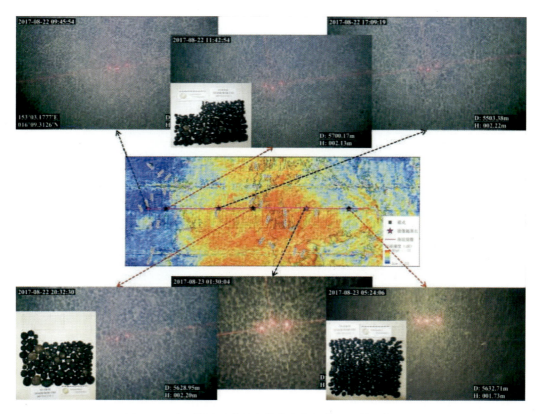

图 3-2-4　利用回波强度结合海底摄像及取样进行圈矿

系统获取海底冷泉图像,得到冷泉的准确位置(图 3-2-5)。多波束水体影像资料处理技术有助于发现气体活动较多的麻坑、天然气冷泉口等地形地貌特征,为海底矿产资源的研究划定重点目标区域。

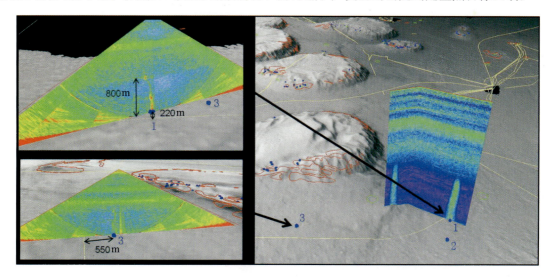

图 3-2-5　多波束水体探测获得水合物冷泉信息

近些年来,利用水体信息探索海水及海底的人工构筑物正在逐渐被广泛应用,如寻找海底井架(图 3-2-6)。

三、现在的工作方案

多波束测深系统不仅可以对调查区的海底地形进行快速测量,获取海底地形的基础数据,而且可以利用回波强度数据和水体数据等功能,在调查区的矿产资源调查研究方面发挥了非常重要的作用。广州

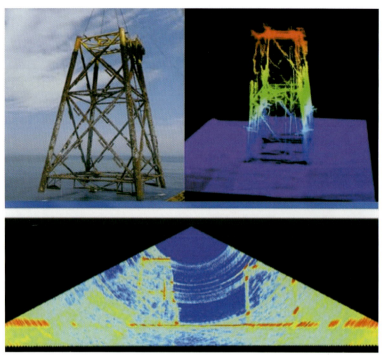

图 3-2-6 水体探测在海底工程中的应用

海洋局引进此数套多波束测深系统以来,在南极、西太平洋、印度洋和南海等多个海域的海洋地形、地貌调查、矿产勘查和地质调查中发挥了非常重要的作用。此外多波束测深系统也为其他调查手段提供了基础数据。

广州海洋局多波束测量作业模式主要有3种:独立对调查区进行全覆盖地形测量;与其他调查方式同步作业,对调查区进行综合测量;为其他调查方式提供数据保障。图 3-2-7 是多波束测深系统工作示意图,多波束测深系统的作业流程主要有以下几个部分。

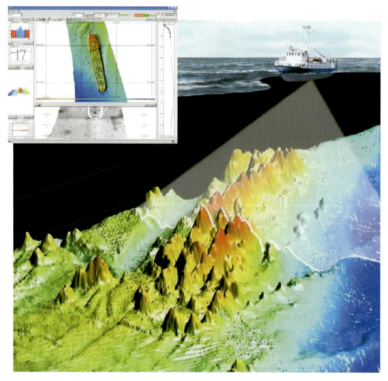

图 3-2-7 多波束测深系统工作示意图

1) 多波束系统准备工作

完成多波束测深系统安装工作后，首先进行多波束系统的连接及联调工作；其次与 GPS 系统、姿态运动传感器、表层声速计、声速剖面仪等外部设备进行连接并调试；检查并确定系统的各项安装参数（包括换能器安装位置、GPS 天线位置、姿态运动传感器位置等）。确保多波束测深系统处于正常工作状态。

2) 多波束系统试验工作

为保证多波束测深系统的测量精度，正式作业前需完成多波束系统的参数测试及精度评价等试验工作；试验海域选择调查工区附近地形平稳并局部有较大起伏海域，方便对横摇、纵倾、艏向和定位时延等参数误差进行测试。完成参数测试后将计算结果输入多波束测深系统中，再进行精度评价实验，根据测量数据来判断参数测试结果是否正确。

3) 多波束测量作业

在初步了解调查区地形的基础上，全覆盖地形测量主要沿等深线走向布设多波束测量主测线，根据水深变化情况实时调整多波束测量主测线，并根据多波束测量主测线实际完成情况，合理布设检查测线；综合测量则按施工方案等测线布设情况进行作业；根据施工方案对覆盖情况的要求，合理增加多波束测量测线；数据保障则根据调查需求现场布设测线。

作业过程中合理布设声速剖面采集站位，并根据表层声速及多波束实测数据增加声速剖面采集。

开始测量后，通过多波束测深系统采集工作站的多波束控制软件对多波束系统的工作状态进行监控，测量数据自动记录和备份在工作站指定的数据目录中。测量作业时，值班人员每 30min 填写多波束测量班报表。值班人员须监视各状态参数（包括水深、经纬度、航向、纵横摇等）显示是否正常，若发现数据异常或丢失，需及时检查处理。

4) 测量资料整理与总结编写

完成野外多波束测量作业后，整理好全部的原始资料并对原始资料进行自检，编写"多波束测量生产技术总结"。技术总结必须如实反映本调查航次的生产任务的执行情况，仪器设备的运行状况、海上测量的方法、现场出现的技术问题以及资料质量自检。

5) 多波束测深系统日常维护与保养

为保证多波束测深系统处于准用状态，需要加强多波束系统的日常维护与保养工作。主要有：非作业期间，需每月进行通电自检；船舶进坞时，对换能器进行检查和清洁工作，并刷涂专用防护漆；对姿态传感器、声速计等外部设备定期进行校准。

6) 多波束测量数据初处理

多波束测量数据相对数据量较大，后处理计算工作较多，因此多波束测量数据处理工作一般是在完成野外调查作业返航后再提交专业处理人员进行数据后处理及成图等工作。但为保证多波束测量数据的真实可靠及调查区的全覆盖情况，野外作业时需定时对多波束测量数据进行初处理。

多波束测量数据初处理使用专业 Caris 多波束处理软件进行处理。首先，根据调查作业实际情况合理设置项目信息；其次，完成多波束测量数据的导入和转化工作；再次，导入声速剖面等辅助数据；最后，对多波束测量数据进行合并计算，得出网格化水深数据，从而对多波束测量数据的真实性和有效性进行检查确认。

野外作业时需根据初处理情况，及时对漏测及数据错误部分进行补测，以保证野外多波束测量数据的真实可靠。

第三节　浅地层剖面测量

浅地层剖面调查技术是一种基于水声学原理的连续走航式探测海底浅部地层结构和构造的地球物理方法。它采用走航式测量，工作效率高，是进行海洋地球物理调查的常用手段之一。浅地层剖面调查技术以其灵敏度和分辨率高、连续性好且能快速地探测海底浅地层的地质特征及其分布而在海洋调查中得到了广泛的应用。

一、国外的进展

20世纪40年代，国外推出原型的海底浅地层剖面仪（Sub-bottom Profiler），60～70年代出现商用设备。由于受当时技术基础的限制，无法实现复杂信号的处理、高分辨率的地层探测和自动成图，探测结果只能记录在不能长期保存的热敏纸带上。90年代以来，随着电子计算机技术的快速发展，数字信号处理、海量数据存储和电子自动成图等新先进技术促进了新型浅地层剖面调查系统的问世。进入21世纪后，3D Chirp浅地层剖面仪应时而生，它运用Chirp（1.5～13kHz）技术，通过4个发射换能器及4组水听器组成的矩阵获取海底结构的三维图像，实现了真正的3D探测（吴自银，2005）。

早期应用可以追溯到1965年，美国加利福尼亚州的斯克里普斯海洋研究所（Scripps Institution of Oceanography）利用浅地层剖面仪调查太平洋中央赤道处的深海沉积物，并获得了有关沉积物厚度分布规律的宝贵资料。20世纪80年代以来，国外浅地层剖面系统已经广泛应用于大陆边缘地形、地貌及沉积物运移研究等领域（王艳，2011）。

当前国际主流浅剖设备，按照其换能器安装方式首先分为船底固定安装和便携式两种大的类型，再根据发射声波脉冲的类型将浅剖仪细分为了参量阵和CHIRP两种类型。表3-3-1～表3-3-3中分列了当前主要在用的各厂家浅剖仪的型号及主要技术指标。

目前浅地层剖面仪技术已趋于成熟，国外的参量阵技术已发展到较高的程度，相关产品已经市场实践检验，美国、德国、法国等国家拥有最核心的技术，市场上的主流产品基本都来源这些国家。

表3-3-1 深水船底固定安装浅剖仪（参量阵）及其主要技术指标

指标对比	Teledyne ATLAS PARASOUND P70	Kongsberg SIMRAD TOPAS PS18	Innomar SES-2000 DEEP15
工作水深范围	10～11 000m	10～11 000m	5～11 000m
主频频率	18～33kHz	15～21kHz	10～20kHz
次低频频率	0.5～6kHz	0.5～6kHz	0.5～8kHz
最大发射率	20Hz	10Hz	30Hz
主频声源级别（dB re 1μPa a 1m）	245dB	243dB	240 dB
次频声源级别（dB re 1μPa a 1m）	206dB	209dB	不详
最大脉冲发射功率	70kW	≥32kW	80kW
发射波束角	4.5°×5.0°	4.5°×5.5°	3°×3°
地层分辨率	15cm	20cm	15cm
穿透深度	最大200m（取决于海底底质）	最大200m（取决于海底底质）	最大200m（取决于海底底质）
海底深度探测精度	0.2%×水深	不详	0.04%×水深
依托母船	海洋地质六号 海洋地质九号 海洋地质十号 大洋号 深海一号	向阳红01 向阳红03 大洋一号	向阳红14

表 3-3-2　深水船底固定安装浅剖仪（CHIRP）及其主要技术指标

指标对比	Kongsberg SBP120	Ixblue Echoes 3500	Teledyne Benthos CAP6600	SyQwest Bathy2010
工作水深范围	全海域	全海域	≤6000m	全海域
最大发射率	20Hz	15Hz	15Hz	4Hz
频率范围	2.5~7 kHz	1.7~5.5kHz	2~7kHz	1 kHz、2 kHz、4 kHz、8kHz 频宽可选
声源级别 (dB re 1μPa a 1m)	220（3°×3°） 214（6°×6°） 208（12°×12°）	235	206	不详
发射波束角	3°×3° 6°×6° 12°×12°	20°	25°	30°
地层分辨率	25cm	20cm	30cm	30cm
穿透深度	最大 200m（取决于海底底质）	最大 200m（取决于海底底质）	最大 200m（取决于海底底质）	最大 200m（取决于海底底质）
依托母船	嘉庚号	南海 503 海洋钻探 709 （此两船安装的为 6000m 级）	向阳红 14 号	海洋地质四号

表 3-3-3　便携式浅剖仪及其主要技术指标

指标对比	Innomar SES-2000 系列	Edgetech 3200XS	Ixblue Echoes 10000	Teledyne Benthos Chirp Ⅲ
设备类型	参量差频	线性调频	线性调频	线性调频
作业方式	换能器固定安装	换能器可拖曳，也可固定安装	换能器固定安装	换能器可拖曳，也可固定安装
主频频率	85~115kHz	0.5~12kHz（512i） 2~16 kHz（216s）	5~15 kHz	2~7kHz 10~20kHz
次低频频率	4kHz、5kHz、6kHz、12kHz、15kHz	—	—	—
工作水深范围	0.5~500m	3~1600m	≤100m	≤200m
最大发射率	60Hz	12Hz	15Hz	15Hz
声源级别 (dB re 1μPa a 1m)	主频率声源级别 240，次低频声源级别不详	212	237	206
发射波束角	1°	16°~32°	30°	25°
地层分辨率	5~10cm	10~20cm（512i） 6~10cm（216s）	8cm	10~20cm
穿透深度	最大 50m（取决于海底底质）	1600m 海域，可达 150m（取决于海底底质）	最大 40m（取决于海底底质）	最大值不详（取决于海底底质）

二、国内的发展历程

我国浅地层剖面系统的应用起步较晚，但在 20 世纪末到 21 世纪初，已经广泛应用于海域区域地质调查、海洋工程勘察、灾害地质调查、海底管线路由勘察和海洋地质科学研究等诸多领域。20 世纪 70 年代中科院和地矿系统开始研制浅地层剖面仪，"八五"期间交通部把研制穿透力强的中地层剖面仪列入国家攻关项目，"十五"期间国家"863"计划已立项开始研制一种深拖式超宽频海底剖面仪。相比国外的浅剖设备，国内中科院声学研究所依托科研项目研制出相关的浅剖产品，其关键技术指标如垂向分辨率、穿透深度、发射波束角等均紧跟当前国际主流产品的技术指标，部分指标甚至优于国际同类产品，但在工艺、稳定性及推广应用方面仍需提高和加强。当前国内用户较少，未见实际勘探应用案例。目前在我国海洋地质调查中，尤其在深海调查中使用的浅地层剖面仪主要是从国外进口。广州海洋局历年从国外引进的浅剖设备主要型号见表 3-3-4。

表 3-3-4 主要船载浅剖设备一览表

科考船	设备名称	设备型号	供应商	实际测量能力	引进时间（年）
海洋地质四号	中深水浅剖系统	PARASOUND MD	ATLAS 德国（现 Teledyne 公司）	最大 2000m	2013
		Bathy 2010	Syquest 美国	全海深，分辨率差	2013
海洋地质六号	全海深浅剖系统	PARASOUND P70	ATLAS 德国（现 Teledyne 公司）	全海深	2008
海洋地质十号	全海深浅剖系统	PARASOUND P70	ATLAS 德国（现 Teledyne 公司）	全海深	2017
海洋地质十八号	中浅水浅剖系统	SES2000Medium 70	INNOMAR 德国	最大 2000m	2017

浅层剖面测量技术多年以来一直被广泛应用于海洋区域地质调查、海洋资源勘查、海洋工程、海底管线路由调查、海洋地质灾害调查等多个领域（王舒畋，2008；李一保等，2007；金翔龙，2007）。

1) 地质灾害因素调查

对海洋工程建设影响较大的海底地质灾害因素主要有浅层气、基岩浅埋、埋藏古河道、海底滑坡、坍塌等，见图 3-3-1。浅层剖面在获取这些地质灾害因素后，可通过时深转换，计算出这些地质灾害因素的埋藏深度，同时由定位系统提供的定位数据确定其具体位置，从而有力地保障工程建设的安全施工。

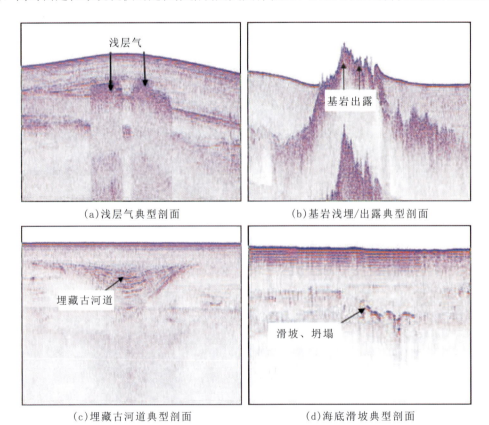

(a) 浅层气典型剖面　　(b) 基岩浅埋/出露典型剖面

(c) 埋藏古河道典型剖面　　(d) 海底滑坡典型剖面

图 3-3-1 浅地层剖面解释潜在地质灾害

除了上述 4 种典型潜在地质灾害因素外，活动性断层、凹凸地、暗礁、沙丘、岩丘、陡坡、蛋壳地层、火山丘等地质灾害因素的声学反射特征在浅层剖面上也有明显的反映，在此不作赘述。

2）海底管线路由调查

海底人工管线与周围介质通常有着较大的物性差异，在浅层剖面上显示为较强烈的声反射特征，浅层剖面技术用于探测海底障碍物主要是海底的输油管道。如图 3-3-2 为使用 Chirp 型浅剖设备在渤海湾探测到的海底管道。

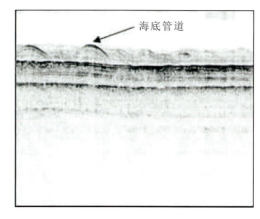

图 3-3-2　剖面显示海底管道

3）区域地质普查

浅层剖面技术在上述的应用中，实际上属于小范围大比例尺精细调查的范畴，近年来，随着我国海洋普查工作的开展，浅层剖面技术越来越多地被应用于大范围小比例尺的地质普查工作中，主要用于揭示海底以下 30m 内的沉积物厚度、分布及地层结构等，结合地质取样、单道地震、侧扫声呐等其他资料，可为全新世地质环境演变、区域地质灾害分布、海平面升降、水动力等方面的研究提供科学依据。

4）天然气水合物资源勘查

在天然气水合物富集区，由于海底断层系统或底辟系统的存在，分解的甲烷气体沿断层或底辟通道上升到海底进入近海底的水体中。这部分甲烷气体刚进入底层水体时以小气泡的方式存在。由于气泡与海水存在较大的物性差异，浅层剖面技术作为一种高频回声探测技术，从理论上具备识别这种气泡的能力（吴水根等，2011；赵铁虎，2002）。在国外也早有成功应用的实例，如图 3-3-3（a）为德国"太阳号"船利用浅层剖面仪在墨西哥湾获取的海底气泡特征（羽状流）剖面。我国"海洋地质六号"船的参量浅剖仪近年在南海也获取了多处"羽状流"特征剖面，为揭示冷泉赋存区提供了有力的证据，见图 3-3-3（b）。

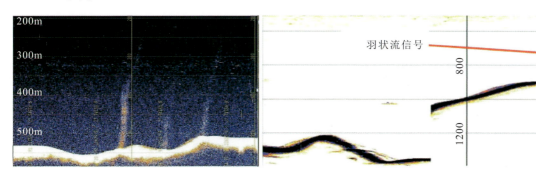

(a) 海底"羽状流"特征（太阳号SO-174航次，2003，不来梅大学）　　(b) 海底"羽状流"特征剖面（"海洋地质六号"船参量剖面仪）

图 3-3-3　海底"羽状流"特征剖面

5）发展趋势

近年来，随着深海技术，如深海拖体、ROV、AUV、惯性导航等技术的发展，海洋浅地层剖面探测技术也逐步走向近海底高精度测量。例如将浅剖测量设备集成安装在深海拖体、ROV、AUV 等近海底作业平台上，不仅可以很大程度减少声波能量在长距离的海水传播中的损失，而且能够有效提高测量的水平分辨率。另外，三维浅剖测量技术也在国外海底考古中得到应用。

三、现在的工作方案

工作方案包括以下野外资料采集、资料处理、资料解释 3 个主要部分。各个部分具体如下。

1. 野外资料采集

1) 资料收集

需要收集的资料包括最新调查的浅层剖面、单道地震数据和最新出版的海图、海底地形图，调查区地层、岩性和底质类型资料，助航标志及航行障碍物的情况等。综合以上，根据任务设计书、历史调查情况和调查海区地层分布特征进行施工设计。

2) 根据调查目的和水深条件进行设备选型

根据探测目标的埋深（要适当考虑水深）和上覆沉积物类型选用合适的震源类型和功率，以保证探测深度，在此前提下，使用最高的探测声波频率和最小的能量，以保证有足够高的分辨率。选择条件见表3-3-5。

表3-3-5 根据水深条件选取合适的剖面仪

剖面仪类型	工作水深（m）	探测记录深度（m）	记录分辨率（m）
浅水型浅地层剖面仪	100	海底以下30	0.2～0.3
深水型浅地层剖面仪	10 000	海底以下200	0.5～3

3) 测线布设

主测线的布设应垂直地层的总体走向，联络测线尽量与主测线垂直；在不了解地层走向的海区，主测线的布设应垂直海底地形或地质构造总体走向；近岸作业时，主测线可垂直等深线布设。在调查过程中，遇海底地层分布变化较大的海区，应加密测线，加密的程度以能完全反映海底地层空间变化为原则。

4) 仪器安装

船载型浅地层剖面仪安装于船体噪声和气泡效应影响相对较小的一侧，拖体型浅地层剖面仪拖曳于船的尾部。震源、发射换能器和接收换能器必须良好接地，接收记录设备应安置在靠近船尾部的仪器操作室内。驾驶台、仪器操作室和后甲板三方的语音通信畅通。拖曳式或船载固定安装浅地层剖面仪相对GPS天线位置配置见图3-3-4。

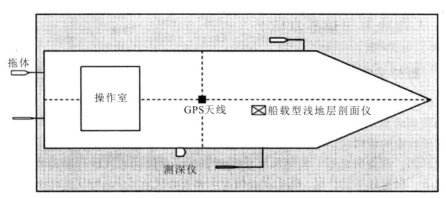

图3-3-4 调查设备相对GPS天线位置配置图

5) 测前调试

导航定位数据接入后，应进行浅地层剖面仪与导航定位设备之间的时间同步，消除两系统之间的时间延迟；浅地层剖面仪的传感器位置应与定位系统的天线位置进行归算，根据天线与各传感器的相对位置关系，将定位点校正到测量点位置。拖曳式接收换能器，应尽量减小入水角使拖曳阵保持平稳。

6) 海上试验

海上试验需综合考虑调查任务、工区地质构造及地层分布特点及以往的勘探程度，以能穿透目的层、具有较高分辨率和良好的记录面貌为原则，采取由易到难、逐步单次试验，来确定一组符合调查海区和调查目标的最佳设置参数。试验项目主要包括工作船速、干扰波类型和特征以及实际调查深度范围内的最佳激发能量、激发频率、增益、量程、带通滤波等参数，试验内容见表3-3-6。

表3-3-6 海上试验内容

影响因素		试验内容
海区自然条件	水深条件	浅水、深水
	底质类型	砂质、泥质或混合型海底
	环境条件	开阔水域、单侧障壁、双侧障壁
	海况	风向、风力、海流、潮汐
船只及航行	船体性质	船体机械噪声特性
	船体大小	吨位、船长、型宽、吃水深度
	船速	一般2~6kn
	航向	顺流、逆流、测流、平流
工作参数选择	激发方式	激发能量、声源方式、同步方式、激发频率
	接收方式	滤波组合、增益组合和调节、TVG调节、AGC调节、延迟（浅部压制）和海底追踪调节
	记录方式	记录波形、走纸速度、对比度和灰度、门限
换能器安装	安装位置	同侧、双侧、前后、避开尾流
	释放长度	10~100m
	收放间距	1~8m
	连接方式	柔性、非柔性

7) 调查记录和班报

原始浅地层剖面记录包括数字记录和现场同步模拟打印记录剖面。记录剖面图像应连贯清晰，没有强噪声干扰和图像模糊、间断等现象。模拟记录剖面纸带上应标记测线号、航向、调查起止时间、水深以及主要采集参数等。调查时还应注意：水深变化较大时，应及时调整记录仪的量程或延迟时间；当记录面貌出现异常时，需及时检查原因，尽快排除故障；对现场记录剖面图像初步分析发现可疑目标时，应布设补充测线以确定其性质。上述情况均需及时记录在值班班报中。

2. 资料处理

信噪比和分辨率是衡量野外采集数据好坏的两个重要指标，其中，信噪比又是分辨率的基础。高质量的浅地层剖面数据首先对采集环境有着严格的要求，另外，一些常规的处理方法可以有效地提高数据信噪比和分辨率。从噪声的形成机理分析，可把干扰分为规则干扰和随机干扰两种。规则干扰主要是指由声源或次生声源形成的干扰，如声波、水波、多次波等，在剖面记录上以直达波、多次波及折射波等多种形式出现。随机干扰是浅地层剖面记录上的主要干扰背景，分布比较均匀，在时间剖面上呈现不规则形态，主要来源于海流、波浪作用以及船体的机械振动和交流电源干扰等。数据处理方法主要如下。

1) 参数校正

坐标参数、相对位置、声速校正。定位数据核对就是要把浅地层剖面记录仪接收到的定位数据进行坐标转换后与测区已知的实际坐标对照，以保证其一致性。其中涉及一项最重要的工作就是坐标系统参数的设置，主要包括格网参数、参考椭球参数、坐标转换参数和投影参数等，这些参数都要根据调查任务要求的坐标系统进行正确的设置。在实际海上作业中，GPS接收机的位置与各种调查仪器的位置并不是一致的，因此要通过坐标的偏移校正实现测线的准确定位。有进行偏移改正，所确定的坐标才能真正地反映海底地层声波反射界面的位置。浅剖资料解释时，选择合适的声速对量取沉积物厚度非常重要，可以根据地质钻孔获取的孔隙度参数计算各沉积层的平均声速，建立相应的声速结构剖面，对地层厚度进行校正，能够提高浅地层剖面资料的解释精度，使地层的厚度更接近于实际。也可以在同一测区，根据沉积物特征选择一个平均声速值，确定该测区浅地层沉积物的平均声速值，在我国近岸海洋地质调查时，沉积物的声速为 1550～1650m/s。

2）带通滤波

为了保持更多的波组特征，浅地层剖面仪通常采用宽频带进行记录，但在宽频带范围内记录了各种反射波的同时，也记录了各个干扰波。有效波和干扰波的差异表现在多个方面，比如频谱、传播方向、能量等，带通滤波就是利用频谱特征的不同来压制干扰波、突出有效波。通常采用的滤波方法是一维频率域滤波。首先通过对干扰因素进行分析，确定有效波和干扰波频率大致分布范围，通过带通滤波，消除掉一定的干扰。大多数海上资料受风浪和电缆噪声的影响，这种噪声类型具有低频强振幅特征，可以利用高通滤波器来进行消除，剔除不需要的频率。

3）增益处理

增益处理是一种时变比例均衡调整，这种比例函数是根据所期望的规则预定的。由于浅地层剖面仪发射信号频率比较高，因此，信号能量随穿透深度衰减比较迅速，增益处理即用来补偿声波衰减。来自深部地层的有效反射信号相对于浅部地层反射信号弱很多，在此引入底部时变增益技术来放大浅地层剖面资料中深部地层相对比较弱的反射信号，有利于深部反射界面的显示追踪以及后续的资料解释。

4）反褶积

反褶积是地震数据处理中的常用方法之一，其原理是通过压缩地震子波，再现地下地层的反射系数，从而获得更高时间分辨率的剖面。浅地层剖面数据结构与反射地震数据相似，因此也可以使用反褶积处理来提高剖面分辨率。

典型的反褶积处理是通过压缩有效震源子波长度，使其成为脉冲（脉冲反褶积）来提高时间分辨率。通常用到的是自相关函数的第一个和第二个零点的预测距离（通常称为预测步长）的预测反褶积。在常规资料处理中，反褶积依据的是最佳维纳滤波（即最小平方滤波）的原理。反褶积处理应达到既压缩地震子波，又不明显降低资料的信噪比的目的。

3. 资料解释

浅地层剖面资料解释工作是地球物理调查的重要环节。浅地层剖面调查野外工作获得的原始资料，经过室内处理后，得到可供解释的声学地层剖面和其他成果图件，解释人员要对这些资料进行分析研究，从而达到了解、推断地下地质情况的目的（张训华等，2017）。

地质解释就是根据地质钻孔资料，运用地震波运动学的相关规律，对浅地层剖面记录进行去粗取精、去伪存真、由此及彼、由表及里地分析、研究，识别出真正来自地下地层界面的反射波，并遵循层序地层学的原理，推断地层剖面上各反射层所相当的地质层位，以及分析地层剖面上所反映的各种地质现象和构造现象，如断层、地层尖灭、不整合、古潜山、埋藏古河道或古洼地、浅层气等，并绘制出相应的地层剖面图、地层等厚度图和地质构造特征图等。

浅地层剖面资料解释的一般流程主要包括钻孔层位标定、剖面解释、平面及空间解释3个环节，通过这3个环节的工作，完成由点到线、到面、再到空间的一整套解释过程，它们依次衔接、相互作用。

1）钻孔层位标定

首先，搜集调查海区已有的钻孔地质资料，其次，根据钻孔揭露的主要几个大层地层的埋深和厚度情况，结合声学反射界面的识别标志，对通过钻孔的测线剖面进行分层解释。

钻孔对比结果可为浅地层剖面的准确解释提供依据。如果调查海区还未经钻探，解释工作只能从剖面解释开始，经过平面及空间解释，达到提供钻探孔位的目的。

2）剖面解释

根据上一步钻孔层位标定划分出主要的大层和亚层地层单元的厚度，从钻孔中心位置向外沿着主测线剖面进行地层的划分，主测线剖面划分完成后，再通过联络剖面按照离钻孔位置由近及远的次序进行其他测线剖面的对比分层，使全区测线上的所有地层反射界面闭合。对于重点地区的复杂剖面段（如断层、挠曲、尖灭、不整合、岩性变化等）需要进行细致解释。

在进行剖面的地质解释时，应尽量搜集前人资料，包括以往的地质、地球物理、钻孔等勘探开发成果；了解区域地质概况，如地层、构造及其演化发展史；还需了解调查区的地球物理调查工作情况，如野外采集方法和记录质量、资料处理流程及主要参数、剖面处理质量及效果、前人采用的解释方法和主要成果等。这些是进行剖面地质解释的基础。

浅地层剖面解释中存在很多特殊地质现象，主要包括海底浅部断层、浅层气、埋藏古河道和古洼地以及古潜山等。在特殊地质现象解释时，不仅要说明地层中存在哪些特殊地质现象，还要详细解释该地质现象的位置、分布范围及其相应的地质特征等。

3）平面及空间解释

了解调查区海底以下地层分布和地质构造情况是浅地层剖面调查的基本任务，因此展示地质目标的各种平面图和空间立体图是解释工作的主要成果。

浅地层剖面调查的成果图应根据调查任务的要求并按照相关规范进行绘制，主要包括地层剖面地质解释图、地层等厚度图及埋深图、调查区域地质特征图、灾害地质类型分布图等。其中，地层剖面地质解释图的垂直与水平比例应合理；浅部地质特征图的图面内容主要包括重要地层的厚度等值线或顶面埋深等值线、重要的地形地貌及浅部地质现象、主要灾害地质因素分布等。

第四节　侧扫声呐测量

一、国外的进展

侧扫声呐技术起源于20世纪50年代末，世界首台侧扫声呐系统由英国海洋研究所于20世纪60年代研制成功，到70年代得到了较快的发展。90年代后随着计算机处理技术的快速发展和应用，出现了一系列以数字化处理技术为基础设计的数字化侧扫声呐设备。近年来，侧扫声呐系统由传统的单频模式逐渐被高低双频模式取代，信号形式也逐渐从简单的单频CW脉冲演变为Chirp脉冲信号，以获得更好的分辨力（李勇航等，2015）。此外，诸如多波束侧扫、多脉冲技术、合成孔径声呐技术也不断地被应用于侧扫声呐系统中，使得常规侧扫声呐得到了进一步的发展，并朝着高速拖曳、大扫宽、高分辨率的方向发展，使得作业效率和资料质量得到了有力保证。

从目前侧扫声呐产品调研情况看来，国外技术积累、产品种类远胜于中国。国外侧扫声呐代表性厂家有美国Klein及Edge Tech两大领先品牌，它们的侧扫声呐产品具有技术先进、产品门类齐全的特点。合成孔径声呐技术方面，法国IXBLUE公司具有领先优势，推出全球第一款商业化合成孔径产品SHADOWS，以及后续发展出适合不同作业水深的深拖系统SAMS DT6000、SAMS MT3000等系列，已成为市场上的主流产品。

根据现有的成熟商业产品种类，从"侧扫"的工作方式及采用技术的差异方面考虑，侧扫声呐大致可以分为四大类：常规侧扫声呐、测深侧扫声呐、组合式侧扫系统、模块化侧扫声呐。通过这四大类成熟的商用化产品，进一步对比国际与国内侧扫声呐技术的差距。

1）常规侧扫声呐

一般采用近海底拖曳的作用方式，具有技术成熟、操作简单、成本较低的特点。如美国L-3公司Klein3000/5000/5900、美国EdgeTech公司4125/4200等是该类侧扫声呐的代表（图3-4-1）。

2）测深侧扫声呐

通常采用船舷或船底固定安装方式，目前普遍用于200m左右浅海域使用，其通常具有多个接收换能器，可高效地抑制浅水中的多晶传输影响、反射和声学噪声。测深使用条带点云勘探技术，使其具有条带测深和高精度三维成像功能。如Edge Tech6205、Klein Hydrochart 3500/5000条带测深型侧扫声呐等是该类侧扫声呐的代表（图3-4-2）。

3）组合式侧扫系统（深拖）

通常设计应用于深水拖曳作业，与浅剖、多波束、测深等功能集成于一体。如EdgeTech 2400深拖系统配置2205侧扫声呐模块，Teledyne Benthos TTV193配置Klein公司UUV3500侧扫声呐模块，

图3-4-1 国内外常规侧扫声呐

图3-4-2 国外测深型侧扫声呐

IXBLUE SAMS MT300/DT6000深拖系统配置有合成孔径声呐,是该类侧扫声呐系统的优秀代表(图3-4-3)。

图3-4-3 国外组合式侧扫系统(深拖)

4)模块化侧扫声呐

模块化侧扫声呐具有模块化、设计紧凑、集成度高的特点,其功能上可选择与浅剖、测深等功能集成(图3-4-4)。适宜于安装在无缆水下机器人(AUV)、无人水下航行器(UUV)、有缆遥控潜水器(ROV)和水面无人艇(USV)等各类水下载体上进行精细勘探。

不同型号典型侧扫声呐的参数对比见表3-4-1。

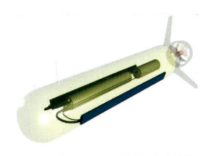  

(a) 安装于AUV上的侧扫声呐模块　　(b) 可灵活安装的侧扫声呐模块　　(c) 国产蓝创海洋侧扫声呐模块

图 3-4-4　模块化侧扫声呐

表 3-4-1　典型侧扫声呐国内外产品型号对比

品牌	型号	技术	频率 (kHz)	量程 (m)	沿航迹 分辨率	垂直航迹 分辨率	水平波束 宽度	垂直 波束 宽度	最大工 作深度 (m)
Klein	Klein3000	CW 单脉冲	100/500	450/150	—	0.25cm	0.7°@100 kHz; 0.21°@ 500 kHz	40°	1500
Klein	Klein5900	CW/Chirp 脉冲、多波束、动态聚焦	600	250	6.2cm@50m 量程; 9.3cm@75m 量程; 15.5cm@125m 量程	3.75cm/Cos	0.07°	—	750
EdgeTech	4200MP	CW/Chirp、多脉冲	100/400	500/150	2.5m@100kHz, 200m 量程; 0.5cm@400kHz, 100m 量程	8cm@100kHz; 2cm@400kHz	0.64°@100kHz; 0.3°@400kHz	50°	2000
EdgeTech	6205	CW/Chirp、条带测深	侧扫 230/550，测深 230	250/150	3cm@230kHz, 250m 量程; 1cm@550kHz, 150m 量程	—	0.54°/0.36°	—	50
IXBLUE	SAMS DT6000	合成孔径	100/400	750	50cm	50cm	—	—	6000
蓝创海洋	Shark-M	CW/Chirp 脉冲、多波束、动态聚焦	100/455	600/200	0.002h@455kHz; 0.01h@100kHz	1.25cm	0.56°@100kHz; 0.14°@455kHz	45°	100
蓝创海洋	Shark-S150D	CW/Chirp	150/450	150/450	0.01h@150kHz; 0.003h@450kHz, h 为量程，单位为米	1.25cm	0.6°@150kHz; 0.2°@450kHz	45°	100
北京联合声信	DSS3065	Chirp	300/650	200m@300kHz; 100m@650kHz	2.5cm@300kHz; 2.5cm@650kHz	—	0.8°@300kHz; 0.4°@650kHz	≥40°	50

二、国内的发展历程

我国对侧扫声呐系统相关技术的研究起步较晚，目前国内使用的大部分声呐勘探设备都是从欧美发达国家进口。通过上文对比可知，虽然我国在理论研究上已经和发达国家不相上下，但受相关工业技术水平制约以及长期以来对进口设备的依赖，导致侧扫声呐产品与国际先进水平还存在较大的差距。近年来，中科院声学所、哈尔滨工程大学、联合声信、蓝创海洋公司等单位也陆续研发出代表性的侧扫声呐产品。如蓝创海洋公司推出的商业化 Shark 系列侧扫声呐系统，该系统集水声技术、现代电子技术、计算机技术、信号与图像处理等高技术于一体，使其整体技术水平已达到国际同类产品的先进水平，是国内侧扫声呐商业化的典型代表。但侧扫声呐系统的工作水深、中深水作业系统集成度、侧扫数据的三维可视化、系统分辨率的提高、高航速条件下图像的保真及海底底质声学特征要素提取的可靠性等方面，与国外相比还存在较大差距。合成孔径声呐方面，我国苏州桑泰公司研发了 SHARK 合成孔径声呐，为国内合成孔径声呐产品商业化的先驱之一。广州海洋局最早于 1985 年引进美国 EG&G 公司 960 型侧扫声呐产品，1994 年从劳雷引进 Simrad992 型侧扫声呐，20 世纪又陆续引进不同型号的设备，详见表 3-4-2。

表 3-4-2　广州海洋局引进的侧扫声呐设备

名称	国家	参数
Klein3000 侧扫声呐系统	美国	工作频率 100kHz 或 500kHz，单边量程为 12.5～500m，适用水深 500m
DSSS 侧扫声呐系统	英国	工作频率 114kHz 或 410kHz，适用水深 800m
Edge Tech 4200MP 侧扫声呐系统	美国	工作频率 100kHz 或 400kHz，单边量程为 12.5～500m，适用水深 1000m
Edge Tech 6205 测深型侧扫声呐拖鱼	美国	工作频率 230kHz 或 550kHz；单边量程为 450m 或 250m；适用水深为 200m 以内
Klein5000 V2 四波束侧扫声呐测量系统	美国	工作频率 455kHz；左右舷波束数各 5 个；单边量程为 250m；适用水深为 200m 以内

侧扫声呐系统通过连续记录海底反向散射回波，可低成本、大扫宽、高效率地获取大区域、微地貌图像，广泛应用于海底地貌测绘、海底底质勘探、水下目标搜寻、海洋工程、海洋矿产资源调查等方面。图 3-4-5 为侧扫声呐的一些典型应用领域。

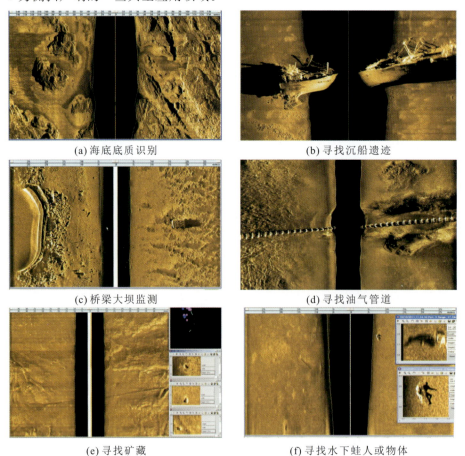

(a) 海底底质识别　　(b) 寻找沉船遗迹

(c) 桥梁大坝监测　　(d) 寻找油气管道

(e) 寻找矿藏　　(f) 寻找水下蛙人或物体

图 3-4-5　侧扫声呐应用领域

近年来,随着我国近海海洋区域地质调查及天然气水合物资源勘查、深海大洋矿产资源勘查的开展,侧扫声呐系统也发挥着越来越重要的作用。

1. 在天然气水合物调查中的研究应用

目前在深海天然气水合物调查中采用搭载于声学深拖系统或 ROV 的形式居多。声学深拖或 ROV 作业最主要优势就是大大拉近了深海侧扫声呐设备与海底的距离,进一步发挥其技术优势,提高了采集质量。通过对侧扫声呐原始数据精细处理,可获取高质量的海底表层声学影像,发现水合物有利区块麻坑、泥火山、丘状体、冷泉以及海底强反射的分布。图 3-4-6 为侧扫声呐影像上的冷泉,图 3-4-7 为侧扫声呐影像上的麻坑、与流体渗漏有关的碳酸盐结壳典型微地貌特征。

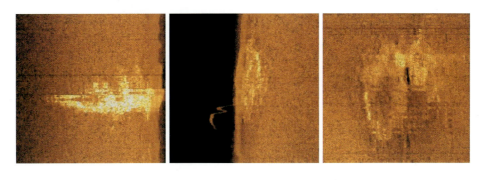

图 3-4-6　侧扫声呐影像上的冷泉（郭军等,2017）

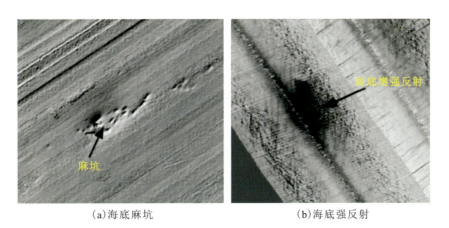

(a)海底麻坑　　　　　　　　(b)海底强反射

图 3-4-7　侧扫声呐影像上油气渗漏典型微地貌特征（赵铁虎等,2010）

另外,通过对侧扫声呐反向散射声学影像信息充分挖掘,在海底比较平坦的情况下,海底反射目标与海水之间的阻抗差就成为侧扫声呐图像灰度变化的主要原因。当有大量气泡从海底逸出时,海底被气泡群所遮蔽,此时,气泡群则成为侧扫声呐系统在海底的观测目标。再结合多波束等数据,可建立起侧扫声呐图像上"亮斑"异常和海底冷泉喷口之间的关联,从而使得侧扫声呐成为海底冷泉勘探的有力方法。所谓的"亮斑"异常指声呐图像上和其背景相比,亮度（反向射强度）明显增强的区域,见图 3-4-8。

2. 在大洋多金属结核结壳调查中的应用

目前侧扫声呐在大洋多金属结核、富钴结壳、硫化物中的调查应用较少。和多波束回波强度探测多金属结核结壳分布特征类似,对海底多金属结核的勘探可以通过侧扫声呐反向散射回声成像来勘探海底表面特征及多金属结核分布特征。侧扫声呐在勘探海底地形地貌的同时,根据声学影像信号的强度还能定性地分析多金属结核在海底的密集程度。结壳调查中,利用搭载的侧扫声呐的数据对结壳区的地形地貌进行初步识别,可利用反向散射信号强度的差别区分不同的地形地貌特征,如圆形平底坑、台状凸起、陡坎、平坦区等,见图 3-4-9。

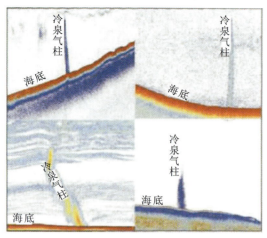

(a) 海底冷泉气柱　　　　　　　　　(b) 侧扫声呐图像上的海底冷泉喷口

图 3-4-8　水体声学海底冷泉气柱及侧扫声呐图像上的冷泉"亮斑"（栾锡武等，2010）

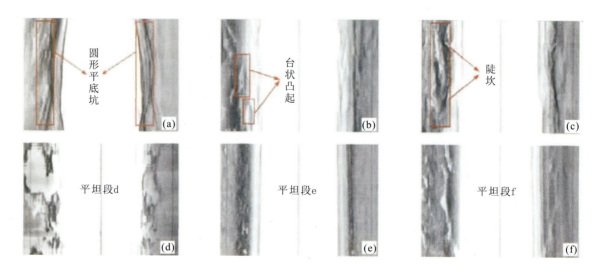

图 3-4-9　大洋第 21 航次特征地形地貌的侧扫声呐灰度图（徐建等，2011）

3. 发展趋势

通过对国内外侧扫声呐勘探技术的现状和研究进展进行总结分析，发现侧扫声呐技术有很多方面需要完善。未来的侧扫声呐技术将向图像镶嵌技术的完善、侧扫数据的三维可视化、系统分辨率的提高、高航速条件下图像的保真及海底底质声学特征要素提取的可靠性等方面进行进一步提高。未来侧扫声呐勘探技术将向以下几个方面发展。

1) 合成孔径声呐技术

合成孔径声呐可以获得明显优于传统侧扫声呐的海底成像效果，因此成为近年研究的热点之一。其优点在于具有高且均匀的空间分辨率，但目前成像稳定性欠佳，其关键技术是高质量多子阵成像算法和运动补偿实现。

2) 声呐换能器的研发

声呐换能器是整个系统的核心部件，从换能器的设计出发，消除或最大化减小环境噪声的影响值得考究；换能器的带宽特性会影响到传递信号的频谱特性和波形，先进的信号处理技术需要换能器足够的带宽支持，因此换能器的带宽设计也将成为重要的研究方向；未来换能器会向着大功率、宽频、小体积、抗干扰的方向发展。

3）高效高精度的实现

侧扫声呐扫测速度与扫宽、分辨率是矛盾的。克服两者矛盾以实现高效高精度勘探，需要进一步发展和完善多脉冲、多波束声呐等新技术。

4）多传感器信息融合

侧扫声呐系统集成多传感器，数据信息量较大，数据融合技术成为研究热点之一。由于工作环境复杂，内置的姿态补偿较差，位置精度不高，可借助外在的高精度姿态和导航信息，将其完整地融入侧扫声呐系统。

三、现在的工作方案

侧扫声呐属移动设备，无固定作业船只，不同设备的作业流程有一定的共性，工作方案包括以下过程：①野外资料采集，调查时将侧扫声呐换能器拖鱼（通过船载绞车或甲板缆）拖曳在船后方，沉放至离海底一定距离，调查船航行中换能器拖鱼自激自收，采集海底下表面的反向散射信号。②室内资料处理，对野外获得的原始地震资料按照一定流程、利用有关侧扫声呐数据处理方法进行数据加工处理，取得高信噪比、高分辨率、高保真度的成果数据。资料处理设备由配有专用软、硬件设备的大型计算机或工作站组成，硬件设备包括计算机或工作站、绘图仪及其他配套设备组成。③资料解释，以地质理论和规律为指导，运用声波传播理论和声学海底勘探方法原理，对声学资料（或数据）进行深入研究、综合分析、解释，最终获取调查区海底地貌地质情况。

1. 野外资料采集

根据声学换能器安装位置的不同，侧扫声呐采集可以分为船载式和拖曳式两类。船载式是指声学换能器安装在船体的两侧，该类侧扫声呐工作频率一般较低（10kHz以下），量程较宽。拖曳式是指声学换能器安装在拖体内的侧扫声呐系统，采用船尾拖曳或船侧拖曳的方式进行采集，是目前最为常见的侧扫声呐测量方法（图3-3-10）。数据采集影响因素内因包括工作频率选择、旁瓣效应、声波散射、声波吸收、声波扩散；外因包括环境噪声（海浪海流、生物等产生的环境噪声、船只发动机、尾流、仪器等产生的自身噪声）、拖鱼沉放深度、调查船转向、镜像干涉、折射干扰、船速变化造成的声图变形、交扰等（王琪，2002）。

野外采集过程主要包括以下过程。

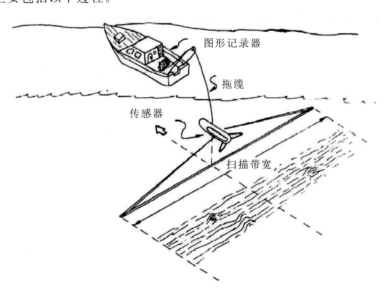

图3-4-10 侧扫声呐船尾拖曳式调查

1）现场试验

到达工区后根据选择的工作方式，将拖鱼入水。先进行数据采集参数试验，选择合理施工参数，以获取详尽的海底面状况声学图像。试验主要对频率、量程、增益、拖缆放长、拖鱼入水深度、船速等参数进行选择。

频率的大小决定了侧扫声呐的量程和分辨率，如果想在较大的量程里发射和接收声脉冲，最好使用低频声源，但是低频声源的脉冲较长，其脉宽也较长，采集图像的分辨率较低；如果想要得到较高分辨率的图像，则要选择高频，但是较高的频率会使传输距离和量程范围受到限制。根据测量任务的性质和需要，对频率进行选择，以便在量程和分辨率之间取得平衡。

由于声波的吸收、扩散和散射使信号损失，实际上侧扫声呐的量程是有限的，这个量程限制的实际距离由实际应用情况来决定。例如，强的反射体在大量程时依然能够检测出来，但是海底图像上细微的差别只有在小量程上才能检测出。较大的量程可提供较大的覆盖面积，从而提高工作效率；较小的量程可提供较高的分辨率，有助于更好地辨别较小的物体。在进行测量工作时，决定量程范围要考虑到需要覆盖的整个区域的大小，以及能够被分辨和识别的最小尺寸和特征。既要使图像的尺寸容易辨认，又要考虑测量任务的按期完成，声呐的量程选择必须慎重。

根据调查任务的需要和海区特点选择适合的拖曳方式，测量拖鱼、GPS等设备的相对位置并记录。根据海底底质状况进行时变增益选择，以能清晰显示量程范围内的图像为原则。拖缆放长应充分考虑船只尾流影响以及测量时拖鱼的安全，在保证安全的前提下，拖体离海底高度一般为扫描量程的10%~20%。拖鱼入水深度与船速和拖缆放长有关，根据海区情况选择适宜的入水深度，选择合适的工作船速，并保持匀速，减少由于船速问题引起侧扫声图的速度失真。

2）施工作业

根据现场试验确定的参数进行施工作业。作业过程中注意偏航距的控制。上线前仪器应提前开机调试，监视工作状态，一切正常后进入测线。到达测线起点前应使电缆拉直，到达测线终点后，船只应继续沿航向前进适当距离。测量期间应监视记录图像和各项采集参数，及时发现是否有异常情况出现，当海底反射信号出现输出脉冲时，就有拖鱼碰撞海底的可能，最有效的办法是立即增大船速，待危险过后，再调整拖缆长度；监视数据采集记录系统是否正常，发现问题及时纠正；发现海底障碍物或特殊地貌形态，应及时记录，以备解释和准确度评估使用。

3）资料现场整理和检查

为了检查和校核海上调查工作的总体质量，应在作业现场对所取得的各项资料进行整理，并对测量数据质量做出初步评价。资料整理内容如下：有效测线完整性检查；结合航迹图和侧扫声呐条幅图，确定补测和加密；各种纸质打印资料整理、装订和会签；数据备份。

应对全天的班报记录和测量数据进行检查，检查班报记录和测量记录是否完整、数据质量是否可靠，并进行数据备份。检查情况应记入当天的班报记录。海上测量工作结束后，作业组应对所获得的测量资料进行全面检查，检查合格后方可进行内业数据处理。

2. 室内资料处理

侧扫声呐数据处理要求进行定位、水深、地形校正，将各种微地貌形态标绘在海底侧扫声呐条幅平面图上；全覆盖测量时，进行声呐图像拼接，绘制海底侧扫声呐镶嵌图。具体内容包括：①导航定位数据的编辑、校准和准确度评估；绘制航迹图；②根据船只位置、声呐拖体沉放深度、拖缆入水长度及方位等信息，进行声呐拖体位置归算；③对船速变化造成的记录与实际地形的比例失调进行校正；④绘制海底侧扫声呐条幅平面图；⑤绘制海底侧扫声呐镶嵌图；⑥对沙堤（脊）、水下河谷、冲刷沟槽、裸露基岩等特殊地形及水下障碍物进行形态量算（中国人民解放军海军司令部航海保证部，1989；刘伯胜和雷家煌，1993）。

3. 室内资料解释

典型的侧扫声呐记录，会有助于记录图的解释：一些恰好是所需要识别的现象，而另一些则可能会严重地干扰声呐作业。对这些可能出现的典型事件有大致的了解，在特定的环境下，操作员能够做出一个更好的、准确的判断。

1) 做好记录

一般认为记录在整个量程内其信号强度应该是大致均匀的，强度均匀的记录将有助于产生最好的记录效果。一般来说，记录向亮度大的一侧调谐更好，但是不要超过没有记录的亮度水平（即反向散射极限）。

2) 表面反射

海面回声出现在什么位置取决于拖鱼处在海面和海底的相对位置，不同沉放深度的拖鱼在海面的回声反射见图3-4-11。海面波在记录解释和判读中是一个非常有用的工具。因为水深等于声呐拖鱼到海面的距离与声呐拖鱼到海底的距离之和，这是恒定的，根据海面的回声可以判断海底的起伏变化是否是真实的。

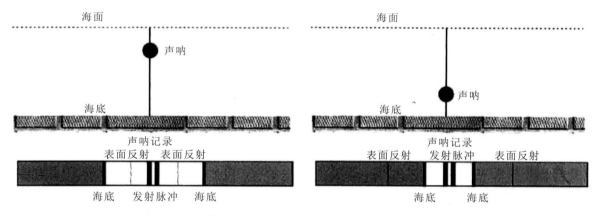

图3-4-11 不同沉放深度拖鱼海水表面回声反射在声图中的反映

3) 侧扫声呐的几何关系

侧扫声呐的几何关系是判读和解释侧扫声呐目标记录的关键。侧扫声呐记录显示的是从拖鱼到反射目标的倾斜距离，不代表从拖曳船的航迹在海底的投影到某一点的实际水平距离（水平距离通过计算很容易求出）。高出海底面的物体将遮挡声波到达该物体后面一定距离的海底，这就在最终的记录上出现一段阴影。运用测量的方法在声呐记录上量出参数，根据几何关系大致计算出目标的高度。在头脑中始终保持声呐图像的几何关系，将有助于对记录的解释判读。

4) 目标和阴影

这里目标泛指出现在声呐记录上的任何事物，可以出现在海面以下水体中的任何位置上。目标可以产生声学阴影，但在某些情况下不产生阴影。阴影产生的原因是物体反射声波并阻挡声波到达海底的某些部分，这样将在记录上导致产生声学阴影区，声学阴影呈亮色（白色），它往往能比目标的直接反射提供更多细节（蒋立军等，2002）。人造物体经常伴有轮廓线非常明确、清晰的声学阴影，而自然物体的阴影特征则多趋向于圆形。目标的声学阴影还能反映出目标是在海底面上还是在水柱中。

5) 凸起和凹陷

深色的回声和白色的阴影斑纹常常反映了海底底床上目标的凸起和凹陷（图3-4-12）。深色后面跟随着的白色阴影的模式是典型的目标凸起；深色跟随在白色区域后面的记录模式是典型的凹陷。

6) 目标位置

目标产生阴影或阴影形态的声呐记录，能够反映出拖鱼、目标以及海底三者间的相互位置关系。位于海底面上的目标，阴影直接地跟随在目标的深色反射回声之后。水体中的目标，在目标和阴影之间隔着一部分常见的反向散射部分，水体中的目标可能出现在声呐记录的任何位置上（图3-4-13）。

7) 目标的识别

自然目标其边缘趋向不规则，声学阴影显示没有明显的结构。人造目标其形状多是有规则或有角的，具有强的回声信号并在海底投射下尖锐阴影。目标识别中使用大量程的效果比使用小量程的要好，前者能够看到完整的图形，而后者只能显示部分目标。

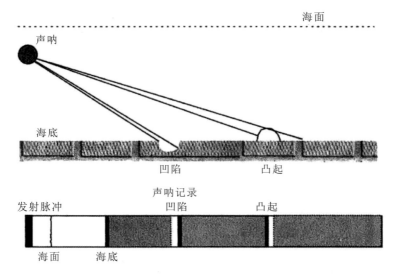

图 3-4-12　凸起和凹陷在声图中的反映

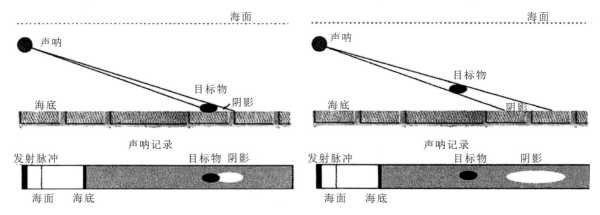

图 3-4-13　拖鱼、目标、海底不同位置关系产生的阴影

8）多路径回声

多路径回声则可能由强目标产生，这是由于声波到目标存在若干不同长度的路径所形成。正常的路径是由声呐至目标，并由目标返回声呐，并且这一路径是最短的，表现在记录上是打印出的第一回波。如果还有路径是从声呐到目标，再由目标到海面，最后由海面返回声呐，图像上就会出现多种声传播路径（许枫和魏建江，2006；刘磊和张纯，2011；张春华和刘纪元，2006）。多路径回声信号在记录上将不产生回声信号阴影，这是由于多路回声信号到达的同时，来自目标周围海底的反向散射信号也同时到达，它们将被叠加在一起（图 3-4-14）。

9）猝熄

水柱中的气泡如果足够密集，它将完全闭塞声呐脉冲，记录完全变白，称为猝熄（图 3-1-15）。

10）旁瓣效应

侧扫声呐的水平波束是很窄的（一般为 1°或更小），如果目标是很强的反射体，它就可能反射足够强旁瓣能量到达声呐并且在记录上显示出来。在拖鱼到达目标之前、拖鱼通过目标之后，声呐均可收到来自目标的回波信号。其回声呈圆弧状（或双曲线图形）显示在记录图谱上，旁瓣回声很弱，只有在极端情况下才能观测到这种效应（图 3-4-16）。

11）交扰

交扰（串音）是指在侧扫声呐一侧的目标同时显示在声图记录的两侧。当在声呐的一侧有很强的反射体时，声交扰就可能出现。当一侧换能器接收到强烈的目标回声，就可能通过另一侧或者通过拖鱼的

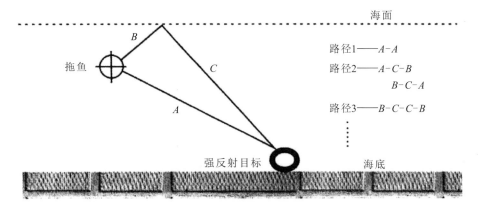

图 3-4-14 多路径回声示意图

图 3-4-15 声呐猝熄声图

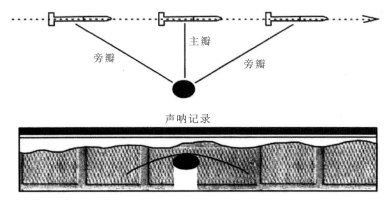

图 3-4-16 旁瓣效应在声图上的反映

壳体耦合进去。这主要是由于拖曳电缆屏蔽不良，或者其他一些原因造成的。交扰图像没有声学阴影，简单地叠加在真实的记录之上（图 3-4-17）。

12）二次（扫描）反射

声呐量程以外的目标，一般在侧扫声呐记录上因显示太弱而看不到。但如果它的反射足够强，由于

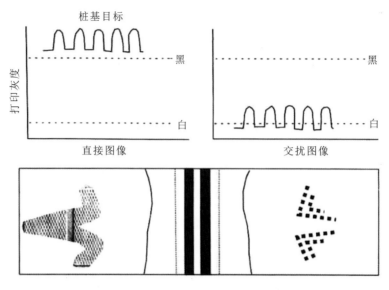

图 3-4-17 交扰在声图上的反映

这一信号旅行的时间很长，甚至超过声呐量程，它将会出现在声呐显示的第二次扫描上（图 3-4-18）。量程之外的目标叠加在一般的海底信号上出现，可能会导致解释混乱。识别二次反射信号的方法是它们不会在记录上产生声学阴影。如果两次通过目标，可以从目标另一个方向通过来检测目标是否在海底真实存在，或者以一个更大的量程通过目标。

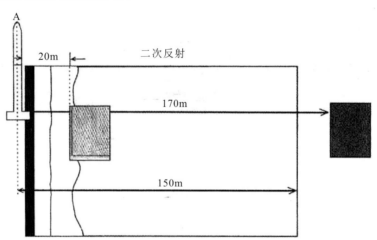

图 3-4-18 二次反向散射在声图上的反映

13）碰撞海底

拖鱼碰撞海底的原因有 2 种：一种是海底面升高；另一种是拖鱼拖曳高度下降。在大多数的情况下，拖曳高度下降的原因有 2 个：一个是拖曳船速变慢；另一个则是船只转向。在转向期间增大航速或者做很大半径的转向是一种避免拖曳高度下降的有效方法（图 3-4-19）。

14）鱼群

通常致密的鱼群在记录上呈现均匀的深色区域，有圆形的外形。大范围疏散鱼群在记录上会呈现有许多黑点。由于鱼群一般在海水近表面觅食，它的声呐图谱常常没有阴影伴随（图 3-4-20）。

15）水平偏移距的计算

应用中常要求能够在所看的声呐记录上精确地计算出目标的位置。对于目标精确的位置，可从声呐到目标的水平距离使用勾股定理推算（图 3-4-21），$R_h = \sqrt{R_s^2 + H_f^2}$ 可计算出水平偏移距。

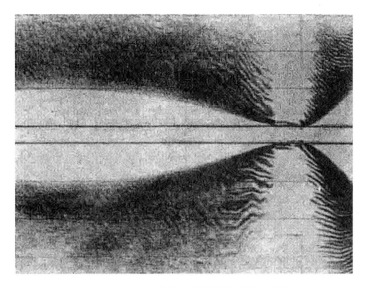

图 3-4-19 拖鱼接近碰撞海底的声图

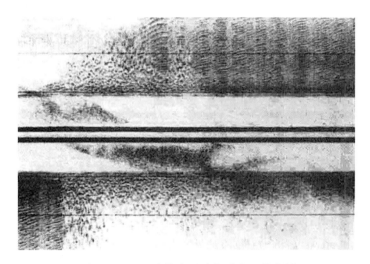

图 3-4-20 水体中反映鱼群出现的声图

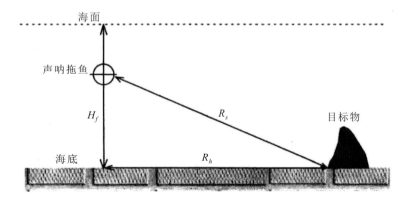

图 3-4-21 水平距离计算示意图

H_f. 拖鱼距离海底高度；R_s. 拖鱼至目标物的斜距；R_h. 水平距离

16）目标高度计算

通过从声呐记录上量取数据和计算，可以大致求出目标的高度（图 3-4-22）。由于来自声呐的声波路径是相对呈直线的,通常用一个直角三角形来形成拖鱼、海底和目标阴影的尖端这三个角,目标的最高点与直角三角形的斜边相交,构成了两个相似三角形,应用相似三角形的原理,目标高度与阴影长度之比等于拖鱼高度与拖鱼到阴影末端的长度之比,用公式表示,即:$H_t = (L_s \times H_f)/(R_s + L_s)$。

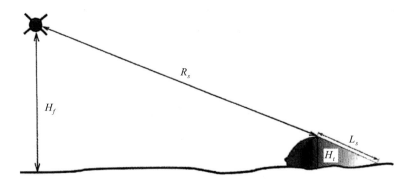

图 3-4-22 目标高度几何关系示意图

H_t. 目标物高度;R_s. 拖鱼至目标物的斜距;H_f. 拖鱼距海底的距离;L_s. 声学阴影的长度

17) 容易误解的目标

多种干扰存在,对海底真实目标的识别造成困难。有时看起来记录十分清楚且容易识别,但是通过进一步查验证明它是错误的。因此,在解释上多一点保守和慎重是必要的。多次从不同方向通过目标进行比较是排除误解的一种有效方法。

第四章 弹性波场之二——海底深部的探测

第一节 单道地震

一、国外的进展

国外主流的单道地震生产厂家主要有英国 AAE 公司、法国 SIG 公司、荷兰 GEO‑Resource 公司等。20 世纪 80 年代开始，单道地震被广泛地应用于世界各国的海洋地球物理调查中，美国、加拿大、日本、俄罗斯、土耳其、英国、爱尔兰、法国等国都利用单道地震对其海域陆架区域进行了勘探，或使用单道地震、多道地震、重磁联合勘探方法，调查取得了很好的成果；1993 年，欧洲共同体 MAST‑1DE GISP 计划讨论了应用单道地震技术得到 BSR 反射率变化的快速而有效的方法（表 4‑1‑1、表 4‑1‑2）。

表 4‑1‑1 常用电火花震源主要技术指标

型号	厂家	最大能量（kJ）	工作频率范围（Hz）	放电形式
Delta Sparker	英国 AAE 公司	12	300~5000	脉冲电弧
EDL 1020	法国 SIG 公司	5	800~1020	脉冲电晕
Geospark 10K	荷兰 Geo‑Resource 公司	10	500	脉冲电晕
Geospark 17K	荷兰 Geo‑Kesource 公司	10	穿透深度达 750 ms	负电子放电
海鳗 20kJ	广州海洋地质调查局 中国科学院电工研究所	20	500	脉冲电晕
10kJ 等离子体震源	浙江大学	10	400~1300	脉冲电晕

表 4‑1‑2 常用单道水听器主要技术指标

型号	厂家	水听器个数	水听器间距（mm）	频率响应（Hz）	声压灵敏度 dB ref lv（μPa）
AH150	英国 AAE	20	150	145~7000	167
AH710	英国 AAE	24	610	115~7200	187
T48	天津	48	1000	10~10000	192
SIG16.8.5	法国 SIG	8	500	90~1800	90
SIG16.12.17	法国 SIG	12	1000	60~1500	90
SIG16.48.75	法国 SIG	48	1000	15~260	90
Geo‑Sense	荷兰 GEO	48	1000	10~10 000	201

1995 年扬州大学海洋科学与技术研究所的 R/V K Piri Reis 航次利用高分辨率浅层单道地震在土耳其安纳托利亚东南部爱琴海 Gokova 湾进行调查，通过对剖面的处理和解释，识别出层状三角洲序列。

1999 年 10 月 R/V BILIM 航次在土耳其西南部陆架边缘的 Antalya 湾进行了单道地震调查，测线长度达 265km，通过对地震资料的处理和解释，在浅部地震剖面上识别出 2 个地层单元和声学底界。这两个构造单元与区域的冰期海平面变化和沉积物供给密切相关，对讨论这一区域晚第四纪以来的沉降和结构特征提供了重要数据（Devrim Tezcan et al., 2006）。

1998年和2000年加拿大与土耳其合作,在布莱克海西南部的陆架区域开展了地球物理调查,包括2800km长的单道地震调查、深拖调查以及2250km长、频率100kHz的旁扫声呐调查。1998年的单道地震剖面测线长度达550km,使用能量为1580J的电火花震源和50单元、9m长的海底检波器;2000年的单道地震剖面侧线长2250km,使用容积为655cm^{3}的气枪震源和2种检波器,分别是6m长、21单元组成和9m长、50个单元组成。通过对地震剖面进行处理和解释,识别出5个地震单元,第一个沉积单元又可被区分出4个亚单元。这些资料提供的证据表明过去的10 000年布莱克海的海平面没有因为地中海的海水带来灾害性变化(A E Aksu, 2002)。

2004年,在西班牙巴塞罗那大陆架的单道地震勘探取得了337km长的剖面,使用能量为300J的电火花震源,采样频率6kHz,发射间隔750ms。得到的高分辨率地震剖面结合了可用的岩性资料对描述该地区晚第四纪以来的地层结构、全球冰期海平面变化的作用有重要意义(Liquete et al., 2009)。

Hakon Mosby 泥火山位于巴伦支海的西南部,挪威 Tromso 大学分别于2005年和2006年在此区域开展了浅层高分辨单道地震调查,使用气枪作为震源,主频为150Hz,放炮间隔10~12s。得到的结果首次揭示出在3km深的泥火山上部存在伪泥室,这一结构曾经存在于海底后被不断埋藏,在其上部沉积了更新的泥质沉积物,表明泥火山的再生活动(Perez-Garcia et al., 2009)。

二、国内的发展历程

单道地震测量作为一种传统的物探调查手段,从20世纪80年代开始在国内得到应用。国内早期主要由中国地质科学院物化探研究所应用单道海上反射地震系统在香港南部海域开展了5年的海上物探作业,此海域于20世纪80年代中期开始填海,为了调查其目前的地质状况及使用潜力,对近岸浅水区勘测,确定填埋层、沉积地层及基岩界面深度(李军峰,2004)。通过大量的实验工作,确定了最佳实验方案和系统参数。根据不同类型震源在穿透深度和垂向分辨能力上的差异,对不同区域分别选用了电火花、布麦尔震源和空气枪3种震源。勘测取得了良好的效果,共得到3条高分辨率海上地震剖面,结合钻孔资料,对分析各沉积地层的地质成因提供了重要参考(李军峰,2007)。

设备研发方面,国内始终局限于科学研究,未能正式商业化运作,系统工作的不稳定和后续经费维护的缺乏等始终制约着我国在该类海洋仪器中的发展。国内科研单位研制了基于电弧放电原理的电火花震源,如浙江大学等单位研制了等离子体震源,其工作原理是采用电容储能,通过触发放电开关瞬间释放能量,输出高功率电脉冲从而实现在水体中进行等离子体放电。2010年广州海洋局联合中科院电工研究所,研发出海鳗20kJ负极放电震源,采用负高压放电,能有效减少放电电极的烧蚀,单脉冲震源能量范围为500~20 000J。气枪震源方面,国内产品主要有刘宏岳等研制的水域全自动大能量冲击震源和气动机械声波连续冲击震源,震源主频在120~2500Hz之间,激发能量相当于40in^{3}气枪,地层最大穿透深度达200m。

广州海洋局在南海北部陆架区域,通过单道地震资料和钻孔资料相结合的方法对海岸线进行识别,通过这一手段认识海平面的变化规律,对南海地区新近系以来环境变化研究具有重要意义。对单道地震剖面进行地震层序划分识别出的反射界面,可反映这一区域的沉积环境特征(陈泓君等,2005)。另外,单道地震还常被用于天然气水合物的勘探(张光学,2003;吴志强,2007)。

单道地震探测首先根据调查目的和调查海域的水深选择合适的震源系统。当前用于单道地震探测的震源系统主要有气枪震源、电火花震源、Boomer震源,3种震源系统对应的地层垂直理论分辨率从高到低依次为Boomer震源、电火花震源、气枪震源。其中,Boomer震源主要应用于浅海或河口淡水区域;小能量的电火花震源(最大能量低于1000J)主要应用于500m以浅的海域作业;气枪震源和大容量电火花震源可用于中深水。详细应用如下。

1)油气井场调查应用

单道地震探测是油气井场调查的重要手段,其主要目的是探测井场工区内可能存在的埋藏古河道、浅层气、地质结构断裂等潜在的地质灾害因素。图4-1-1为南海珠江口盆地某井场中心测线的单道地震剖面。

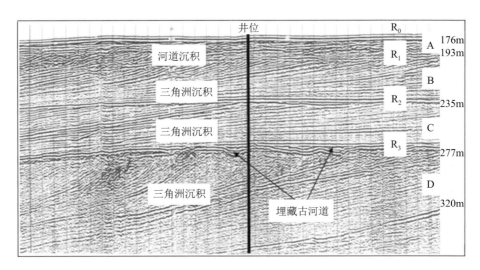

图 4-1-1 珠江口盆地某井场中心测线的单道地震剖面

根据单道地震剖面反射特征，将剖面自上而下划分了 R_0（海底）、R_1、R_2、和 R_3 4 个反射界面，并相应地划分出 A（R_0—R_1）、B（R_1—R_2）、C（R_2—R_3）和 D（R_3 以下）四套反射层序（图 4-1-1）。分析该剖面，井场范围内层 A（176~193m）局部发育河道沉积；层 B、层 C 和层 D（193m 以下）为三角洲沉积，层 D 顶部见埋藏古河道。单道地震剖面清楚地揭示了该井场内的河道沉积、埋藏古河道等特征，其岩性与周围的岩性差别较大，是该区域潜在的地质灾害因素之一。

2）区域地质调查应用

单道地震探测技术应用于海洋区域地质调查，能有效揭示调查区内的沙坡、古河道、沟槽发育、三角洲沉积、浅层气分布、地层褶皱、海底侵蚀、基岩等地质特征，为研究调查区域的水动力特征、潜在地质灾害分布等提供有利的证据；通过分析单道地震剖面反射界面的特征，对调查区域划分地层层序、计算各层序厚度、分析地震相特征，为进一步开展区域范围内的海平面升降变化及区域构造运动的研究提供基础资料；结合地质浅钻、海洋重磁等资料也可对调查区进行沉积相研究等。图 4-1-2 为近年来在海洋区域地质调查中，单道地震探测剖面显示的较为典型的地质特征现象。图 4-1-2（a）为近岸海域海底地貌的沟槽群发育特征，该特征表明，该区域表层沉积物受近岸河流及径流影响较大，海底沉积物受临岸流的影响，冲刷严重；图 4-1-2（b）显示海底地貌沙坡较为发育，表明该区域有较强的底流运动；图 4-1-2（c）剖面显示该区域存在多期下切河道，表明该区在晚更新世以来经历了多期海平面升降活动；图 4-1-2（d）剖面显示了地层结构的褶皱上隆及断层错断现象，褶皱区上部地层在海底受到强烈的侵蚀夷平，表明该海域在第四纪晚期经历了较强烈的抬升运动及海底侵蚀作用；图 4-1-2（e）剖面显示反射模糊区，表明本区可能存在浅层气发育；图 4-1-2（f）剖面显示了典型前积顶超现象，指示在地质历史时期此处发育有水下古三角洲，从三角洲的沉积序列看，仅存有前积层，而缺乏顶积层和底积层，表明三角洲发育期间区域的水动力较强（陈泓君等，2005；牟泽霖等，2014）。

3）天然气水合物勘查

BSR 是海底地震剖面中存在的一种异常地震反射层，由于此类反射层大致与海底平行，国内通常称之为"海底模拟反射层"或"似海底反射层"等，BSR 被公认为天然气水合物赋存区的重要标志。在我国的天然气水合物资源勘查中，BSR 基本上根据多道地震资料圈定，而较少应用单道地震探测技术。在国外天然气水合物勘查中，如西伯利亚贝加尔湖、墨西哥湾等区域，均有利用单道地震探测技术证明 BSR 存在的成功应用实例。此外，单道地震还能反映出海底含气区的声浑浊、空白带、增强反射、速度下拉、多次波、气烟囱等特征现象，对于揭示天然气水合物赋存区的冷泉气源位置、气体渗漏断层及运移通道等有着重要的参考价值。

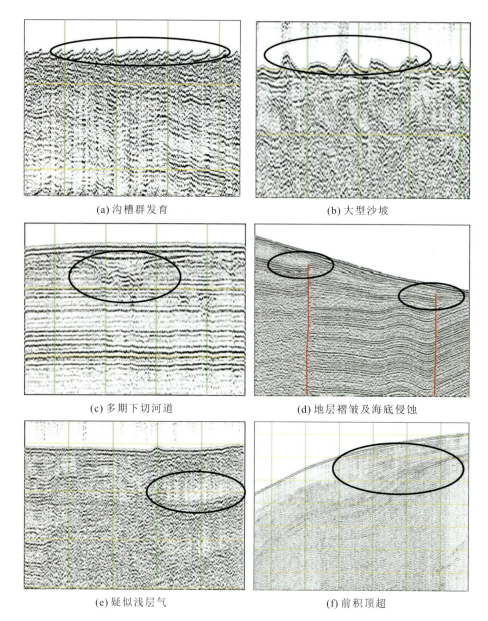

图 4-1-2 区域地质调查中单道地震剖面反映的典型地质特征

三、现在的工作方案

随着我国海洋地质调查工作的全面开展，海洋单道地震探测技术由于具有配置灵活、操控简便、作业高效等特点，越来越多地被应用于地质灾害调查、区域地质调查、天然气水合物资源勘查、井场调查等多个领域，为获取海底浅地层结构、查明潜在地质灾害因素、海洋工程建设等提供了可靠的科学依据（陆基孟，1993；杨木壮等，2001；宋岩和夏新宇，2001）。声波在海底地层中传播时遇到不同介质层界面时，其反射强度不同，单道地震探测即通过反射声波信号的强度差异获取和甄别海底地质结构信息。单道地震探测人工激发的声波在传播过程中遇到地层界面将产生反射，数据记录工作站接收并记录反射波的旅行时间（假设为 t）。如果已知或通过计算得到该反射界面以上地层反射波的传播速度（v），则反射界面的埋深（h）可以计算出来：$h=1/2\times vt$。

单道地震探测系统通常由震源系统、接收系统和数据采集系统组成。单道地震测量设备主要由震源、接收电缆（检波器）、信号采集单元、采集工作站、导航定位系统等组成（图 4-1-3）。其中震源类型主要为气枪、电火花、Boomer 3 种，可根据测量目的灵活选择，气枪震源通常用于大面积的海洋调查工作，其声源能量较大，可以穿透更深的海底地层；电火花震源产生的声源频率较气枪震源高，因此具有更高的海底垂向地层分辨率，此类震源有多种能量可供选择，能量越大，设备的物理尺寸和质量越大，Boomer 震源主要用于浅水或淡水海域，在水中激发时产生的能量主频较高，频率范围在 200～8000Hz 之间，垂向地层分辨率为三者之中最高（牟泽霖等，2014）。

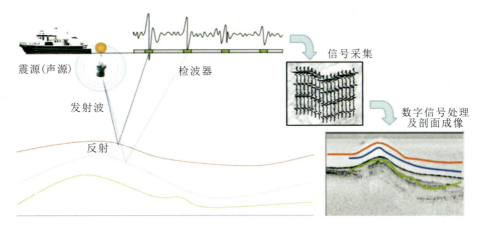

图 4-1-3　单道地震测量原理示意图

广州海洋局使用单道地震作业手段多年，用到的震源有法国 SIG 公司生产的 SIG 2000 medium、SIG L5 plus，荷兰 GeoMarine 公司生产的 Geospark 2000X 型、Geospark 5000 型、Geospark 10k 型、Geospark 48k 型，英国 AAE 公司生产的 CSD 2400D 型；检波器缆有荷兰 GeoMarine 公司生产的 GeoSense 8 型、GeoSense 24 型、GeoSense 48 型，法国 SIG 公司生产的 Sigstream 32 型；采集系统为法国 IXBLUE 公司的 IXBLUE Delph Seismic 单道采集系统及荷兰 GeoMarine 公司的 Geo Mini-Trace 单道采集系统。

以上系统主要安装在广州海洋局"海洋地质十八号"，本节以广州海洋局某次作业采集的流程进行介绍。

1）码头测试

出航前，对本次作业所用的电火花震源设备、记录系统、信号接收电缆等单道地震设备进行了盐水池试验，确保野外调查时所有设备运行正常。单道地震测量使用 IXSEA DELPH SEISMIC 单道数据采集系统、SIG 2Mille 电火花震源系统，GeoSense 48 型单道漂浮电缆；另有一套 IXSEA DELPH SEISMIC 单道数据采集系统、GeoSense 24 型单道漂浮电缆备用。

2）设备安装布放与海上试验

单道地震调查一般采用船尾拖曳方式，将震源及接收拖缆在船尾一侧拖至船后几十米处，以减小船体噪声及尾流对地震信号的影响。根据船舶结构特点，将仪器采集主机固定安装在仪器室内，如图 4-1-4 所示。

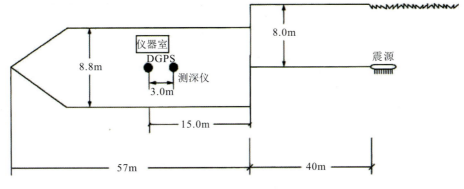

图 4-1-4　单道地震系统布放示意图

参数选择的依据来源于对方法技术试验结果的分析和项目总体设计的要求，如记录量程的选取原则是在保证一定穿透深度的前提下，能够获得最佳的垂直分辨率；激发能量的选取原则是确保绝大多数区域中、浅层反射清晰，但又无明显多次干扰出现，仪器参数设置以能够获取最佳记录面貌为前提。海上正式作业之前一般要进行海试，确保仪器设备的稳定运行，保障采集资料的质量，数据采集原则应按现场试验后确认的工作参数进行，操作参数一经选定，整个作业过程中基本保持不变，以利于全区资料的相互对比和解释，数据采集、存储、显示、后处理分析等在工作站完成。

3）采集参数设置

为了选择仪器最佳参数，确保施工顺利进行和提高采集资料的质量，每个航次正式作业前，均在现场测线进行作业参数选择试验，并根据海底地质条件和海况条件，进行实时调整。根据本次调查所用单道地震设备特点，本次参数选择测试主要针对震源能量的选择进行。图4-1-5为震源能量分别选择250J、

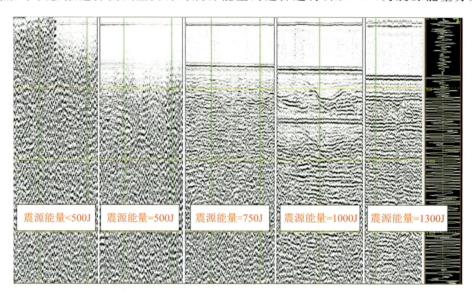

图 4-1-5 电火花震源能量选择对比图

500J、750J、1000J和1300J时，现场试验资料显示震源能量选择1000J和1300J时，资料的信噪比、海底地层的分辨率等明显优于其他能级。对比震源能量选择1000J和1300J时的资料，二者基本无差异，考虑本次调查工区最大水深（<100m），并结合SIG2MILLE型震源的充放电速率（≤1000J/s）及触发间隔（1000ms），正式作业使用1000J的震源能量足以满足本次调查的要求，因此本次调查单道地震震源能量选择1000J。其他参数设置如表4-1-3所示。作业参数选择试验及作业期间，单道地震设备运行正常。

经过工区现场的试验，选定最佳的作业参数，如震源激发间隔、滤波范围、扫描宽度、采样频率、震源和电缆沉放深度以及气枪和电缆放出长度等。

表 4-1-3 单道地震测量参数设置表

序号	采集参数	参数值
1	震源类型	电火花震源
2	激发间隔（ms）	1000
3	震源能量（J）	1000
4	记录长度（ms）	300
5	滤波范围（Hz）	80～1600
6	采样频率（Hz）	4000
7	电极距离船尾（m）	45
8	水听器中心距离船尾（m）	45
9	震源沉放深度（m）	1～2
10	电缆沉放深度（m）	1～2
11	电极与电缆接收中心点间距（m）	9
12	数据记录格式	SEG-Y

4）野外资料采集

对于因地形、潮汐和气象等诸多因素一次无法全部完成的测线，下次补测时均按原来施工方向进行，并在可能情况下均进行两个测点以上的重复测量，以利于剖面的拼接和解释对比。

海上调查工作由调查船自出海之日起到外业结束靠码头为止。作业期间，每天对数据进行整理和备份，整个外业结束后，完成所有外业资料的整理和数据备份，并对外业施工情况做出全面总结，完成生

产技术总结报告的编写，做好资料验收前的各项准备工作，并提交资料。提交的资料主要包括以下内容：①测线航迹图；②单道地震原始资料（数字和模拟记录）；③同步水深测量原始资料（数字和模拟记录）；④班报、工作日志；⑤定位数据文件；⑥质量检查验收资料；⑦现场施工总结报告。

5) 现场监控

本航次使用的采集及现场监控软件为 Delph Acquasition 软件系统，对数据质量进行实时监控。现场监控包括通过实时剖面连续性、波形信噪比、船速、船舶周边海域情况以及导航定位信号等外部设备数据。值班过程中，班报使用广州海洋局 ISO9001 质量记录文件《单道地震记录班报》（编号：QDFF-401），除测线开始和结束时进行记录外，作业时每隔 1h 记录一次，遇到特殊情况如避让船只、设备故障等需在班报中及时记录说明。

6) 数据备份与检查

单道地震原始数据（包含导航定位数据）以 SEG-Y 格式记录。每日定时对原始数据文件进行备份，确保原始数据安全。当天作业完成后，应对数据的完整性和可用性再次进行检查，做到万无一失。

7) 室内资料处理

为提高单道地震剖面质量、提高解释准确性，应对野外采集的单道地震数字记录进行数据处理，以争取得到尽可能大的穿透深度，并最大程度保留浅层高频信息。

目前采用的单道地震数字处理软件主要为 CGG、PROMAX 等。单道地震数据处理流程一般如下。

地震数据分析：对即将处理的单道地震原始采集数据进行分析，以确定有效地震反射波频带及主频、记录中的各种噪声类型及其主要特征。

噪声压制：由于单道资料无法获取速度信息，因此无法利用叠加处理等方法来压制噪声、提高信噪比。数据处理中，压制噪声采用的常用方法包括频率扫描、带通滤波、异常振幅剔除、预测反褶积、道内道间能量均衡与补偿技术、1D-SRME（一维表面相关多次波压制）、随机噪声压制、水体噪声消除等处理方法。

绘图打印：剖面打印时，一般使用的水平比例为 15 道/cm、垂直比例为 40cm/s。剖面显示灰阶可根据不同测线做适当调整，所用参数填写到纸质剖面的显示参数栏里。

8) 室内资料解释

地层界面形成的地震波形态受地层界面埋藏深度、界面上下物性差异、界面形态及覆盖层的厚度等因素影响。在一定范围内，上述影响因素变化不大、相对稳定时，来自同一界面的反射波在相邻地震道上具有相似的形态特征。这是地震剖面上识别和追踪同一组反射波的基本依据。单道地震的基本解释工作包括以下 4 个部分。

（1）钻孔与过孔剖面对比及地层速度推算。根据钻孔地层埋深与单道地震剖面上相应相位间的地震波双程旅行时计算，可得到钻孔处的地层速度。

（2）地震剖面上的反射波对比追踪。根据地震波的基本理论和传播规律，分析研究采集单道地震剖面资料的运动学与动力学特征，识别真正来自海底地层中各反射界面的反射波，并且在采集的地震剖面上识别属于同一界面的反射波。

（3）地震剖面的平面与空间解释。解释包括地层反射界面及特征、地层层序划分及其分布特征、地质体及其特征、地质现象及其特征、浅部地层沉积过程与环境演化。

（4）报告编写。在开展上述工作的基础上，制作地质图件并编写调查区的单道地震资料解释报告。

第二节 二维多道地震

一、国外的进展

二维地震勘探出现于 20 世纪 30 年代，随着反射波地震勘探法进入工业应用阶段，勘探范围从陆地扩展到海洋。在油气勘探、地质灾害、地球内部构造研究等方面，二维地震勘探技术有着举足轻重的地位。目前国际主流的海洋二维地震采集系统主要有：美国 ION 公司 DigiStreamer、美国 HTI 公司 NTRS2 和法国 SERCEL 公司 Seal 428 等地震采集系统。无论国内还是国外，多数用户采用 Seal 428 地震采集系统。虽然有些地球物理勘探公司，如 Fugro 公司主要采用 ION 公司的 DigiStreaner 系统，PGS 公司则主要使用自主的成熟产品 GeoStreamer 系统。总体来说，Seal 428 系统的用户认可度更高，技术上性能先进、设备和软件功能比较强大，主流二维地震船装备情况见表 4-2-1。

表 4-2-1 主流二维地震船地震系统装备情况

序号	船舶名称	气枪震源	采集记录系统	作业能力
1	COSL 公司 Orient Pearl	BOLT，Bolt-gun	SERCEL，Seal 428	单源 3400in³；拖缆 1×6000m
2	COSL 公司 Binhai 518	BOLT，Bolt-gun	SERCEL，Syntrak 960	单源 3400in³；拖缆 2×6000m
3	COSL 公司 Nanhai 502	BOLT，Bolt-gun	SERCEL，Syntrak 960	单源 3400in³；拖缆 2×6000m
4	BGP 东方勘探一号	G-gun	SERCEL，Seal 428	双源 2×3400in³；拖缆 2×6000m
5	CGS 海洋地质十二号	BOLT，Bolt-gun	SERCEL，Seal 428	单源 6400in³；拖缆 1×8000m
6	Fugro 公司 Geo Arctic	SERCEL，G-gun	ION，MSX，24 位采集系统	单源 5860in³；双源 2×2930in³；拖缆 1×12 000m
7	Fugro 公司 Hawk Explorer	BOLT，APG-gun	SERCEL，Seal 428	单源 4400in³；拖缆 1×10 050m
8	PGS 公司 Falcon Explorer		PGS，GeoStreamer	双源 2×3090in³；拖缆 1×8000m
9	CGGVeritas 公司 Pacific Sword	Dual Bolt Airgun Arrays	采集电缆：SERCEL 公司 SSRD 固体电缆；记录系统：SynTRAK 960	双源 2×3400in³；拖缆 1×10 000m
10	CGGVeritas 公司 Pacific Titan	Dual Bolt Airgun Arrays	SERCEL，Seal 428	双源 2×3400in³；拖缆 2×8000m
11	CGGVeritas 公司 Bergen Surveyor	G-gun	SERCEL，Seal Solid Sentinel 固体电缆	拖缆 1×12 000 m

近年来，国内外海洋油气勘探已拓展到水深数千米的深海区（温宁等，2005），根据能源咨询公司 Douglas-Westwood 公司 2004 年的预测：全球海上油气资源有 44% 位于深水海域。深水区有巨厚的沉积坳陷，其地震地质条件复杂，地震勘探技术难度大，采用常规的反射地震方法采集会出现中深层地震信号弱，干扰严重，信噪比低，4s 以下反射信号很不清楚，不能揭露深层地质结构，探测不到基底，难以满足地质解释需求等不足，长排列、大容量的多道地震采集技术成为深水油气勘探的有力手段。自 20 世纪 60 年代以来，美国、法国等发达国家投入了大量的人力、物力研究船载高压气枪，随后形成了成熟的长排列、大容量多道地震采集技术。2018 年，Kodaira 等采用 6000m 长电缆、7800in³ 气枪阵列调查了日本海沟，其最大探测水深达 8000m，最大探测深度达 25km，并获得了高质量的地震数据（Kodaira et al.，2019）。

海洋高分辨率二维地震勘探技术是在常规海洋二维拖缆地震调查技术的基础上，随着采集仪器性能的改进，新型气枪技术的发展而逐步形成。常规二维地震勘探技术，震源容量较大，电缆排列较长，主要解决海洋海底中深层地层石油天然气资源勘探及地质构造研究；高分辨二维地震勘探技术则是为解决海底浅中层微、薄地质构造，应用于工程地质、灾害地质等地质勘察工作。海洋高分辨率准三维地震勘探技术是针对近年兴起的天然气水合物资源勘探与开发，在高分辨二维地震勘探技术上发展而来的，采用单缆高分辨二维地震采集仪器及参数，增加采集节点定位标，提高节点定位精度，施工和处理按照三维面元覆盖技术要求，最终通过特殊处理方法，将二维地震测线数据拼合成满足一定面元大小和覆盖次数的三维数据体。

国际上高分辨地震勘探技术是在地震新的震源技术和地震采集仪器的革新情况下出现的。20 世纪 70~80 年代，欧美国家相继研制出激发频率较高、频带较宽的水枪和套筒枪（SLEEVE GUN），通过组合相干技术研究，能够输出波形更好的地震子波，拓宽了高分辨地震勘探的频率范围。20 世纪 80 年代，美国等国家地震仪器公司相继研发推出了短道距（12.5m/6.25m）数字采集电缆和 24 位高采样率数字化地震采集系统，高精度气枪同步控制系统，使得高分辨短道距二维地震采集技术得以实现。

高分辨地震勘探技术要求获得的地震资料具有高分辨率、高信噪比和高保真度，即所谓的"三高"地震资料。"高分辨率"要求地震震源要满足宽频带，激发主频率高的技术要求。1964 年，美国 Bolt 公司研制出世界上第一种用于海上地震勘探的空气枪，输出了较高信噪比的地震子波，进入 80 年代以后，又相继推出了套筒枪、G 枪，为实施高分辨地震勘探解决了震源问题；随着气泡震荡的衰减模式及脉动理论的发展，气枪阵列相关组合技术提出并实现相干枪组合震源的设计应用，进一步改善了震源子波的输出，气泡效应及多次波得到了压制，在足够震源能量的气枪容量下，震源输出频率进一步拓宽，频率范围最高可以达到 200Hz，远高于常规地震震源主频率 40Hz。进入 90 年代，国际上研制出了 GI 枪单体组合枪，大大提高了野外施工效率。水枪是利用高压水流冲击产生脉冲震动的一种新型震源，在 80 年代研制成功，其产生的脉冲信号简单清晰、频带宽、可重复性好，不会产生周期性脉动。大容量电火花震源在近年来国际上高分辨地震勘探技术中开始推广应用，其频率范围可以扩展到 900Hz，勘探深度可达到海底以下 1000ms，取得了良好的效果。电火花震源于 20 世纪 50 年代末开始出现，90 年代，欧洲几家震源设备公司如荷兰 GEO resource 和法国 SIG 等研发出新型等离子体电火花震源，解决了使用过程中电气安全性和高损耗性问题，使之应用到高分辨多道地震勘探中。

地震勘探数字采集技术的发展，特别是 24 位数字地震采集系统的研发并推向市场，最终实现了高分辨地震勘探技术的实施。常规地震勘探技术对地层的纵向分辨厚度一般为 60m，高分辨地震勘探需要将地层分辨厚度提高至 10m 以内甚至更高，这就需要采集仪器具有更高的信号接收动态范围和数字采样率。20 世纪 80 年代初，美国等国家相继推出了面向海洋勘探的 24 位数字地震采集系统。如 OYO 公司推出的 DAS-1 型 24 位数字地震仪，采样率可到 0.031 25ms，动态范围达到 130dB；另一种地震仪器是美国 Syntron 公司推出的 24 位数字地震仪系统，最小采样间隔可达 0.5ms。数字地震电缆道间距 12.5m，可以缩短为 6.25m。为提高高分辨地震采集数据质量，国际上通用做法是应用检波器组合道技术和多道地震采集叠加处理。为消除检波器接收到的海流等随机噪声，地震电缆接收道为多检波器排列组合为一道，检波器组合数为 6~16 道不等；同时电缆长度控制在 1200m（与勘探目的层深度有关）。

进入 21 世纪，高分辨地震勘探仪器更加稳定灵活，智能化程度更高，地震电缆采用矢量水检、多分量水检等多种最新检波技术，道间距也进一步缩短到 3.125m 等，为海上地震调查用户带来更好的体验。

国际上高分辨地震勘探技术的勘探领域很多，除了用于油气勘探，寻找岩性储油层外，还适用于工程环境地质、区域构造稳定性和浅层资源调查及研究。工程环境地质调查主要为浅层地质和浅层气调查；区域构造稳定性主要为新构造作用调查；浅层资源主要为天然气水合物资源调查和海域淡水资源等调查。天然气水合物准三维地震调查技术使精确描述水合物矿体的外部形态、空间展布特征及获取水合物矿体准确的位置信息成为可能。该方法是水合物矿体钻前井位优选最有效的技术手段之一。

20 世纪 60 年代开始，国际上天然气水合物地质调查工作相继开展，美国在 70 年代末应用高分辨二维地震勘探技术在布莱克海台、卡罗莱纳海隆、南设得兰海沟、俄乐冈等海域发现 BSR 反射特征并钻获水合物样品；80 年代，日本在高分辨二维地震调查技术的基础上，开发出准三维多道地震调查技术，并在南开海槽东部的熊野盆地进行速度结构探测，开展天然气水合物资源调查研究。德国联邦地球科学与自然资源研究所（BGR）于 1999—2001 年在哥斯达黎加离岸以及沙巴离岸分别采集了长偏移距、高时空分辨率的海洋地震数据，实现了天然气水合物游离气检测与饱和度估算（小于 10% 的低气体水合物浓度），取得了一定的进展。高分辨率二维多道地震调查技术的特点是在具有较高地层分辨率的同时还具有较强的地层穿透能力。利用高分辨率二维地震资料可以进一步突出水合物识别的有利标志（例如 BSR、BSR 波形极性倒转、振幅空白区带和速度-振幅结构异常，即"水合物四大基本特征"）。该方法获得的较高地层分辨率有利于进一步弄清水合物矿体与邻近地层之间的接触关系。

二、国内的发展历程

二维地震勘探技术发展得较早，是一种非常成熟的常规油气勘探手段。它在小比例尺的区域地质调查、油气资源普查阶段、天然气水合物资源普查阶段是重要的应用技术。多年来，石油公司在海上均已开展了数十万千米的二维地震调查，如上海海洋钻探局在东海共采集二维地震 50 万千米，广州海洋局在南海已经完成 20 多万千米二维地震数据采集。

国内自主研发的系统主要有：中海油服"海亮系统"和中国船舶工业系统工程研究院研发的SERI-ROSE 拖缆地震数据采集系统。这些系统在一些指标上已经达到甚至优于国际水平，但目前尚未得到广泛应用推广，主要有以下几个原因：一是稳定性问题，海上采集海况多变，对系统的稳定性要求高，数据指标合格但稳定性仍需提高；二是市场用户少及高制造成本导致难以实现成果转化。

国内长排列大容量二维多道地震探测技术的研究应用起步较晚，广州海洋局在国家"十五""863"计划"深水油气地球物理勘探技术"课题支持下，研究、引进并集成了长排列大容量震源地震采集技术，实现了国内深水区单船长电缆大容量震源地震采集技术突破。国家海洋局二所、中海油、中石化、中石油的多个项目中均使用了该项研究成果，总工作量超过 2.1 万 km。中海油田服务股份有限公司依托国家"863"计划研制了一系列自主知识产权的地震采集装备和技术，取得了良好的应用效果（阮福明等，2017）。

目前，广州海洋局具有国内先进的长排列大容量震源多道地震采集技术，以"海洋地质十二号"综合地球物理调查船为例，其震源系统和地震数据记录系统如下。

1）气枪控制系统

气枪控制器为美国 Real Time System 公司生产的 Bigshot 气枪同步控制器，定时精度为 0.1ms，通过系统软件的设置，可由它输出触发信号或由外部信号控制它输出触发信号，每炮每枪的同步情况都可记录在微机之中，同时也可将某一支枪在某一炮偏离同步情况通过打印机打印出来。

2）空压机

三台日本产 JOY4 空压机，机型为 W8F-74。作业时使用两台，另一台为备用空压机。单机供气量额定值为 1938CFM，总供气量为 5814CFM，输出最高气压达 2500psi（1psi＝6895Pa），工作压力为 2000psi。

两台小型辅助空压机，型号分别为 TA0180-EWW4DE 和 WBi9-2。工作时串联使用，提供 500psi 压力，用于甲板上试枪及水下保持一定的气压，防止进水。

3）Bolt 枪阵震源

Bolt 枪阵震源系统由 4 排子阵组成，可根据调查需要配置不同的容量，最大容量为 6400in^3。以最大容量 6400in^3 配置方式为例，其枪阵结构图、枪阵子波特性图及枪阵频谱特性图分别如图 4-2-1～图 4-2-3 所示。

图 4-2-1　6400in^3 枪阵结构图

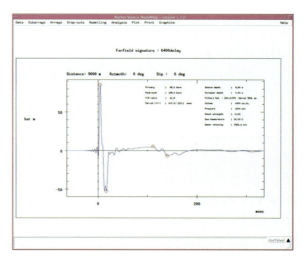

图 4-2-2　6400in^3 枪阵子波特性图

4）地震数据记录系统

地震数据记录系统为法国 SERCEL 公司生产的 Seal 428 系统，该系统基于服务器与客户端架构，由 Seal 428 客户端（Client）和服务器（Server）、质量控制 eSQC‐Pro 客户端（Client）和服务器（Server）、GPS 时间服务器（Meinberg）、甲板接口单元（DCXU‐428）测线控制器接口面板（LCI‐428）、绘图仪（PLOTTER）、辅助道箱体（AXCU）、3592 磁带机系统组成，见图 4‐2‐4。

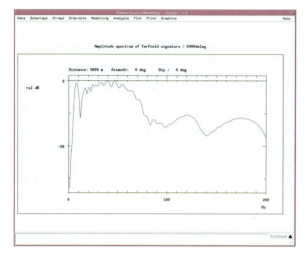

图 4‐2‐3　6400in³ 枪阵频谱特性图

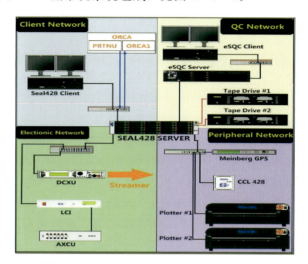

图 4‐2‐4　Seal 428 地震采集记录系统框图

Seal 428 地震记录系统采用性能更强劲的机架式 X86 服务器，管理数据的传输、处理以及各种外设（如磁带机、FTP 服务器、绘图仪和质量控制）等导出工作。整个系统通过高速以太网连接，与导航系统和气枪控制系统之间通信和同步，从而使服务器能够管理更多数量的拖缆。

5）电缆

采用法国 SERCEL 公司的 Sentinel 型 24 位数字固体电缆施工，每段电缆长度为 150m，具有 12 道地震道，道间距 12.5m，电缆道检波器组灵敏度为 19.7μV/μbar。作业时可根据需要配置不同的长度，电缆由以下单元组成：前导段（Lead‐in）、短头部弹性段（SHS）、减震段（RVIM）、头部数据包（HAU）、头部弹性段（HESE）、头部弹性段适配器（HESA）、工作段（ALS）、中继数据包（LAUM）、尾部数据包（TAPU）、尾部弹性段（TES）、尾部铠装段（STIC）、尾标船组成。

6）电缆深度控制系统

由 PCS‐DigiFin 水鸟控制系统、5011E 出口型罗盘定深器、DigiFin 横向控制器及 SRD 安全回收装置组成。

7）地震资料现场处理系统

现场处理系统由 SUN 工作站及 Focus 地震资料处理软件组成。Focus 是美国 Paradigm 公司设计的二维和三维地震资料交互处理系统，该系统既可以用于野外现场地震资料的 QC 处理，也能用于室内地震资料的常规批量处理或特殊处理。工作中用于磁带数据的头段检查、硬设备故障检查、处理单次和初叠剖面，供质量监控人员进行检查。

我国高分辨率地震勘探技术研究和应用开展，主要由解决海上调查迫切问题开始。20 世纪 70 年代，我国在南海北部海域发现了海上油气资源，海上油气田工程建设浅地层地质问题的勘探需求大幅增加。中海油、中石化上海石油局第一海洋地质调查大队等海上勘探部门于 20 世纪 80 年代开始引进国外先进地震调查装备，正式开展海上高分辨二维地震调查工作。进入 90 年代，通过购买先进装备，自主设计，国内高分辨地震调查装备与技术基本追赶达到国际先进水平，先后装备了"中海511""中海502""奋斗七号"等多条地震调查船。震源主要采用 100～3000in³ 左右容量（根据勘探目的层深度）的套筒枪组合震源，气枪控制器同步误差≤1ms，震源沉放深度为 3m，电缆选用 12.5m 道距数字电缆，总道数为 96 道（长度 1200m），沉放深度为 3～5m，记录仪器为 24 位数模转换，采样率最高 2000 次/s；通过在震源中心点，地震电缆第一道接收点，电缆尾部安装 DGPS/声学定位标，电缆上挂磁罗盘鸟，实现采集节点的精确定位。

在高分辨地震勘探仪器研发方面，中海油服在国家"十五""863"计划资助下，开展"高密度拖缆采集系统"仪器研制工作，并成功运用于高分辨率浅层地震勘探，提高了资料的信噪比和分辨率，获得良好地质成果。多道海洋地震全数字式高密度拖缆采集系统按每段16个通道设计，可自由组合成1~960道的系统，A/D采集部分将采用1/4~4ms宽带技术。国产的高密度水下数字式电缆，采用组合式设计，但是为了更好地提高空间分辨率，采用了6.25m组距，每段电缆长度100m，16个检波器通道，而每个通道为8个检波器组合，均匀分布，即道内距为0.78m。2010年，中海油田服务股份有限公司利用国产高密度拖缆采集系统在渤海某工区进行了一次高分辨地震的井场工程勘察作业。作业过程中，全套设备运行稳定高效，采集到高品质的地震资料。采集参数为：96道电缆，道间距6.25m，电缆沉放深度4m，48次迭加，采样率0.5ms，电缆羽角<10°，震源sleeve空气枪，4枪双排列，总容量2000cm^3，沉放深度3m，气枪控制同步误差小于1ms，最小偏移距28m，最大炮检距628m。调查成功发现浅层气异常，取得一些较为理想的成果，表明自主研发国产设备完全可以适应高分辨率野外地震勘探的要求。

高分辨率地震勘探技术调查开始主要应用于水上构筑物、石油勘探和开采平台就位前场址工程地质、浅层气调查及沿海城市天然地震稳定性以及沿海核电站选址安环评价等，随着国内海洋地质研究新发现、新的找矿理论提出，该方法在区域地质构造稳定性调查、近海淡水资源调查、天然气水合物新型清洁能源资源调查研究中实现应用推广并取得了较好效果。

广州海洋局于1994年引进美国OYO公司的DAS-1数字地震系统，装备了"探宝号"（现"海洋地质十二号"）船，开始开展高分辨二维地震勘探技术研究和应用，最初服务于中海油西部公司的井场调查。1997年，搭载"奋斗五号"（现"海洋地质十八号"）船，应用高分辨地震勘探技术，在南海北部海域发现天然气水合物BSR反射特征，开启了我国海域天然气水合物资源勘查工作。2003年，广州海洋局从法国SERCEL公司引进先进的408XL高精度地震采集系统，与Sleeve套筒气枪阵列共同组成新一代高分辨二维地震勘探系统，在南海东北部海域大规模天然气水合物多道地震调查。2005年，在国家"863"计划资助下，开展技术升级，开发出天然气水合物准三维高分辨多道地震调查技术，开展南海北部某海域天然气水合物资源钻探井位优选调查工作，为我国首次钻取天然气水合物实物样品提供了高精度地震数据。

三、现在的工作方案

国内目前开展多道地震作业的单位主要用于深水油气勘探，广州海洋局运用多道涉及资源勘探、信息搜集、区域地质调查等，以下针对广州海洋局"海洋地质十二号"多道地震作业流程进行介绍。

1）资料收集

根据施工设计书布置的作业区，收集作业海区的海图资料、水文气象资料、航运及渔业活动情况，其他地震调查船作业情况、海底地形地貌、地震地质条件、作业区已有的地震测线剖面资料。必要时到现场进行勘察。

2）出航前检查工作

出航前确保所有设备处于完好状态，做好各调查设备的检验测试并填好调查设备状态表，在出航前两天提交地科处审核备案。主要检查内容如下。

（1）罗盘鸟深度传感器校准：在船上进行罗盘鸟深度传感器的校准，校准有效期为6个月。若不符合要求应立即停止使用。

（2）震源系统检查：出航前要对Bolt气枪阵列和气枪控制器进行检查，保证仪器处于正常工作状态。

（3）Seal 428地震系统检查：对Seal 428地震系统开机自检，接上Seal数字电缆进行日检、月检，确认系统处于正常可用状态。

（4）系统联调：导航、地震、枪控、测深仪等系统进行联动试验，确认系统联动正常。

3）生产前的准备工作

（1）SVP实验：在工区附近使用AML Minos·X SVP设备进行声速测量，测得平均声速。

（2）电缆调配：走航过程中，按照电缆结构图完成规定道数地震电缆的装配；按照水下电缆配置图配置好罗盘鸟，并对其电池电压、翅膀转动、信噪比等情况进行严格检查，多道地震采集主要设备见图 4-2-5。

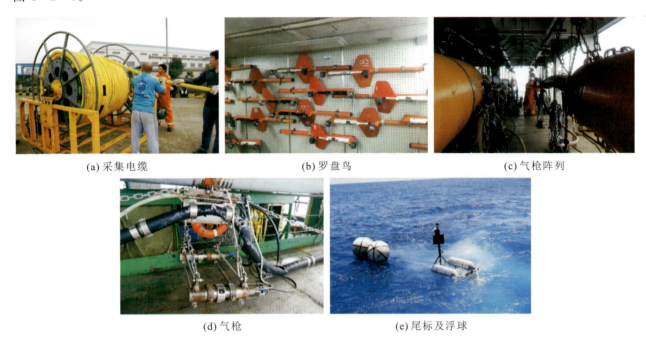

图 4-2-5　多道地震采集主要设备图

之后开始布放地震电缆（图 4-2-6），使用罗盘鸟以及加、减铅块及拖带参数调整后，电缆平衡效果如图 4-2-7 所示。

图 4-2-6　安装罗盘鸟及布放电缆

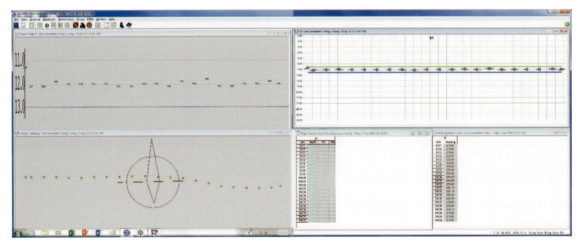

图 4-2-7　480 道电缆水下平衡状态图

（3）完成 Seal 428 设备的月检、日检等相关测试。

（4）震源调试：走航过程中根据图 4-2-8 对气枪阵列进行调整，并在 Bigshot 气枪控制系统中重新配置，对阵列近场检波器、压力传感器、深度传感器等关键设备进行严格检查。

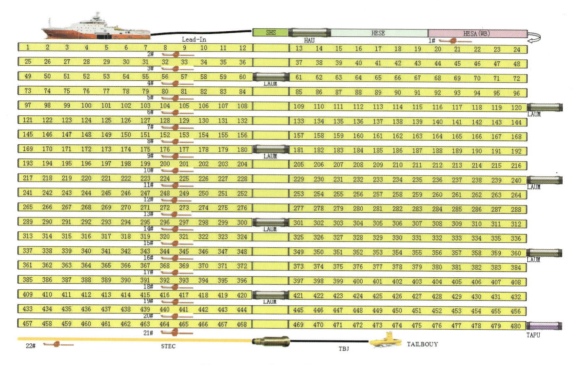

图 4-2-8 水下电缆配置示意图

注：Lead-In：500m。SHS：6m。HAU：0.277m。HESE：50m。水断道水听器距离 HESA 电缆头 6m，罗盘鸟线圈距离 HESA 电缆头 2.5m。LAUM：0.338m；LAUM-428：0.256 5m。黄色 SSAS：150m，罗盘鸟线圈距离 SSAS 电缆头 86.723m。TAPU-428：0.337 5m。STEC：150m，罗盘鸟线圈离 STEC 电缆头 0.726m

（5）最小偏移距：根据直达波起跳时刻计算最小偏移距。由于海况、船速和声速等因素的影响，造成电缆的拉力不同，起跳点有时会出现偏差，属正常情况，如图 4-2-9 所示。

4）作业过程

在海上作业期间，严格执行广州海洋局 ISO9001 质量体系的质量控制程序，按批复的施工设计施工；施工过程中严格执行国家有关技术规范和规程；由现场采集监督对海上原始资料的质量进行监督，施工部门必须自觉接受监控。各专业组应对本专业的施工质量负责，对所有资料进行 100% 质量自检；保证质量记录的完整性和规范化。

完成地震电缆枪阵布放、枪阵调试及地震系统联调，按照施工顺序展开测线采集，采集过程中的电缆和枪阵位置图见 4-2-10。完成采集作业后按照相反顺序先回收枪阵再回收电缆（包括罗盘鸟及舵鸟）及地震尾标。

5）资料提交

提交的资料主要包括导航定位资料、地震资料、测深资料。

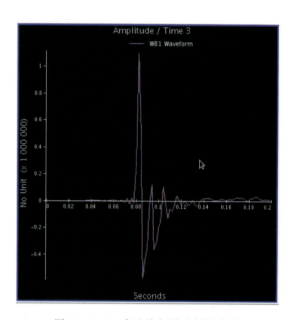

图 4-2-9 直达波起跳时刻示意图

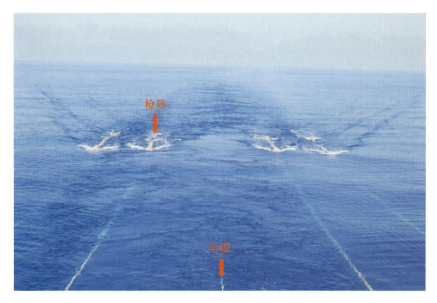

图 4-2-10 正在作业的 Bolt 枪阵和地震电缆

第三节 三维地震

一、国外的进展

20世纪80年代，海上三维地震勘探在国外迅速崛起，这要归因于其在提高钻井成功率降低勘探风险方面所表现出的卓越能力以及高效、经济、环保的作业优势，由此也奠定了拖缆三维地震技术在海洋石油勘探行业不可替代的地位。进入21世纪以后，人类日益增长的能源需求与油气田产量不断下降之间的矛盾促使油气公司将勘探活动扩展到一些更具挑战性的环境，如深水区、两极地区、深部储层、盐下储层、复杂构造以及火山岩屏蔽或碳酸岩屏蔽下的油气藏等，这些地区勘探难度大，成像精度要求高，常规三维地震技术难以满足。为此，国外发展了多种新的海上勘探技术，如高密度采集、宽频地震勘探、宽方位角地震勘探等，为在地质环境复杂地区获取高信噪比、高分辨率、高保真度的原始地震资料提供了技术支撑。同时，围绕提高采集效率、降低作业成本这一目标，国外物探公司也进行了积极探索，开发了相关的技术和装备，如多源多缆三维地震采集技术、设计制造具备更高拖缆能力的三维物探船等。综合这些方面，本节对国外关于海上拖缆地震勘探技术和设备的发展状况做了全面详细的梳理和呈现，希望这些内容能对中国发展海上三维地震勘探技术有所启示。

（一）国外海洋三维地震采集技术

1. 海上高密度三维地震采集

为适应精细采集的发展趋势，以高空间采样率为显著特征的高密度地震勘探技术取得了重大进展。从世界范围来看，无论是陆上还是海上，高密度地震勘探技术的发展遵循着同样的理念，即单点采集、数字检波器接收、室内进行组合叠加处理。但由于海上作业环境的复杂性，对海洋高密度采集提出了更加严苛的要求，包括精确的定位以及拖缆控制能力等。

受仪器设备限制，传统海上三维地震勘探存在着诸多问题，如震源激发不同步、地震记录噪声大、电缆横向间距难以控制、资料频带窄等，这也注定常规方法很难实现高密度采集。为了解决这些问题，WesternGeco公司在2000年推出了Q-Marine单检波器海洋地震技术（常晓辉，2013）。该技术为其他采集技术设定了基准,并在今天继续保持着最高水平。Q-Marine系统具有数字化、小道距(3.125m)、单检波器记录,可重复的校准震源,全声学网络定位以及可准确操控的拖缆四大特点(张亚斌等,2013),可提供更利于噪声压制、定位精度更高和频带更宽的原始地震资料,进而促成能够精确刻画复杂储层特征的高保真地震图像。该系统自推出以来,已成功地在世界各地的许多盆地和环境中交付使用,并在要求的时间范围内通过高分辨率和可重复性实现价值。

2. 海上宽频三维地震采集

理论和实践表明:采集到低频、高频成分丰富的宽频带、高信噪比原始地震记录对于深部目的层清晰成像具有重要的意义。然而,在常规海洋地震数据采集中,电缆和气枪都要以固定深度沉放于海平面之下,受海平面影响,在激发和接收过程中都会产生鬼波,从而压制了信号的低频和高频能量。为了获得宽频数据,海上宽频地震采集技术快速发展,国外相继出现了双传感器拖缆、多传感器拖缆、上下拖缆、变深度拖缆、多层震源等多种采集方法。这些技术与三维地震结合实现了海上宽频三维地震数据的获取。

1) Geostreamer双传感器地震拖缆

2007年,PGS公司推出了Geostreamer双传感器地震拖缆,被许多业内人士视为过去十年海洋地震技术中最重要的里程碑(Widmaier et al., 2015)。从2008年开始,PGS公司逐步将Geostreamer技术装备在自己的地震船上,到2017年,这一运作随着最后一艘Ramform Titan级地震船的入列而最终完成。Geostreamer采用压力传感器(水听器)和速度传感器记录地震波场信息,这种配置能够很好地消除鬼波带来的陷波效应,突破了常规三维地震勘探对拖缆沉放深度的限制,允许拖缆沉得更深,这样一方面可以避免表层水流、涌浪等对数据品质的干扰,提高了信噪比;另一方面有助于增强地下更深部的弱反射能量,丰富了低频和高频信息,拓宽了频带。

2) IsoMetrix海洋地震采集

IsoMetrix技术是WesternGeco公司在Q-Marine系统成熟技术基础上发展的一项海洋宽频地震采集技术,其在2013年获得由美国《E&P》杂志评出的石油工程技术创新特别贡献奖——地学奖。该技术的核心是采用点接收多传感器拖缆,在使用标准水听器测量波场压力的同时使用两个加速度传感器记录纵、横向上的波场压力梯度。这种采集方法不但能够消除鬼波,拓展频宽,而且可以利用3个分量重构拖缆间真实的三维地震波场,解决横向数据密度不足的问题(其采集面元最小达到6.25m×6.25m),从而提高了对地下结构的成像精度(Harries, 2012;余本善和孙乃达,2015)。IsoMetrix技术实现的精细空间采样为使用更宽的拖缆间距、单船宽拖震源、多船采集观测系统提供了技术支撑,其结果是在保证数据质量的同时提高了勘探效率。

3) 上下拖缆接收和变深度拖缆接收

上下拖缆接收和变深度拖缆接收技术均是利用电缆沉放深度的变化对地震信号不同频带的压制特性来获取宽频数据的方法(吴志强,2014)。上下拖缆接收是将一对或多条电缆以不同沉放深度在垂向上排列,在数据处理阶段进行信号合并,利用不同深度的虚反射陷波差异优化低频和高频信号品质,达到拓宽频带的目的。变深度拖缆(也称倾斜缆)接收则是将电缆的沉放深度随偏移距线性增加,达到利用不同沉放深度虚反射陷波差异,通过处理获取低频和高频信号,最大限度地拓展原始数据频带宽度。

尽管这两种技术早在20世纪80年代就被提出,但受于当时拖缆控制能力和数据处理技术的限制,未能在实际作业中得到应用。直到21世纪初,随着Q-Marine技术的问世,Chevron公司和WesternGeco公司于2004年利用Q-Marine强大的拖缆操控能力,采用上下拖缆技术对墨西哥湾的Genesis油田实施了二维实验,获得了清晰度更佳的深部反射图像。2006年,WesternGeco公司利用四对上下拖缆在墨西哥湾一个盐下远景区实施了三维地震勘探实验,改进了对盐下和盐层内部的照明(Moldoveanu et al., 2007)。在倾斜缆方面,CGGVeritas公司于2010年基于该技术,结合SERCEL公司的Sentinel固体电缆和Nautilus拖缆控制系统推出了一套海上宽频地震采集技术-BroadSeis,用以解决复杂构造成像难题。BroadSeis技术能够获得最尖锐的子波和最佳分辨能力,可记录低于5Hz的信息,并具有更高的信噪比。利用这项技术优势,CGG公司自2011年起已在北海、加勒比海、澳大利亚海域、巴西深水海域等地区获得众多三维宽频地震勘探合同。

4）多层震源延迟激发

上述 4 种方法从严格意义上都仅限于消除接收鬼波，对于激发鬼波的消除可以通过多层震源延迟激发技术实现。该技术是将气枪子阵沉放于不同深度，从最上层子阵开始依序延迟激发各层子阵，延迟时间是上层子阵激发的下行波波前到达下一层的走时，这样在保证下行波波前同相叠加能量不变的同时，到海平面的上行波能量不能同时叠加而受到削弱，降低了鬼波影响。PGS 公司推出的 GeoSource 正是利用了这项技术原理。

3. 海上宽方位地震采集

常规的海上三维地震勘探是沿着一个很窄的方位角采集数据，因此，地下目标只能从一个特定的方向进行照明。当地下存在复杂地质结构和折射程度较高的地层时，地震射线路径会发生偏折，导致单一方位测量无法对部分地质目标进行成像。为了弥补这种采集方式造成的地下照明漏洞和阴影，可以使用宽方位角地震采集技术，从更多的方向照亮地下目的层。事实证明，增加更多的测量方位角不仅可以提高储层照明度，还可以改进信噪比和空间采样，从多个方面对复杂构造下的地震成像产生积极的影响。宽方位地震采集的目的是获取观测方位、炮检距和覆盖次数分布尽可能均匀的三维数据体，但是宽方位观测必然会带来地震采集成本的大量增加，因此宽方位地震采集方法研究主要是围绕如何设计经济可行的宽方位观测系统和采集方法展开。迄今为止，国际上已经发展了多种海上宽方位三维地震采集技术，如多方位（MAZ）、宽方位（WAZ）、富方位（RAZ）和环形激发的全方位（FAZ）等采集技术，这些技术对改善复杂构造成像效果起到了极大地推动作用（刘依谋等，2014）。

1）多方位（MAZ）采集

MAZ 观测系统由单船窄方位观测系统沿多个方向组合而成。MAZ 勘探较适用于开展过窄方位勘探、对地下地质情况有一定认识的地区。通过 MAZ 勘探可以进一步提高覆盖次数和增加观测方位，利于改善地下地质体的照明度，衰减多次波和相干噪声，从而弥补窄方位勘探的不足。

2）宽方位（WAZ）采集

WAZ 采用多船采集，增加了横向炮检距和横向采样密度。常见的 WAZ 采集采用三船或四船结构。三船结构由 1 艘拖缆船和 2 艘震源船组成；四船结构由 2 艘拖缆船和 2 艘震源船组成或由 1 艘拖缆船和 3 艘震源船组成。与传统窄方位（NAZ）拖缆采集方式相同，WAZ 采集观测系统仍然是一种线束型观测系统，但是通过利用多船可以获得更大的横向炮检距，有利于改善地下地质体照明度、衰减相干噪声和提高成像质量。2006 年，Shell 公司与 WesternGeco 公司合作，使用 2 艘双震源船和 1 艘拖缆船（8 缆）对墨西哥深水区域复杂盐体构造下的一个深层目标进行了 WAZ 地震采集（Corcoran et al.，2007）。与同一地区 NAZ 地震勘探取得的图像相比，WAZ 地震勘探的图像质量更高，尤其是盐底之下的区域，经过简单处理后清晰度和照射度都有了明显提高。

3）富方位（RAZ）采集

RAZ 观测系统由多船宽方位观测系统沿多个方向采集组合而成。RAZ 采集综合了 MAZ 和 WAZ 的优点，可以提供更宽方位的数据体，同时相对 MAZ 和 WAZ 采集大幅度提高了道密度，从而可以获得更好的地震成像效果。2006 年 BHP Billton 公司在墨西哥湾的 Shenzi 油田首次实施了 RAZ 地震勘探（Howard et al.，2006）。由 1 艘配有震源的拖缆船和 2 艘震源船沿着 3 个方位角放炮完成采集作业，资料叠加后，在大多数偏移距上都得到了全方位的三维数据体。与经过全面处理的 NAZ 地震勘探相比，只经过基本处理的 RAZ 地震勘探能够消除更多的噪声假象，产生更清晰的盐底照射及盐下反射，甚至还能够确定盐层内的反射。2013—2014 年，PGS 公司在墨西哥湾 Garden Banks 和 Keathley Canyon 地区使用 2 艘拖曳震源和大型拖缆排列的拖缆船以及 3 艘震源船在 3 个方位上进行了采集，获得了在 0～16km 超长偏移距上全方位均匀分布的三维数据体，经过复杂的各向异性深度成像处理后揭示了先前从未见过的地质特征和地质细节。

4）环形激发的全方位（FAZ）采集

环形激发地震采集方法是一种比拖缆宽方位角地震采集方法更先进的技术，它使用一条船沿重叠的环线或曲线路径连续激发和接收，采集的是全方位的资料。这种技术对有效解决复杂地质环境下的成像问题具有巨大潜在优势。

尽管环形采集技术早在 20 世纪 80 年代就已经被人提出（Cole and French，1984），但受当时采集技术的限制，未能在业界推广开来。2007 年，WesternGeco 公司使用 Q - Marine 系统先后在墨西哥湾和黑海对环形采集技术进行了可行性试验和应用试验，证明了这项技术切实可行并且可以获得全方位、高覆盖的数据体，更加有利于复杂构造成像（Moldoveanu et al.，2007；Ross，2008）。2008 年 WesternGeco 公司在印度尼西亚海域首次将环形采集技术投入商业应用，该项目在不影响资料质量的同时高效地完成了全方位拖缆三维数据体的采集，这种高效性要归功于该技术不会产生因换线而导致的非生产时间。

环形采集技术还可以扩展到多船双环形采集，包括多个震源船和接收船在相互连接的环线上航行，提供超大偏移距全方位数据，利用大偏移距进一步提高资料信噪比和改善复杂构造地震成像质量。2010 年 10 月，WesternGeco 公司在墨西哥湾完成全球首次多船双环形采集作业（Brice，2011）。

4. 多源多缆海洋地震采集技术

多源多缆海洋地震采集技术是 PGS 公司在 20 世纪 90 年代针对提高作业效率、降低勘探成本而提出的一种三维地震技术，发展至今已经非常成熟，并在地震勘探领域内被广泛采用。目前，大多数海洋三维地震勘探普遍使用双震源，而 PGS 公司已经将单船配置发展到三震源。与双震源相比，三震源可提供更好的横向共中心点采样，对于一个给定的拖缆间距，可提高地震成像的空间分辨率；允许更宽的拖缆间距和总扩展宽度，而不会减少横向采样；在不改变扩展宽度和横向采样的情况下实现拖缆数量的减少。在这方面，Shearwater 公司推出的 Flexisource 技术也同样值得关注。Flexisource 是多震源、连续记录和高级混合炮分离技术的一个组合，它能够部署 3 个或者更多的震源，使用混合炮分离技术将连续采集的混合地震数据分离成传统的单炮记录。显然，这项技术在提高作业效率和降低勘探成本方面又向前迈进了一步。

5. P-Cable 高分辨率三维地震采集技术

海上三维地震勘探高昂的采集和处理成本导致在学术研究方面很难开展实际的相关应用。自 2005 年开始，国外学术界率先尝试开发一种调查方式简单灵活、经济高效的小型高分辨率三维地震勘探系统，这一技术被称为 P - Cable 系统（朱俊江和李三忠，2017）。经过三年的试验以及改进优化，到 2008 年，该系统由美国 Geometrics 公司成功推向实际应用。

P - Cable 系统由 12~24 条非常短的拖缆组成，拖缆拖曳在一条与船行驶方向垂直的交叉缆上（Planke et al.，2009）。这种配置允许多个地震剖面同时采集，经济高效。P - Cable 系统重量轻并且能够在小船上快速部署，仅仅需要一个小震源即可对浅层目标体进行高分辨率三维地震成像，一般地震波穿透深度相当于水深。P - Cable 系统特别适用于在重点区域采集 10~50km^3 的小三维立方体，而不是广阔的大区域制图。该系统的快速布放和回收使得在一个研究航次中可以获取多个三维立方体。目前，P - Cable 系统已经在天然气水合物、储层填图、海底灾害研究方面获得成功应用。

（二）国外海洋地震采集装备

1. 大容量三维地震船

地震船作为勘探领域的关键装备，其枪阵数量、拖缆数量、拖曳密度及船舶拖力是实现高效、高质量数据采集的重要前提。为此，大容量三维地震船获得各大物探公司的普遍青睐。目前，世界上先进的大容量三维地震船大都集中在了挪威两大物探公司 Shearwater 和 PGS 旗下。Shearwater 公司拥有大容量三维地震船 16 艘，包括 Amazon Warrior（18 缆船）、Geo Coral（16 缆船）等；PGS 公司拥有大容量三维地震船 6 艘，包括 4 艘 Ramform Titan 级地震船和 2 艘 Ramform S 级地震船。其中，最先进的当属 PGS 公司旗下的 Ramform Hyperion 地震船。

Ramform Hyperion 地震船于 2017 年 3 月交付使用，作为新一代 Ramform Titan 级地震船，它几

乎涵盖了以往 Ramform Titan 级设计的全部优点，代表了目前世界上专业地震船设计建造的最高水平，而其不同寻常的外形更是令人印象深刻。Ramform Hyperion 船长 104m，宽 70m，拥有 24×12 000m 的容缆和拖缆能力，可谓是一艘名副其实的超大容量地震船。船上装备了众多先进的海上技术以及 GeoStreamer 地震采集系统，能够安全快速的部署和回收水下设备，即便在恶劣天气情况下也能以极高的效率采集高质量数据。同时，由该船实现的宽拖电缆三维采集可以更少的测线完成地震勘探，这意味着更少的时间和经济成本，尽管较大的电缆扩展宽度会导致转线时间加长以及设备磨损成本略微增加，但宽拖在提高效率方面带来的好处远远超过转线时间小幅度增加带来的影响。

2. 先进的地震勘探设备

海上三维地震勘探可谓是一项复杂、巨大的系统工程，单单是地震采集设备就包含了采集记录、综合导航、水下定位控制、气枪及气枪控制、水下拖曳及扩展、绞车控制、空压机等设备。目前市场上的这些设备系统大多来自于法国 SERCEL、美国 ION、新加坡 SEAMAP、挪威 Kongsberg 等公司。而有些更加先进的地震设备技术仍然掌握在少数大物探公司手中，并未向市场开放，如 Geostreamer、IsoMetrix 等。

对于地震采集系统，市场上应用得较多的是 SERCEL 公司的 Seal 428 系统以及 ION 公司的 DigiStreamer 系统。两种系统均支持连续采集模式，并且采用固体电缆接收，在高效和高质量采集方面都具有卓越的性能。DigiStreamer 系统最大支持拖缆数量为 20＋，而 Seal 428 系统已经做到了拖缆数量不受限制。除了常规的固体拖缆 Sentinel 外，SERCEL 公司还推出了几款新的固体拖缆，包括直径减小的固体拖缆 Sentinel RD、高分辨率地震电缆 Sentinel HR 以及 3-C 多传感器宽带拖缆 Sentinel MS。

综合导航系统同样来自 ION 和 SERCEL 这两家公司，分别是 ORCA 系统和 SEA-ProNAV 系统。两种系统都适用于多缆、多源、全测网及宽方位角作业，具备实施导航定位数据采集、导航面元监控、导航数据处理和多船同步控制等功能。

目前使用最多水下定位控制系统也来自 ION 和 SERCEL 两家公司，分别为 PCS 系统和 Nautilus 系统。这两种系统均可达到对拖缆的精确定位和控制，但实现方式有所不同。PCS 系统是将多个不同功能的设备组合起来形成强大的定位控制能力，这些设备包括用于拖缆深度控制和方位测量的 Compass-BIRD、用于拖缆横向控制的 DigiFIN 以及用于拖缆间距测量的 DigiRANGE 等，每个设备需要使用锂电池组单独供电；而 Nautilus 将声学定位、深度控制和横向控制功能完全集成到了一个设备上，并且通过拖缆直接供电，不需要花费高昂的成本进行电池维护。

目前，枪控系统的发展已经进入数字时代，其特点是将点火和监控模块放在水下，使用光纤传输数字信号，更好地实现了震源控制、监测以及数据采集，同时允许小偏移距作业。在功能上不仅支持更多的气枪数量，还支持当下主流地震采集技术的震源激发需求，如多源激发、多层震源延迟激发等，甚至支持任意气枪组合激发模式。目前，市场上最具影响力的数字枪控系统主要有 SEAMAP 公司的 Gunlink4000 和 ION 公司的 DigiSHOT。

二、国内的发展历程

20 世纪八九十年代，"发现号""发现 2 号""滨海 501"（"东方明珠号"）等三维地震调查船陆续投入使用，标志着我国正式跻身世界先进海洋地球物理勘探国家的行列。之后我国海洋石油企事业机构始终紧跟国外海洋石油地震勘探技术的发展步伐，在国内大力发展和推广应用三维数字地震和高分辨率地震勘探技术，尤其在 2010 年以后，依托国家"海洋强国"战略，建造了多艘多缆地震船，其中包括中海油的"海洋石油 720""海洋石油 721"、东方地球物理公司的"Prospector"、中石化上海海洋石油局的"发现 6 号"等目前国内最先进的 12 缆多源作业船，三维地震作业配置见表 4-3-1。随着电子技术、计算机技术的高速发展，地震勘探的仪器装备升级换代的速度明显加快，伴随着地震仪器的技术进步，地震数据采集方法逐渐发展到大道数三维地震、时延地震（四维地震）、矢量地震（三维多波）等。

目前我国海上地震勘探装备基本依赖进口，几乎每条船都在使用法国 SERCEL 公司的 Seal 428 地震

表 4-3-1　国内外主要三维地震船配置对比

序号	船舶名	三维地震采集设备	三维采集能力
1	BGP Prospector	DigiStreamer 三维采集系统 ION Orca 3D 综合导航系统 ION PCS 电缆控制定位系统 DigiSHOT 气枪震源控制系统	具备拖带 12×8km 电缆的能力
2	BGP Pioneer	SERCEL Seal 408 三维采集系统 ION Orca 3D 综合导航系统 ION PCS 电缆控制定位系统 Reatimes Bigshot 气枪震源控制系统	具备 7×6km 常规采集的能力
3	BGP Explorer	SERCEL Seal 408 三维采集系统 ION Orca 3D 综合导航系统 ION PCS 电缆控制定位系统 Reatimes Bigshot 气枪震源控制系统	具备 2×6km、3×6km、4×4.5km 常规三维采集的能力
4	BGP Challenger	SERCEL Seal 428 三维采集系统 ION Orca 3D 综合导航系统 ION PCS 电缆控制定位系统 Reatimes Bigshot 气枪震源控制系统	具备拖带 1×12km 或 2×6km 电缆的能力
5	中海油 海洋石油 721	SERCEL Seal 428 地震采集系统 ION Orca 3D 综合导航系统 ION PCS 电缆控制定位系统 DigiSHOT 气枪震源控制系统	可拖带 12 条 8000m 长采集电缆
6	中海油 海洋石油 720	SERCEL Seal 428 地震采集系统 ION Orca 3D 综合导航系统 ION PCS 电缆控制定位系统 DigiSHOT 气枪震源控制系统	可拖带 12 条 8000m 长采集电缆
7	中海油 海洋石油 719	SERCEL Seal 428 地震采集系统 ION Orca 3D 综合导航系统 ION PCS 电缆控制定位系统 DigiSHOT 气枪震源控制系统	可拖带 6 条 8000m 长采集电缆
8	中海油 海洋石油 718	SERCEL Seal408 三维采集系统 ION Orca 3D 综合导航系统 ION PCS 电缆控制定位系统 DigiSHOT 气枪震源控制系统	可拖带 6 条 5000m 采集电缆
9	中石化上海海洋石油局发现 6 号	SERCEL Seal 428 地震采集系统 ION Orca 3D 综合导航系统 ION PCS 电缆控制定位系统 Seamap GunLink 气枪震源控制系统	具备最大拖带 12 缆地震采集作业的能力，并可扩展为 14 缆
10	中海油滨海 501	SERCEL Seal 428 地震采集系统 ION Orca 3D 综合导航系统 ION PCS 电缆控制定位系统 Seamap GunLink 气枪震源控制系统	具备最大拖带 4 缆地震采集作业的能力
11	海洋地质八号	SERCEL Seal 428 地震采集系统 ION Orca 3D 综合导航系统 ION PCS 电缆控制定位系统 Seamap GunLink 气枪震源控制系统	具备最大拖带 6 缆地震采集作业能力，并可扩展为 8 缆
12	PGS Ramform Hyperion	GeoStreamer 技术	具备最大拖带 16 缆地震采集作业的能力，并可扩展为 24 缆
13	PGS Ramform Tethys	GeoStreamer 技术	具备最大拖带 16 缆地震采集作业的能力，并可扩展为 24 缆
14	PGS Ramform Titan	GeoStreamer 技术	具备最大拖带 16 缆地震采集作业的能力，并可扩展为 24 缆
15	PGS Ramform Atlas	GeoStreamer 技术	具备最大拖带 16 缆地震采集作业的能力，并可扩展为 24 缆

采集记录系统；美国 ION 公司的 Orca 系统和 PCS 系统是最主流的综合导航系统与电缆控制定位系统；气枪震源控制系统以新加坡 Seamap 公司的 Gunlink 系列、ION 公司的 DigiSHOT 和美国 Teledyne 公司的 Bigshot 最为常见；气枪也被 SERCEL 公司生产的 G 型枪、GI 枪，ION 公司生产的 Sleeve 枪和美国 Bolt 生产的 Bolt 枪垄断。上述进口装备不仅价格昂贵，往往还对出口我国的设备设置技术限制，严重制约了我国海上物探作业方法的发展，削弱了我们的科研调查能力和国际市场竞争力。为了打破国外在海上地震勘探装备领域上的垄断，国内多家单位先后启动国产海上地震勘探装备研发，取得了不俗的成果，其中中海油服自主研制的"海亮"——拖缆采集记录系统，"海途"——综合导航系统，"海燕"——拖缆控制与定位系统，"海源"——气枪震源控制系统已经形成成套高精度地震勘探装备技术体系，部分成果取代进口设备，应用于生产。

"海洋地质八号"是广州海洋局首艘三维地震调查船，该船由中国船舶工业集团第 708 研究所设计、上海船厂船舶有限公司建造，2017 年 12 月正式入列。"海洋地质八号"船长 88m，宽 20.4m，总吨位 6918t，巡航速度 15kn，续航力 60 天，配置配套 Orca 综合导航系统、Seatrack RGPS 拖缆定位系统、Veripos DGPS 接收机、Reflex 面元处理系统、Sprint 数据后处理系统、Seadiff 300 RGPS 远程定位系统、PCS 缆源跟踪定位系统、Seal 428 地震采集记录系统（6.25m 道间距固体电缆）、Paradigm 地震现场处理系统、Gunlink4000 气枪震源控制系统、G GUN Ⅱ 气枪震源系统、LMF 空压机等地震测量设备以及 EA600 单波束测深仪等国际先进的导航定位设备以及地震测量设备，具有 6 缆（可扩展为 8 缆）高精度短道距地震电缆三维（四维）地震作业能力（图 4-3-1）。

图 4-3-1 航行中的"海洋地质八号"

2018 年 8 月，"海洋地质八号"迎来首次三维地震生产作业，在 13 天有效时间里以 4 缆双源配置完成了 215km^2 的高分辨三维地震勘探资料采集，标志着广州海洋局完全掌握了三维地震调查技术，具备了三维作业生产能力（图 4-3-2，图 4-3-3）。

图 4-3-2 拖带 4 缆双源作业中的"海洋地质八号"

2017 年起广州海洋局陆续承担了天然气水合物高分辨率三维地震探测技术、天然水合物高精度小三维地震勘探系统研发、天然气水合物矿体精细成像的光纤耙缆技术研发等国家重点研发计划项目和广东省海洋经济发展专项资金项目，旨在通过研发针对性三维地震探测关键技术和装备，为我国海域天然气水合物资源勘查与开发提供更多支撑。

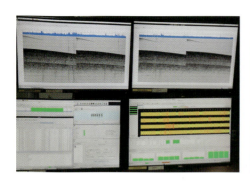
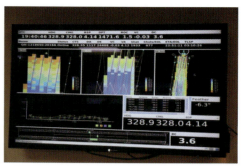

图 4-3-3 地震采集记录和面元覆盖监控界面

三、现在的工作方案

广州海洋局目前使用"海洋地质八号"开展海上三维地震勘探。海上三维地震勘探系统主要由地震船及室内采集控制设备、人工震源、检波器阵（水听器阵）和水下设备拖带系统组成（图 4-3-4）。地震勘探常使用高压气枪和电火花作为震源，震源频率一般在 5~500Hz 之间。检波器阵布放于船后拖曳的电缆或光缆上，在海上三维地震拖缆资料采集中，地震船拖着数条电缆和震源在移动中进行资料采集工作。

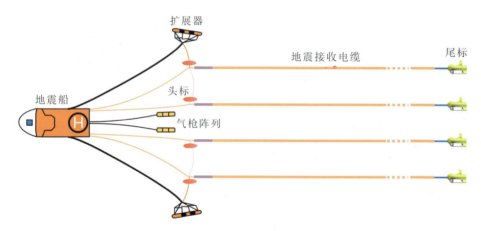

图 4-3-4 海上三维地震拖缆采集示意图

三维地震勘探成本相对较高，国内在进行三维地震采集之前，通常先要进行区域普查或调查阶段的二维地震勘探，也为三维地震确定调查目标区的三维地震参数（震源选择、检波器阵列、调查区边界及调查测线布置等）的选用提供参考。从作业方案角度来说，与海上二维地震勘探相比，三维地震水下设备数量成倍增加，布放及回收操作更加复杂；作业过程中需要实时对拖缆位置、形态及面元覆盖情况进行监控和记录。

1. 三维地震水下设备的收放

（1）根据施工设计做好电缆结构及相关挂载设备的配置方案（图 4-3-5、图 4-3-6）。

（2）设备下水前召开全体人员工具箱会议，梳理作业步骤及风险，明确个人分工与职责（图 4-3-7）。

（3）首先布放外侧电缆，尾标、电缆依次下水，在电缆前导段（Lead-in）位置安装电缆防折器，将电缆缰绳、电缆间距绳和头标浮体与防折器卡环相连（图 4-3-8）。

（4）布放扩展器，主拖绳（防折器）放出 50m 安全距离（图 4-3-9）。

（5）放电缆，让头标先下水；之后同步布放扩展器、电缆和间距绳，保持头标与扩展器在同一水平线，直至扩展器与电缆布放到位（图 4-3-10）。

（6）布放同边内侧电缆，在电缆前导段（Lead-in）相同位置安装电缆防折器；同步回收扩展器和

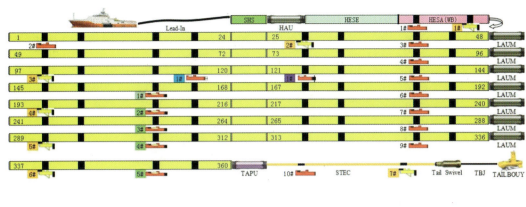

图 4-3-5　水下电缆配置示意图（360 道）

图 4-3-6　部分地震电缆挂载设备

图 4-3-7　作业前的工具箱会议

图 4-3-8 电缆布放步骤示意图

图 4-3-9 扩展器下水

图 4-3-10 外侧电缆扩展到位

外侧电缆,使外侧电缆间距绳与内侧电缆防折器卡环相连,同步布放扩展器与两条电缆,直至扩展器与电缆布放到位(图 4-3-11)。

图 4-3-11　两条电缆扩展到位

（7）重复上述步骤将另一侧两条电缆布放到位后，开始布放气枪阵列，借助电缆前导段和滑套将枪阵扩展到位（图 4-3-12）。

图 4-3-12　布放气枪阵列

（8）所有设备下水后，以工作船速进行不同方向的拖带效果及稳定性测试，不断优化调整至最佳平衡状态，确保电缆间距、震源间距等始终满足施工要求。

（9）水下设备的回收过程与布放过程完全相反。

2. 缆源定位系统和电缆形态控制

（1）水下设备布放完毕后，船舶保持正常工作速度航行，利用 DGPS、RGPS、罗经、PCS 等系统组成的定位网络的各项观测值，观测判断各设备节点相对位置是否满足施工设计要求，对水下设备位置进行收放调整。

（2）选择一段测线作为测试线按照正常工作模式进行试验采集，根据采集到的导航数据和地震资料，验证检测导航定位系统、地震采集系统、气爆枪控系统状态。同时根据导航下线报告确定水下设备位置是否满足施工设计要求。特别是在作业海域海况复杂情况下，需要对测试线进行相反两个方向采集试验，调整水下设备位置是否满足施工设计要求（图 4-3-13）。

（3）作业过程中，水下设备的位置主要由 PCS 缆源跟踪定位系统确定，其中罗盘鸟控制电缆的等浮；罗盘鸟测量电缆方位；DigiFIN 舵鸟用于控制电缆形态及横向间距；枪阵及尾标船上安装 CTX、电缆上安装 CMX、DigiFIN，通过 CTX、CMX 间的双向声学通信及 DigiFIN 的单向声学接收通信共同组成全声学定位网络，监测气枪震源及电缆的相对位置。

ORCA DigiFIN 智能控制模块通过 PCS 系统数据管理单元（DMU）实现对 DigiFIN 的智能控制，根据 Orca 综合导航定位系统通过实时获取的定位节点数据而解算的电缆状态和间距，控制 DigiFIN 舵鸟翅膀角度，使得地震电缆在横向上产生偏移，从而使电缆保持设定的间距，可以有效降低电缆缠绕的

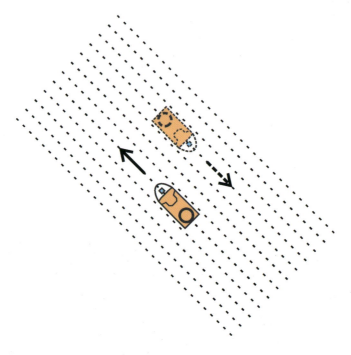

图 4-3-13 测试线试验采集

风险。转线过程中利用 DigiFIN，可以在保障电缆间距的基础上，加速电缆拉直，节省转弯时间（图 4-3-14）。

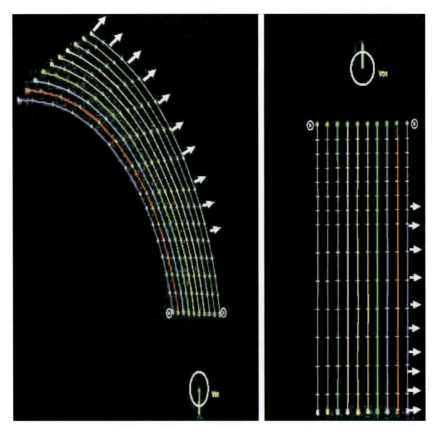

图 4-3-14 DigiFIN 控制横向间距

3. 面元覆盖控制

1）测线规划

ORCA 综合导航系统作业优化器根据 ADCP、潮汐、羽角、已有面元覆盖等数据模拟规划最优作业测线，并对规划测线的覆盖范围进行预测。

2）自动驾驶系统

ORCA 综合导航系统兼容自动驾驶系统，通过设置横偏数值和船舶航向变化率的门限，精准控制船舶按照设置的最优路径航行（图 4-3-15）。

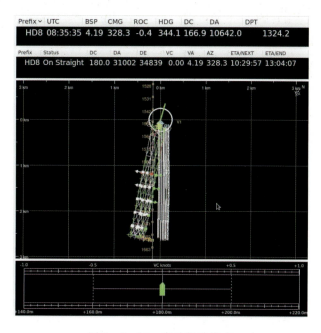

图 4-3-15　自动驾驶模式

3）横向控制模块

ORCA 横向控制分为两种模式：①正常模式，选定一条电缆作为参考缆，保持其原有状态，其他电缆相对参考缆保持等间距或者扇形间距；②鬼缆模式，即将参考缆调整到已设定的羽角，其他电缆相对参考缆保持等间距或者扇形间距。测线作业过程中使用鬼缆模式根据实时羽角及周围覆盖情况设置合理的参考缆羽角，控制电缆形态，有效改善覆盖效果，降低补线率，大幅度提高作业效率（图 4-3-16）。

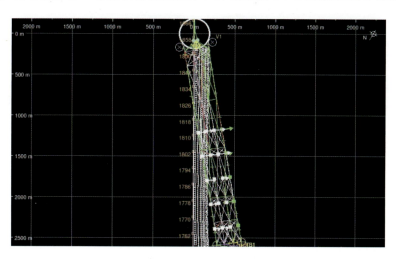

图 4-3-16　鬼缆模式设置图片

4) 面元覆盖与现场监控

根据施工设计要求，对电缆进行分段统计。根据实时羽角和已有覆盖情况，以及本线覆盖目标，调整船舶横偏数值，对实时面元覆盖作业进行现场监控（图 4-3-17）。

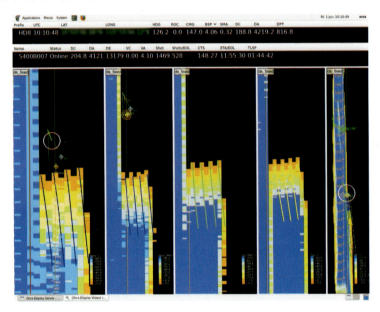

图 4-3-17 面元覆盖与现场监控图

4. 导航数据处理

作业过程中受海况、设备、人为操作等未知因素影响，下线后需要对导航数据进行处理，从而得到所有炮点和检波点的准确位置信息。

测线资料采集过程结束后，Orca 系统会自动转入下线模式，自动开启 NRT 下线任务，NRT 下线任务包括：生成 P294 文件、面元覆盖数据输入与编辑、生成下线报告、生成 P190 文件等。NRT 完成下线任务后，会返回 4 种状态：Optimal、Caveats、Reprocess、Reprocess P2。NRT 状态为 Optimal 或者 Caveats 时，不需要人工处理导航数据。NRT 状态为 Reprocess 及 Reprocess P2 时，需要人工处理导航数据。其中 Reprocess 需要通过 Iris 对超出误差范围的数据进行处理；Reprocess P2 需要通过 Sprint 重新导入 P294 原始数据进行处理，再运行 NRT 下线任务生成 P190 文件、面元覆盖、下线报告。下线任务处理流程见图 4-3-18。

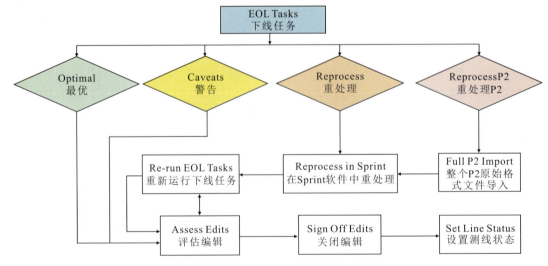

图 4-3-18 下线任务处理流程

第四节 OBS 海底地震

一、国外的进展

OBS（Ocean Bottom Seismometer）的设计与应用最初是利用其与海底接触的高灵敏度传感器技术，用以监测超过百千米以外的震动信号（核爆炸等），随着海洋地球科学的发展，科学家们将这种技术转移应用于海洋地壳结构研究当中。20 世纪 90 年代以后，随着电子技术的空前发展，OBS 仪器性能发生了巨大的提高，体积进一步缩小，逐渐在深水油气资源调查、海洋天然气水合物资源勘查研究中进行大规模应用。

美国是世界上最早研究并应用 OBS 仪器和技术的国家，该技术是军用科技转民用（军民融合）的典型案例。美国国家研究室与斯克普利斯海洋研究所（SIO）、华盛顿大学（UW）、马萨诸塞州理工学院（MIT）和伍兹霍尔海洋研究所（WHOI）联合，研制了一系列的 OBS 仪器，1966 年曾在千岛群岛到堪察加近海安装 18 台进行了 3 次观测（Jacobson et al.，1991；Grevemeyer et al.，2000）。1987 年，美国海军研究局开始努力资助设计和制造新一代海底地震仪，这套海底地震仪设备以联合研究为基础，分别由伍兹霍尔海洋研究所、马萨诸塞州理工学院、斯克普利斯海洋研究所和华盛顿大学管理和使用，已有几十台投入观测，并被广泛应用于研究中美洲海沟和墨西哥湾地区深层地壳的构造以及太平洋西南部和阿留申海沟地区微震（Ebeniro et al.，1986）。目前，伍兹霍尔海洋研究所已研制出一次事件记录超 100s 的宽频带、大动态、三分量、数字化海底地震仪，记录宽角反射资料和垂直入射地震剖面数据，研究了美国东南大陆边缘，特别是布莱克洋脊和卡罗来纳海隆的天然气水合物的分布。

欧洲国家在海底地震仪器和技术研究应用中，已处在国际领先地位，其代表以德国和法国为主。随着海底地震仪器的出现，德国汉堡大学等科研机构对海洋区域地震的研究，从 20 世纪 60 年代以前的滨海沿岸地震台站观测，逐渐发展为离岸深入海洋海底的天然地震观测，记录到了几次大的地震以及众多微震信息。最初的 OBS 主要为 3 分量检波技术（图 4-4-1），通过音频磁带持续模拟记录具有时间标尺的地震信号，在对模拟信号进行数字化后，通过增益门槛控制方式自动检测记录的地震事件，并通过多分量及多台站位记录信号的相关性，最终确定真实发生事件序列，重新对其高采样率数字化，形成文件记录，用于后续的处理解释（图 4-4-2）。最终，通过拾取地震记录中的 P 波、S 波到达时间，计算震源点深度、位置等进行数据反演，其结果绘制于地图之上，用于解释地壳建造过程和洋中脊岩浆循环，以及确定大洋岩石圈的活动特征等深部地球科学研究以及地震活动性和地震预报等（Makris，2015）。

20 世纪 90 年代，德国及法国相继推出了外置水听器的 4 分量 OBS 仪器设备，采用主动源，广角反射地震技术方法进行海洋深部大尺度地质构造成像技术研究，即在海上调查时，激发点和接收点之间有足够长的距离，地震波以较大角度入射，并透过上部高阻抗层，在下部界面产生反射，通过固定放置在海底的 OBS 记录此类反射信号，形成共反射点道集（Common Reflection Point Gather，CRP）。在 CRP 道集走时剖面上，进行广角反射波、折射波追踪和拾取，并计算每一层的层速度，用于走时时间改正和速度值校正：代表典型层位界面到达波的同相轴往往被拉成与距离轴平行。如果某一层位的层速度大于改正值，代表该层位界面到达波的同相轴多表现为上翘，说明时间改正量过大；反之，如果某一层位的层速度小于改正值，代表该层位界面到达波的同相轴往往下翘，说明时间改正量不足。通过利用常规地震以及钻孔地震得到的层速度等参数，建立地层初始模型，采用射线追踪方法，通过不断调整波阻抗界面深度和层速度两组参数进行数据反演，最终使得模型与得到的地震波旅行时间与实际观测时间吻合。当两者吻合时，可以认为反演得到的剖面反映了地下构造的实际情况。由于模拟不是靠几个 OBS 站位完成，而是在一条剖面的所有站位完成的，OBS 站位数量越多，得到的构造剖面的可信度更大。

2000 年左右，德国 GEPRO GmbH 公司（OBS 仪器制造和技术服务商）推出了一种 OBS 大孔径反

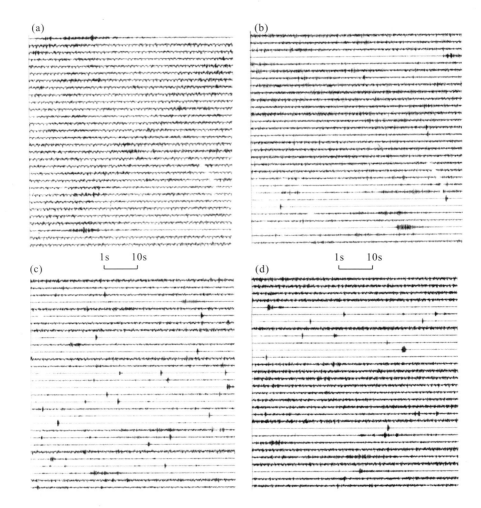

图 4-4-1 一种早期 3-C-OBS 持续垂直分量信号记录

[总长度：30min，每段长度 60s，(a)、(b)、(c)、(d) 分别为 4 个站位]

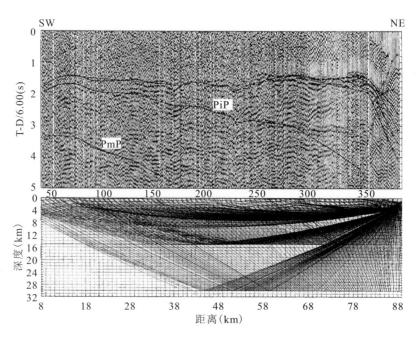

图 4-4-2 OBS 广角反射地震 CRP 道集及射线追踪反演

射-折射地震剖面成像技术（The Wide Aperture Reflection and Refraction Profiling seismic method，WARRP）（Makris et al.，1999），要求在研究区设计二维测线或者三维观测网络区域布设大量的独立OBS台站。陆上观测地震站同时要求与海底OBS检波及记录类型相同。WARRP技术调查的主要目的是形成足够扩展的地震排列，确保能够观测到同时来自浅层和更深层的地层结构的部分信息。在震源激发放炮过程中，所有的OBS台站保持固定不动，并接收到完整长度测线所包含的所有激发信息。通过使用WARRP技术，即便是相邻地层阻抗差别不大的情况下，地下结构也会被宽方位角反射几何接收集合反映出来。WARRP数据共反射点道集（Common Receiver Gather，CRG）处理，共激发点道集（Common Source Gather，CSG）以及随后的正演模拟计算等，需要在有井资料约束和可靠的速度-深度模型下开展。

随着国际上海洋天然气水合物新型资源调查热点的兴起，OBS海底地震技术在20世纪90年代末被应用到该领域。德国基尔海洋地质研究中心应用该技术在挪威陆缘研究滑塌与天然气水合物相关属性；欧盟水合物计划项目利用OBS与多道地震联合在挪威外海斯瓦尔巴特群岛西北岸实施水合物地震调查，OBS布设采用"一字阵+矩阵"的排列方式，记录P波、转换S波，数据处理为一维反演、二维射线追踪、三维走时成像，进行P波、S波速度分析，P波叠前偏移成像。亚洲的日本、韩国、印度等相继利用OBS及纵横波速度分析和纵波叠前时间偏移成像技术，开展相关海域的天然气水合物调查研究工作。

近年来，地震弹性波全波形反演技术（Full Waveform Inversion，FWI）得到了长足的发展，而OBS技术独特的优势，通过低频矢量检波器，大偏移距广角数据采集，可以建立准确的深部地质初始模型。利用三维全波形反演技术对三维布阵或者三维测线施工的OBS数据体进行处理，能够突出浅层气云的范围，并对周边含气断裂构造进行了精确的成像描述，使天然气水合物勘探及深水油气资源勘查精度达到了新的高度（图4-4-3）。

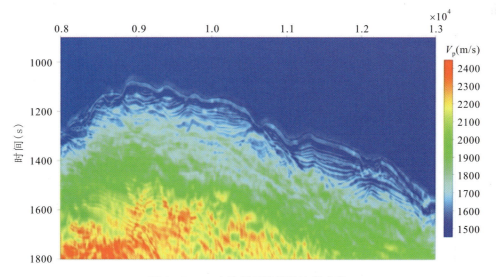

图4-4-3 全波型反演纵波速度成像

二、国内的发展历程

20世纪90年代，国际上OBS海底地震探测技术应用逐渐成熟，我国科学家相继与美国、德国、日本等国著名地学研究单位进行合作，利用国外OBS设备，通过联合科考研究的方式，在我国南海海域开展了一系列海洋地质构造及南海油气资源潜力调查研究工作。从1993年开始，中科院南海海洋研究所与日本东京大学合作，在南海珠江口盆地中部，完成了1条多分量OBS测线，获得了深部地震甚至上地幔顶部的震相，并通过震相分析和射线追踪模拟得到了地壳结构模型。1995年，我国台湾海洋大学与美国德州大学合作，使用美国OBS设备在南海东北部台西南盆地实施完成了1条OBS测线，通过数据分析及反演，摸清了南海东北部到菲律宾海一线莫霍面的厚度分布情况（Yan P et al.，2001）。1996 年，中科院南海海洋研究所与德国海洋地学研究中心（GEOMAR）在南海西北部莺歌海、西沙海槽海域，合作完成 3 条单分量 OBH 测线，利用莺歌海盆地的 OBH 数据对盆地内的沉积层速度结构及其与油气形成的关系进行了分析和研究（夏戡原等，1998），利用西沙海槽 OBH 数据对南海西部海域深层地质构造进行研究和莫霍面追踪，并取得了一系列成果（吴世敏等，2001）。2001 年 8 月，中科院南海海洋研究所、广东省地震局和台湾海洋大学合作，在南海东北部汕头外海域完成了 1 条海底地震仪海陆联测测线，该测线呈 NNW-SSE 方向，长逾 500km，其北段在南澳岛和新塘镇同时设立陆上流动地震台观测，用于海陆过渡带的深部结构研究。

2004 年 7 月，再次在南海北部进行了海陆联测地震试验，这次的试验海区是香港外海域，测线为 OBS2004。气枪震源由 4 支 Bolt 1500LL 型气枪组成，单枪容量 1500in^3，枪阵总容量达 6000in^3，工作压强为 2000psi，放炮间隔主要采用 110s 的定时放炮，船速 317～413kn，炮点距离为 210～240m，期间在 60～120s 范围内试验了不同的放炮间隔，此时炮点距的变化范围可达 115～265m。放炮测线有两条，位于香港外海担杆岛以南，呈 NNW-SSE 向，每条长 50 多千米，两条炮线共进行了 657 次激发。接收台阵由 3 部分组成，其一是在担杆岛上布设了 1 个流动地震台站，使用与南澳台和新塘台相同的观测仪器和设置参数；其二是香港地震台网；其三是广东地震台网。数据处理的初步结果显示，担杆台记录到很强的气枪信号，香港台网大部分台站记录到清晰地震信号，广东台网距离较近的 7 个台站也记录到地震信号，其中肇庆台记录到最远距离 255km 的气枪信号，这组信号强、连续稳定，可在 230～255km 范围内连续追踪，推测该组信号应该是来自莫霍面的广角反射地震相 PmP（图 4-4-4）。另外，剖面中 245～255km 之间依稀看到视速度为 8100m/s、折合到时为 616s 很弱的震相，可能是 Pn 震相，从化台和花都台也记录到远至 250km 左右的气枪信号，有效信号范围覆盖了香港、珠江口和珠江三角洲地区，估计面积达 5×10^4 km^2（250km×200km）。这些信号记录为建立该地区的二维或三维地壳结构模型提供了重要的基础资料。

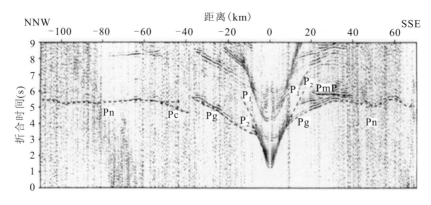

图 4-4-4　OBS 折合时间剖面

为满足我国海洋地质，特别是深部构造研究工作的需求，实现海底地震探测技术的自主化，从 1997 年开始，中科院地质与地球物理研究所联合国内海洋单位，如原地质矿产部广州海洋地质调查局等开展了用于海区天然地震观测的宽频带海底地震仪研制（王广福等，1998），并于 1998 年、2003 年等在广州海洋局搭载"探宝号"（现"海洋地质十二号"）科考船进行了相关海试定型工作，填补了我国海底地震仪设备的空白。2000 年以后，国家海洋局第二研究所、中科院南海海洋研究所等单位引进德国 GEOPRO-OBS 设备，在我国东海、南海北部及太平洋、印度洋等地区开展了海底地震勘探研究工作（丘学林等，2003a，2003b，2006，2011；赵明辉等，2004，2011；张佳政等，2012；王伟巍等，2015；王伟巍，2010；Zhao et al.，2012；Liu et al.，2018）；广州海洋局联合中科院地质与地球物理研究所，研制了国内第一批高频 HF-OBS 地震仪，并引进法国 MicrOBS、德国 GEOPRO-OBS 设备，用于天然气水合物多道地震与海底地震联合勘探，在南海北部珠江口盆地、南海中部西沙海槽、南海西部琼东南盆地等实施了近 200 站位，

5000多千米的OBS测线，实现了OBS节点的叠前偏移成像（图4-4-5）、纵横波速度分析、子波速度约束拖缆成像等技术，对水合物矿体的精细描述起到了较好的支撑作用。

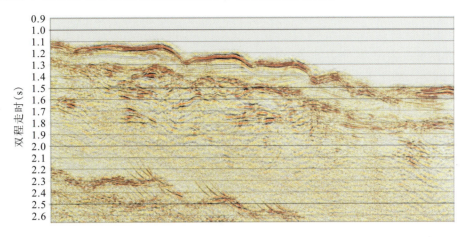

图4-4-5　神狐海域OBS数据PP波镜像偏移成像剖面

广州海洋局多年实践表明，多道地震与OBS的联合反演是研究水合物的有效工具，因为垂直入射数据能够提供浅部的清晰构造信息，但不对速度提供约束，而广角数据虽然不能提供细微结构信息，但能限定更大框架的平均速度模型。这种联合反演主要有两种形式：一是联合走时反演，二是在联合走时反演基础上再做全波形反演。也可以用数目比较多的OBS来直接分析研究深水的水合物和游离气以及深部构造和岩石学特征。1992年R/V Cope Harteras获取了美国东南大陆边缘的地震资料，包括单道地震剖面和海底地震仪宽角反射。Korenaga等利用上述资料进行了水合物全波形和走时联合反演（阮爱国等，2007）。基本思路是用近于一维的垂直入射剖面作为约束，用广角反射资料的走时反演来完成二维速度模型，再用宽角反射资料的全波形反演用于一维试验，以便得出细微的速度结构；并将垂直入射的反射率分析用于定量评价BSR之上的振幅空白带影响。天然气水合物的地震层析成像目的是要解决BSR的强度和连续性与水合物、游离气的含量和连续性的关系并使其定量化，给出它们的3D分布，有效地反映天然气水合物的结构状态和游离气体的迁移赋存规律。张光学等在南海神狐海域、东沙海域等水合物钻探井位周围开展了多道地震与海底水合物地震走时反演的层析成像研究（张光学等，2014，2015）。张宝金、成谷等联合利用研究区的多道地震的小偏移距反射资料和OBS的广角反射资料，进行了全波型反演试验（张金宝等，2008）。

三、现在的工作方案

目前国内外OBS勘探技术包括长期观测、高频高分辨短期观测等，在海底滞留时间从1个月到最长可达1年以上，主要用于全球天然地震观测、深部构造调查研究、深水油气资源调查以及近年开展的海洋天然气水合物资源勘查等，显示出良好的应用前景。以2019年在南海北部开展的OBS数据采集为例，具体工作方案如下。

1）OBS系统测试及参数设置

OBS设备投放前，首先要对其进行安装、测试及参数设置（图4-4-6），确保释放回收系统运转正常。主要包括：①OBS电池和压力测试正常；②OBS电极释放电压测试正常；③OBS高频无线信号VHF（433.992MHz）和闪光灯测试正常；④OBS时钟同步运行正常；⑤OBS数据上载

图4-4-6　OBS参数设置

以及生成 PSEG-Y 文件运行正常；⑥OBS 熔断作业正常。

按照工作方案的要求，OBS 参数设置为：①投放 OBS 站位数量为 60 个；②OBS 布设：台站中心呈网状分布，间距 200m，共 46 台；中心台站外围向 4 个方向直线延伸，间距 1000m，共 14 台；③采样率为 2ms；④水听器增益为 4×，陆检增益为 16×；⑤存储容量：法国 MicrOBS 为 16G，德国 GeoPro 为 32G，预计在水下工作时间为 20 天；⑥最大限度地提高 OBS 的回收率，要求到达 80% 以上。

2）安装沉耦架

把 OBS 设备安装到沉耦架上，检查并改进了沉耦架与 U 型钩之间的耦合；安装电极熔丝和弹簧，然后用自黏胶带将正极供电线与熔断丝包好，以防止海水腐蚀电极。如图 4-4-7 所示。

图 4-4-7　投放前沉耦架安装

3）测量电极

法国 OBS 测量方式：发送释放码，测量 OBS 熔丝电流是否正常（大于 280mA），电压是否正常（大于 16V），同时检查闪光灯是否正常闪烁，用无线定向仪检查 VHF 信号是否开启。发送关闭码，再次测量 OBS 熔丝电流及电压是否为 0V，如图 4-4-8 所示。

(a) 释放功能开启电流值测试　　(b) 释放功能关闭电流值测试

图 4-4-8　投放前法国 MicrOBS 检测电极电流

德国 OBS 测量方式：发送释放码，测量 OBS 熔丝电压是否正常（大于 18V），闪光灯是否正常开启（图 4-4-9）。

经检测，所有仪器状态一切正常，按作业安排进行投放。

4）OBS 投放

OBS 共投放 60 个站位，从 3 月 9 日早上 07：00 开始，到 3 月 10 日 12：00 结束，历时 29 个小时，按照设计站位依次投放。

OBS 投放需要从"海洋地质十二号"船尾投放，用船尾小吊将 OBS 吊至水面，到达释放站位时，钢缆将 OBS 放到水下并释放，并保证投放站位精度（图 4-4-10）。

图 4-4-9　投放前德国 GeoPro 和 GeoSyn 检测电极电流

实时监控投放站位，使实际投放站位在设计投放站位 50m 范围内（图 4-4-11）。

5）作业测线采集

共设计 87 条 OBS 有效测线。OBS 海上气枪震源放炮测线以 OBS 台阵为中心，布设 SE 向主测线及

图 4-4-10 船尾投放 OBS

NE 向联络测线。测线长度总计 1069km。

采集结束后，进行了 OBS 回收准备工作，选择合适的天气和海况，准备随时进行回收。

6）OBS 回收

受冷空气影响，此次回收作业分两次进行，共回收 43 台 OBS，回收率 95.6%。到此，整个采集工作结束。

工区水深范围在 1300～1400m 范围，MicrOBS 在海里上浮平均速度为 0.8m/s，熔断丝熔断时间大约在 10min，因此一台 OBS 从释放到上浮至海面大约需要 30～40min。GeoPro 和 GeoSyn OBS 在海里上浮平均速度

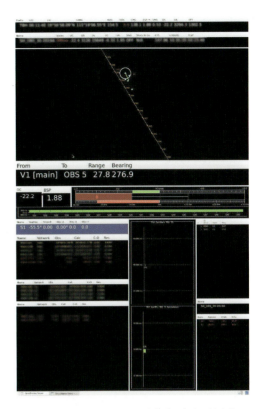

图 4-4-11 OBS05 站位投放实时图片

约 1.5m/s，熔断丝熔断时间约 5min，OBS 上浮到海面约 20min。浮出水面发送高频无线信号，频率分别为 156.625MHz 和 433.920MHz。

图 4-4-12 回收法国 OBS 和德国 OBS

7）数据下载

回收 OBS 到甲板面后，冲淡水，检查 OBS 电极电流正常，熔断丝被熔断，关闭闪光灯，进行数据下载并生成 PSEG-Y 文件。图 4-4-13 为 PSEG-Y 4 分量截图，图中所示单炮记录清晰，各分量记录能量均符合数量级要求。

采用 PSEG-Y 数据生成 SEG-Y 文件，对数据初步处理后，检测 OBS 1 个水听器、3 个检波器所采集的数据，数据双曲线形态明显，目的层层位清晰，直达波、反射波、折射波等多波信息丰富，数据采集质量良好，如图 4-4-14 所示。

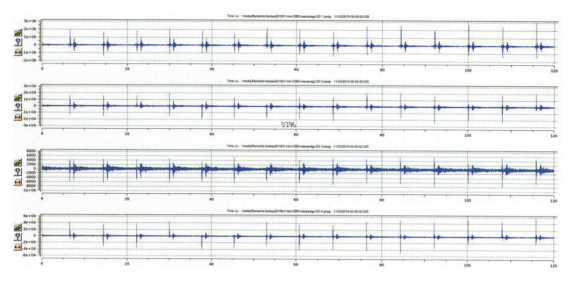

图 4-4-13　S3 PSEG-Y 4 分量数据截图

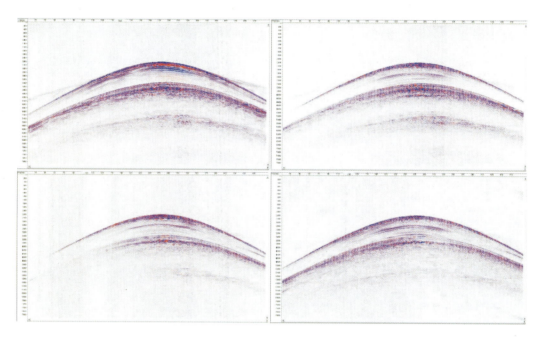

图 4-4-14　原始数据 SEG-Y（S3 站位四分量，测线 SH_OBS_05-2019A）

第五章 物理海洋

第一节 温盐深及海水取样

温盐深测量系统（CTD）是测量海洋物理特性的重要工具，它为海洋学家提供了不同深度下精确的海水温度和盐度等参数，从而能够更加准确地揭示海洋的基本物理特性，对于海洋经济开发、军事建设和海洋环境保护等具有非常重要的意义，是海洋科学考察研究、海洋资源调查开发、海洋环境监测预报预计海洋军事应用的基础仪器（张同伟等，2019）。大型 CTD 测量系统在进行温盐剖面测量的同时，还可根据需求对不同水深的海水进行取样，从而为海洋化学、海洋生物的分析研究提供水样。

一、国外的进展

美国的温盐深测量技术一直处于世界前列，知名 CTD 厂家有 Sea-Bird、FSI、YSI 等；其中 Sea-Bird 公司采用电极式电导率传感器，设计了潜水泵强制水流速度，消除盐度尖锋，成果显著（张同伟等，2019）。加拿大 RBR 公司致力于小型自容式 CTD 测量技术研发，特点是体积小、重量轻和功耗低，并可根据用户需求灵活搭载其他传感器，适用于海洋剖面锚系的长时间布放。日本流行自容式 CTD 仪器，特点是体积小、质量轻和功耗低，与海洋调查实际紧密结合，注重发展链式系留传感器测量技术，而且也致力于近岸环境监测与向内河水体物理化学等参数的观测应用。欧洲的一些发达国家如英国、意大利和挪威等一直进行 CTD 测量技术的研究和开发，意大利 IDRONAUT 公司开发了 300 系列 CTD 仪器，研制出小型的大口径的 7 电极电导率传感器，可以消除潜水泵对于测量引起的危害。

与传统 CTD 剖面仪的工作方式不同，拖曳式温盐深剖面仪（Underway Conductivity-Temperature Depthprofiler，简称 UCTD）可在船舶航行过程中实现大面积、连续、快速的温盐剖面测量，测量结果具有更强的实时性和代表性，且具有更高的测量效率。拖曳式 CTD 剖面仪是研究海洋动力学和海洋水文要素的重要监测仪器，是观测内波和海洋上边界层物理特性的有效手段。拖曳式 CTD 剖面仪的观测数据不仅可以为海洋观测系统中各种传感器的定标提供基本参数，而且可与卫星遥感资料相结合，形成对海洋水文特征的立体描述。国外对拖曳式 CTD 观测系统的研究起步较早。加拿大贝德福海洋研究所研制的 Batfish 拖曳式 CTD 观测系统是较早引入我国的型号之一。加拿大的 BROOKE 公司在拖曳深度的研究中处于领先，其研制的 MVP 型 UCTD 最大拖曳深度可达 3400m。另外，美国 YSI 公司生产的 V-FIN 和英国公司生产的 U-TOW 和 SeaSoar 也是较为流行的 UCTD 品牌。

抛弃式温盐深剖面仪（Expendable Conductivity Temperature-Depth profiler，简称 ECTD）是国外于 20 世纪 80 年代开始研制并快速发展的一种海水温盐剖面测量设备。它可以在下沉过程中测量海水的电导率和温度，并根据下沉时间和速度计算出深度，其最大测量深度可达 2000m。ECTD 使用方便，性能可靠，可以舰船、潜艇和飞机为载体进行大批量投放，快速获取大面积海域内的温度和电导率数据，并据此计算出海水密度、盐度、声速等相关物理学参数。这些参数对于科学研究和国防建设等都具有极其重要的应用价值。特别是在军事应用中，温盐剖面资料对于潜艇的航行、通信、隐蔽、攻击以及水面舰艇的反潜行动都起着至关重要的作用。美国的洛克希德马丁斯皮坎公司（Lockheed Martin Sippican）和日本的鹤见精机公司（TSK）就 XBT 等抛弃式测量设备进行了技术合作，在技术上处于世界领先水平，其技术和产品已经有 4 个型号的 ECTD、5 个型号的 XSV、2 个型号的 XCP、5 个型号的

XBT。其布放方式有船上抛投或发射、潜艇发射和飞机空投等。

搭载于移动观测平台上的 CTD 传感器具有更强的机动性和持续性，可以进行长时间、大范围的温盐深剖面测量。Argo 浮标、水下机器人和水下滑翔机等移动观测平台为海水温盐剖面资料的获取提供了更灵活高效的手段。Argo 浮标是国际 Argo 计划的任务承担者，它的设计寿命为 3~5 年，最大测量深度为 2000 m，每隔 10~14 天发送一组温盐剖面观测数据，每年可提供多达 10 万条温盐剖面资料。浮标专用 CTD 是 Argo 浮标的唯一测量传感器，为 Argo 浮标生产商所接受的生产厂家主要有美国的 Sea-Bird 和 FSI 两家公司。水下滑翔机（Underwater Glider）是一种将浮标、潜标技术与水下机器人技术相结合的新型水下观测系统。与传统的海洋观测系统相比，水下滑翔机具有优越的机动性、可控性和实时性，可以安装温度、盐度、深度等各种传感器以收集海洋水文资料。将水下滑翔机用于海洋环境监测，有助于提高观测资料的时间和空间密度，满足了长时间、大范围海洋探索的需要。因水下滑翔机负载能力较低，故不能够搭载高端的 CTD 产品。通常，水下滑翔机采用的 CTD 是由 Sea-Bird 公司提供的专用 CTD，其数据记录频率为 1Hz，深度可达 1500m。因为水下滑翔机不能为 CTD 提供电源，故搭载在水下滑翔机上的 CTD 需要有独立的电源。自主式水下机器人（Autonomous Underwater Vehicle，简称 AUV）具有活动范围大、机动性能好、智能化程度高等优点，是进行海洋水文要素观测的重要工具。AUV 搭载的 CTD 测量单元可以直接从 AUV 的电池中获取能量。相比于水下滑翔机，AUV 具有更强的负载能力，因此可以携带更高等级的 CTD 传感器（图 5-1-1）。

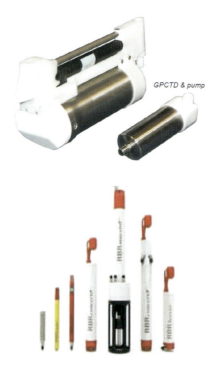

图 5-1-1　国外典型 CTD 测量系统

二、国内的发展历程

近年来，我国的 CTD 测量技术发展迅速，不仅有自容式、电缆式和电磁耦合式 CTD 测量仪，还研制了或正在研制近海、远洋多种类型的 CTD 测量仪器，如船载固定式、拖曳式、抛弃式等 CTD 测量仪，同时研制成功的高精度 CTD 的精度和稳定性已经达到或赶上世界先进水平。但是我国 CTD 测量仪器仍然存在自主创新能力不强、数据采集速度较慢、集成化程度不高、智能化程度较低、仪器长期稳定性不佳等技术短板。

国家海洋技术中心是我国温盐深测量系统研制的主力军，20 世纪 70 年代，其自行研制的"千米自容式温盐深自记仪"成功获取了洲际导弹海上试验场的温盐深水文数据资料；80年代，自主研发成功一批海洋测量传感器和系统，用于海洋观测工作和国际海洋合作研究，3000mSTD 随我国南极考察队进行了首次南大洋考察；90 年代，研制开发的各种新型温盐深传感器和 CTD 系统及相关技术产品，从精度、响应时间等技术指标达到国内领先并接近国际先进水平。

2020 年 8 月国家海洋技术中心自主研发的"OST15M 型船载高精度自容式温盐深测量仪"圆满完成 3 次海上试验任务，最大布放深度为 5915m，突破国产高精度温盐深测量仪最大试验水深记录，其精度性能与 SBE911PlusCTD 相近。

如今海洋技术中心研制的水下滑翔机载 CTD、千米系列 CTD 剖面测量仪、感应传输式温盐深传感器（链）、自容式多参数剖面仪、6000mCTD 船载式剖面仪、ARGO 浮标专用 CTD、UCTD 测量仪、海洋浅表层抗污染 CTD、微型低功耗温深传感器均已接近世界先进水平（图 5-1-2）。

图 5-1-2　国内典型 CTD 测量系统

三、现在的工作方案

温盐深测量系统被广泛应用于我国海洋调查研究中，中科院海洋研究所、自然资源部海洋研究所等研究机构除常规船载温盐深系统外，主要以温盐深传感器配套海流计等组合成深海观测链式系统进行长时间的定点测量。中国极地研究中心、厦门大学等科研院所配备了 MVP300 拖曳式 CTD 测量系统，搭载多种传感器在西太平洋进行了长航次剖面测量。青岛海洋国家实验室、中山大学、自然资源部海洋研究所等科研院所配备了搭载了温盐深系统的水下滑翔机，在南海、西太平洋、印度洋以及北极海域均进行了大量的剖面测量。

目前广州海洋局共有三种类型的船载 CTD 测量系统：①SBE 911/17plus CTD；②AML Base X2 便携式 CTD；③TSK 抛弃式温盐深仪（XCTD）。广州海洋局现有 CTD 测量系统工作范围覆盖了浅水到深水、定点站位测量到走航抛弃式测量的全覆盖，切实保障了海洋调查中对海洋温盐剖面的测量需求。此外还配备了"海燕-L-MP02"型多参数水下滑翔机，可以进行长时间的剖面测量。

1. SBE911/917plus CTD 测量系统

SBE911/917plus CTD（图 5-1-3）是由美国 Sea-Bird 公司（海鸟公司）生产的温、盐、深综合测量系统。它由 SBE9plus 水下单元、SBE11plus 甲板单元、SBE17plus SEARAM 控制记录仪和 SBE 32 采水器等几部分组成，拥有实时数据采集和自容式数据采集两种数据采集模式，主要用于测量海水的压力、电导率和温度。设备耐压深度为 6800m（配备钛合金外壳的可达 10 000m）。SBE9plus 水下单元还带有 5 个电压通道，可搭载溶解氧、pH 值、叶绿素荧光、浊度等多种传感器同时进行测量。

图 5-1-3 SBE911/917plus CTD 测量系统

SBE911/917plus CTD 测量系统配有大型采水器，可搭载 12 个（或 24 个）具有自动激发功能的 8L 采水瓶，一次作业最多可采集 24 瓶不同深度的海水水样，可为海洋化学、生物分析研究提供水样。

SBE 911/917plus CTD 测量系统直读式作业流程主要如下。

1) 下水前准备

检查 CTD 系统各部件之间的连接，如固定扣环、各类缆接头、采水瓶各附件的密封、各传感器的保护件移除；CTD 系统外观安全检查完成之后，启动系统，检查并确认水下单元与甲板控制单元信号通信和采水控制正常运转，甲板控制单元与计算机通信正常。

2) 下水作业

CTD 系统下放到水面时，在表面水中感温 3min。当盐度数据均一稳定后，即可正常下放 CTD 系统。在 CTD 系统离底高度 90m 以后，下放速度必须放慢到 10m/min 左右，观察离底高度变化。在 CTD 系统回收过程中，根据预设采水层深度采水。

3) 出水后检查

首先对 CTD 系统进行外观安全检查；其次对采集到的 CTD 测量数据，应立即检查确认，如发现缺陷数据、异常数据时，应立即补充测量；最后每个测站测量完毕后，进行原始数据文件双备份和记录班报整理归档。

SBE 911/917plus CTD 测量系统自容式作业流程主要如下。

1) 下水前准备

检查 CTD 系统各部件之间的连接，如固定扣环、各类缆接头、采水瓶各附件的密封、各传感器的保护件移除；CTD 系统外观安全检查完成之后，启动系统，检查并确认水下单元通信和采水控制正常运转，根据项目需求设置温盐数据采样频率和采水瓶的个数、每个采水瓶的位置和关闭深度等。检查完成后移除甲板通信电缆。

2) 下水作业

CTD 测量系统下水前，按下 CTD 系统上的电磁开关启动系统。下放到水面时，在表面水中感温 3min。CTD 系统下放到指定深度后，按预先设置时间停留 5min，记录经纬度、水深等相关信息，然后匀速上升。

3) 出水后检查

首先关闭电磁开关，对 CTD 系统进行外观安全检查；其次连接采集电脑和 CTD 系统，导出测量数据并立即查看，如发现缺陷数据、异常数据时，应立即补充测量；最后每个测站测量完毕后，进行原始数据文件双备份和记录班报整理归档。

2. AML Base X2 便携式 CTD 测量系统

AML Base X2 便携式 CTD 测量系统（图 5-1-4）是一款专为沿岸近海水域剖面使用温盐深测量仪器，耐压深度为 100m。带有的传感器为：电导率传感器，温度和压力传感器。AML Base X2 便携式 CTD 测量系统比较小巧轻便，且不需要大型绞车系统支撑，可以快速准确地完成浅水海域的 CTD 测量。但由于未配备采水瓶，因此无法完成海水取样作业。

图 5-1-4　AML Base X2 便携式 CTD 测量系统

CTD 测量系统下水前首先应完成安全检查，确保 CTD 测量系统处于准用状态。其次根据项目需求设置温盐数据采样频率。CTD 系统下放到水面时，在表层水中感温 3min 后再开始下放作业，确保各传感器数据正常。CTD 系统下放到指定深度后，记录经纬度、水深等相关信息，然后匀速上升。CTD 系统出水后，及时进行安全检查并导出测量数据。对测量数据进行检查确认，如发现缺陷数据、异常数据时，应立即补充测量。最后每个测站测量完毕后，进行原始数据文件双备份和记录班报整理归档。

3. TSK 抛弃式温盐深仪（XCTD）

TSK 抛弃式温盐深仪（XCTD）（图 5-1-5）一般由发射装置、探头、数据传输漆包线（探头与发射装置之间）和数据采集单元组成，通过热敏电阻进行温度测量，通过四电极或电磁感应法进行电导率测量，通过探头下降的速度和时间计算海水深度。

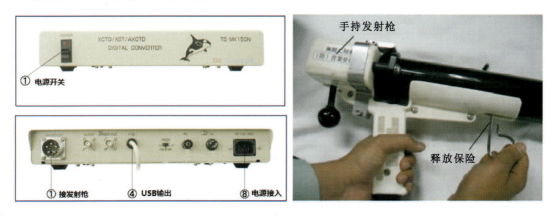

图 5-1-5　TSK 抛弃式温盐深仪（XCTD）

XCTD 测量时温盐深探头由船载发射装置发射入水，实时进行海水温度、盐度和深度信号采集，数据信号通过数据传输漆包线传输到数据采集器。当探头下降深度超过数据传输漆包线的长度时，导线拉断，探头沉入海底，测量结束。

传统定点站位 CTD 测量时需要到达设计站位停船后下放 CTD 测量系统进行收放作业，所需船时比较长；XCTD 测量无需停船，船速降至 6kn 以下时，有效测量深度即可达到 1500m 以上，所需船时只是定点站位 CTD 测量的六分之一，较大地提高了作业效率。

4. CTD 测量数据质量控制

海上作业时 CTD 测量系统及配套的各传感器易受环境因素的影响，因此要加强日常维护保养工作，努力降低海上环境对 CTD 测量系统的影响。各传感器存在漂移特性，这就决定了 CTD 测量系统需要定期对传感器进行标定校准（郭斌斌等，2015）。图 5-1-6 是某海域实测温盐剖面结构图，图中测量数据存在一定的微小起伏，因此海上作业时应对各实测数据进行比对分析，及时发现各传感器的异常情况，确保 CTD 测量数据的真实可靠。

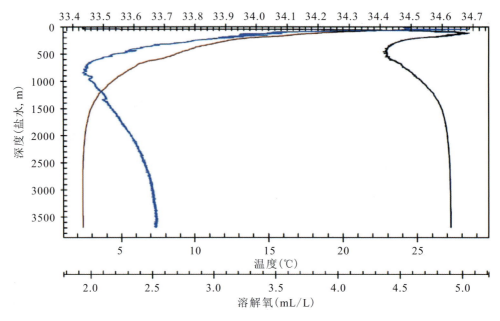

图 5-1-6　CTD 测量数据剖面结构图

海水的温盐数据是海洋水体最基本的物理要素，其数值对海洋中的其他物理要素如密度和声速的性质、海水的化学和生物特性以及水体运动均有着重要的影响，所以在海洋调查活动中，对水体的温盐分布调查一直是主要的调查项目（陈淼等，2004），CTD 测量数据的重要性也日益突出。进入海洋世纪的今天，动力海洋、海洋生态、海洋资源的调查开发以及近海海洋的整合治理，都离不开 CTD 测量系统的数据支持。

第二节　海洋流速测量

海洋流速测量是海洋科学研究的重要组成部分。海洋流速测量仪不仅可以为海洋科学研究提供重要支持，还在水文水资源研究、防洪预报、水资源管理和国防等多个领域具有广阔的应用前景（张同伟等，2019）。声学多普勒流速剖面仪（Acoustic Doppler Current Profiler，ADCP）是一种利用多普勒原理进行流速测量的设备，广泛应用于海洋环境监测、海洋开发、海洋科学研究等领域。

一、国外的进展

20 世纪 70 年代以来，ADCP 仪器研发和观测技术快速发展，国际上出现了多种类型的 ADCP 测量系统，美国 RDI 公司就是其中的领军者，先后研制出自容式 ADCP、第一台船载式 ADCP 以及 5 种不同频率和 3 种测量方式（自容式、船载式、直读式）的 RD 系列 ADCP。80 年代中期，美国的大型调查船均配备了 ADCP，此后的一些重大国际海洋科学学科研项目亦使用了该类仪器。日本 Furuno、法国 Thomson、挪威 Aanderaa 等公司相继推出窄带 ADCP。90 年代，宽带信号处理技术和相控阵处理技术相继被应用到 ADCP 测量系统中，该项技术使声学环能器体积与重量减为常规换能器的 1/10 左右，对随测深的增加给宽带和窄带 ADCP 带来的问题得以有效解决。进入 21 世纪以来，针对不同应用环境下的 ADCP 测量系统也陆续被研发出来（刘彦祥等，2016）。

二、国内的发展历程

国家海洋技术中心、中科院声学研究所、杭州应用声学研究所、中国船舶重工集团公司第七一五研究所和哈尔滨工程大学等国内科研单位对 ADCP 测量系统进行了研制，软硬件及整体系统控制均取得了一定的突破，但尚未形成批量化生产的产品。

三、现在的工作方案

广州海洋局目前共有 TRDI OS 38k ADCP、TRDI Mariner 300k ADCP、TRDI WHS 300k ADCP、TRDI WHS 600k ADCP、RTI SEASAVE 600k ADCP 等多种型号的 ADCP。其中 OS 38k 和 Mariner 300k ADCP 为船载固定安装，有效量程分别为 738m 和 138m，可以满足船载走航式 ADCP 测量需求；WHS 300k ADCP 耐压 6000m，可通过大型绞车系统进行收放，从而对深水海域进行大剖面海洋流速测量。其余 ADCP 测量系统为浅水耐压型，可用于船载或浅水海域的海底测量，或与其他调查设备组成综合观测锚系进行长时间的定点海洋流速剖面测量。

广州海洋局目前使用的 ADCP 测量系统工作方式共有以下 4 种：①使用固定船载或便携式安装的 ADCP 测量系统进行走航式海洋流速剖面测量；②对浅水海域进行船载或者海底定点测量；③使用下放 WHS 300k ADCP 测量系统进行深水海域大剖面测量；④布放 ADCP 锚系观测系统进行定点长期测量（图 5-2-1）。这 4 种测量方式侧重各有不同，走航式 ADCP 测量可以获得长断面的表层海洋流速数据；定点 ADCP 测量可以获取重点海域流速数据，结合多船作业可获得该海域的海水通量数据；下放 ADCP 测量系统可获得较高精度的大深度海洋流速剖面结构，有效获取深层海洋流速数据；ADCP 锚系可以获取长时间的海洋流速数据，且可以通过多套 ADCP 测量系统的组合，可有效获取该站位的海洋流速剖面数据。在实际海洋调查中，可根据研究需求灵活选用一种或多种方式联合测量（图 5-2-2）。

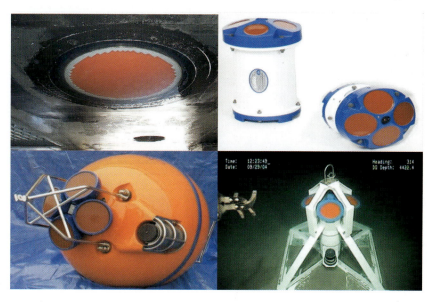

图 5-2-1 多种 ADCP 测量系统

1）走航式海洋流速剖面测量

使用船载或移动式安装 ADCP 测量系统进行走航式海洋流速剖面测量时，还需要一些外围设备，如导航定位系统、姿态传感器以及用于数据记录和监控的工作站。正式作业前首先要检查 ADCP 系统与各外部设备之间的连接，确认安装安全后进行联调测试。

正式测量前需根据项目需求对各项设置进行更改调整，以获取最大作业效率。作业期间应对数据质量进行监控，若发现出现漏测等现象应及时更改发射设置或补充测量。作业完成后整理好全部的原始资料，包括原始数据文件、自检文件和班报；编写生产技术总结报告，如实反映本航次的生产任务的执行

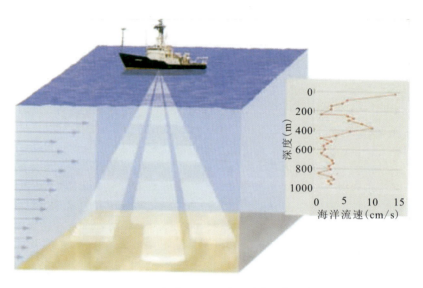

图 5-2-2　船载 ADCP 测量系统工作示意图

情况、仪器设备的运行状况、海上测量的方法和现场出现的技术问题。

2）定点测量

ADCP 测量系统定点测量时一般不接入导航定位系统，后续测量数据处理时再导入定位数据；姿态数据使用 ADCP 系统内置罗经提供。定点 ADCP 测量前需对 ADCP 系统进行自检，并根据项目需求进行合理设置。作业时要密切关注观测数据质量，做好班报记录。作业后要整理好原始资料和编写总结报告。

3）深水海域大剖面测量

下放 ADCP 系统可以有效地获取深水海域的大剖面流速数据（图 5-2-3）。由于船载低频 ADCP 测量系统量程大但分辨率低，而高频 ADCP 系统则是分辨率高但量程偏小，下放 ADCP 系统则避免了这一矛盾。考虑到下放过程中 ADCP 系统自身的晃动将产生一定的数据误差，为提高数据质量，一般搭载与 CTD 等大型设备支架上一起作业；同时为减少收放时

图 5-2-3　ADCP 测量系统深水剖面测量工作示意图

ADCP 系统本身的运动导致的测量误差，作业时均布置两套 ADCP 系统，分别测量上向和下向数据，以便进行数据比对，减少测量误差。

4）ADCP 锚系观测系统

ADCP 锚系观测系统可以观测重点海域的长时间流速变化情况。考虑到 ADCP 锚系系统长时间水下工作电池总量有限且消耗较快的实际情况，一般设置测量层位较少，且降低采样率。ADCP 锚系系统下水前需严格检查设备的水密情况和电池状态，回收后中间进行安全检查，及时下载 ADCP 测量数据并进行检查比对。

海洋流速是海洋和气象领域诸多过程中最基本、最重要的要素，它们对海洋中多种生物过程、化学过程和物理过程都有制约作用（肖合来提·阿布列肯木等，2012）。因此，掌握全球范围的海流信息和规律无论是对于海洋学本身的研究，还是与海洋密切相关的渔业、航运等都有重要意义。

第六章 位 场

第一节 重力场

一、国外的进展

海洋重力仪的发展经历了3个阶段：摆仪、摆杆型和直线型。摆杆型海洋重力仪属于第二代产品，典型代表为美国Micro-g LaCoste公司（后分化为Micro-g、ZLS、DGS三家公司）生产的L&R S型海洋重力仪和德国格拉夫的阿斯卡尼亚（Askania）公司Gss-2型重力仪（后改称KSS型），此类重力仪受CC效应影响较大。直线型海洋重力仪为第三代产品，它不受CC效应影响，能在恶劣海况下采集正常数据，通过测量传感器在平衡时反馈输出的电流变化换算出重力的变化，代表性产品有德国的KSS31（M）、KSS32，美国Bell航空公司的BGM-3、BGM-5以及俄罗斯的GT-1M、GT-2M海洋重力仪。国际上研制海洋重力仪，开展海洋重力测量、技术方法研究的公司和机构大都具有军方背景，从近几年到加拿大MicroGravity公司及美国Micro-g LaCoste重力仪公司培训考察中了解到一点，西方国家并不在意海洋重力仪的月漂移量，往往更关注设备的线性度。

（一）海洋标量重力仪

由于标量重力仪技术最为成熟、应用最为广泛，为此通常简称为重力仪。根据采用稳定平台的不同，海洋重力仪可分为两轴陀螺稳定平台、三轴惯性稳定平台和捷联数学稳定平台三类。两轴陀螺稳定平台是最早成熟应用的动态重力仪，早在20世纪50年代，美国LaCoste&Romberg（即现在的Micro-g LaCoste）公司生产出了世界上第一台带动态稳定平台的重力仪。该重力仪主要是采用金属零长弹簧重力敏感器，并将其安装在两轴阻尼陀螺稳定平台上，以隔离载体的水平角运动。随后，德国、俄罗斯等也开发出了此种两轴陀螺稳定平台的海洋重力仪，并采用了石英弹簧重力敏感器和惯性稳定平台技术。其主要代表有美国LaCoste&Romberg公司的L&R系列和贝尔航空公司的BGM系列、德国Bodenseewerk公司的KSS系列以及俄罗斯中央科学研究所的Chekan-AM重力仪。它们的测量精度均在1mGal左右，分辨率在2km附近，动态量程小于20Gal。

由于两轴陀螺稳定平台海洋重力仪难以完全消除水平加速度对重力敏感器输出结果的影响，限制了仪器测量精度和动态性能的提高，为此，人们在20世纪末21世纪初研制出了三轴惯性稳定平台航空/海洋重力仪。1992年加拿大SGL（Sander Geophysics Ltd.）公司开始了航空惯性基准重力测量系统的研制，该系统采用三轴惯性稳定平台+石英挠性加速度计重力敏感器方案，稳定平台包括2个惯性级的加速度计和2个二自由度挠性陀螺，并将系统安装在温控箱里。此型重力仪拓展到海洋重力测量（SGL公司称之为Marine AIRGrav）也具有很好的性能。其测量精度可达0.5mGal，分辨率优于2km，动态量程为1000～2000Gal。2001年莫斯科重力测量技术公司进行了GT-1A航空重力仪首次试飞。GT-2A航空重力仪是GT-1A的升级版，采用更先进的隔震系统和更大量程的传感器，GT-2M海洋重力仪是GT-2A的改进版，更适于海洋重力测量，即使在恶劣海况下其水平误差角也可控制在$10''$～$15''$的水平。各类海洋重力仪国外典型产品见图6-1-1～图6-1-3。各类海洋重力仪国外典型产品的技术参数对比见表6-1-1。

图 6-1-1　美国的 Air-Sea System Ⅱ、ZLS 海洋重力仪、DGS 海洋重力仪

图 6-1-2　德国 KSS31M 海洋重力仪

图 6-1-3　俄罗斯 GT-2M 海洋重力仪

表 6-1-1　国外典型海洋重力仪技术性能对比

名称参数	GT-2M 海洋重力仪	Air-Sea System Ⅱ、ZLS、DGS 海洋重力仪	KSS31（M）、KSS32M 海洋重力仪
产地	俄罗斯	美国	德国
重力测量量程	10 000mGal	20 000mGal	12 000mGal
动态范围	±1000Gal	±200Gal	±200Gal
重力仪零漂	<3mGal/月	<3mGal/月	<3mGal/月
静态精度	0.01mGal	0.05mGal	0.05mGal
动态精度	0.2mGal	0.5～1.0mGal	0.5～2.0mGal
内部工作温度	50℃	46～53℃	50℃
外部温度	+10～+35℃	+5～+40℃	+15～+35℃
采样率	0.1～1Hz	1Hz	1Hz
陀螺稳定平台	双陀螺稳定平台 三轴（X、Y 和 Z 轴）	双陀螺稳定平台 两轴（X、Y 轴）	单陀螺稳定平台 两轴（X、Y 轴）
陀螺寿命	30 000h 14 000h	250 000h	50 000h
平台自由度	横摇：±45° 纵摇：±45°	横摇：±25° 纵摇：±22°	横摇：±40° 纵摇：±40°

捷联式重力仪与稳定平台式重力仪相比，由于没有机械平台，具有体积小、质量小、功耗小、成本低、可靠性高、操作简单等优点。得益于光学陀螺捷联惯导和高精度加速度计等相关技术的进步，从

20世纪90年代开始,加拿大、美国、俄罗斯、德国等国相继开展了捷联式重力仪研制,经过多年发展,捷联式重力仪的精度正在逐步接近双轴阻尼稳定平台重力仪的精度。加拿大Calgary大学率先于20世纪90年代初开展了基于捷联惯导系统的航空标量重力测量系统的研究。该系统直接采用了Honeywell公司的惯性级LASEREF Ⅲ型激光陀螺捷联惯导系统。飞行试验结果表明,其测量精度可达到1.5mGal/2km(2.5mGal/1.4km)。

(二)海洋矢量重力仪

重力测量的另一个热点是矢量重力测量,它需要在测量重力扰动矢量垂直分量的基础上,进一步获取重力扰动矢量的2个水平分量。从20世纪70年代初以来,矢量测量一直受到众多科学家的关注。早期的重力矢量测量一般采用间接估算法,近十几年来普遍采用直接求差法。直接求差法的原理与重力标量测量一致,即分别利用重力仪和GNSS测得三维比力和载体加速度,将二者求差得出重力扰动矢量信息。

美国Ohio州立大学的Jekeli和Hwon利用加拿大Calgary大学的捷联航空重力测量数据进行了矢量测量研究,水平分量精度可达到7~8mGal,垂直分量的精度为3mGal。在美国国家地理空间情报局资助下,Li和Jekeli开展了地面重力矢量测量试验,其原理与航空重力测量一致,采用的是Honeywell H764G型商用捷联惯导,并于2005年在高等级公路上采集了大量试验数据。他们获取了测线上的垂线偏差标准值,精度优于1″。最终得到的垂线偏差与标准值对比约为5~9mGal。

为了能在测量时得到重力扰动的水平分量,加拿大SGL公司对AIRGrav的软件进行了技术升级。采用的误差分离算法基于相关分析,利用大地水准面模型CGG05计算得到测线上的重力扰动值,该值反映了重力扰动的长波信息,以此消除AIRGrav测量数据的偏值和漂移。6条重复测线重力扰动东向分量的内符合精度为0.286mGal,北向分量的内符合精度为0.344mGal。

尽管美国、加拿大、德国等开展了大量的重力矢量测量研究工作,但到目前为止,仍没有一款商业化的海洋矢量重力仪。

(三)海洋重力梯度仪

重力梯度仪主要用于测量重力梯度张量。20世纪70年代,为了满足高精度导航和导弹发射的需要,美国军方投资数十亿美元研发动态重力梯度仪,产生了休斯敦航天飞机、Draper实验室和贝尔宇航三家机构的三种梯度仪进行竞争的"决赛"计划。目前国际上重力梯度仪研究主要集中在3个方向,一是进一步提高传统旋转加速度计重力梯度仪的精度,满足近期对于重力梯度测量的应用需求;二是研制应用超导技术的重力梯度仪,这一方案极有可能成为下一代重力梯度仪的主方案;三是着眼于未来,研究原子干涉重力梯度仪等采用物理学前沿技术的新型重力梯度仪。

二、国内的发展历程

我国海洋重力观测始于原地质部渤海综合物探大队成立之后的1961年7月,当时将陆地重力仪和操作员置于特制的重力钟(重2600kg)中,并沉到渤海湾海底进行观测,但这种方法不够安全,难以用于大面积的海底重力测量。早期我国的海洋重力调查使用自行研制的三脚架、潜水重力钟对浅滩进行重力测量,后来又研制成功遥控重力仪、SG型海底重力仪等设备对浅水区进行重力测量。20世纪60年代初我国开始自主研制走航式海洋重力仪,1963年中科院测量与地球物理研究所成功研制了我国首台HSZ-2型海洋重力仪,1977年地震局地震研究所成功研制出ZYZY行摆杆式海洋重力仪,测量精度为±2.5mGal,接近KSS-5型海洋重力仪的水平。国家地震局又与中科院测量与地球物理研究所合作成功研制DZY-2型海洋重力仪,精度为±2.4mGal。1958—1961年,由中原和广东物探大队等单位将陆地重力仪改装为海底重力仪,在南海沿海进行了小范围重力测量。1965年石油部组成海洋地质调查一大队,使用西安石油地质仪器厂以金属弹簧重力仪改装的海底重力仪,在渤海海域进行了1:20万的海底重力测量,并据重力资料进行了含油构造的解释与研究。20世纪80年代,中科院测量与地球物理研究所成功研制 CHZ 行海洋重力仪，其测量精度为±1.35mGal。1981 年，为了探讨渤海基底结构特征，中科院海洋研究所调查船"海燕"用 КДГ-Ⅱ型海底石英重力仪和国产 ZH641 型金属弹簧重力仪在渤海进行了联合观测。1995 年，地质矿产部物化探研究所研制出我国首批用于浅海高精度重力测量的设备，用于环渤海各油田浅海高精度重力测量中，对该地区的油气进一步开发提供了重要依据。此外，国内还很多其他从事水下重力测量研究的单位，地科院物化探所卢景奇工程师根据海底重力测量工作，总结出提高浅海区重力测量精度的技术方法。到目前为止，我国所开展的都是水下静态重力测量实验，且基本都在浅海海域，尚未进行水下动态重力测量实验。本次的捷联式水下重力测量系统就是基于动态重力测量开发的针对水下重力测量环境和条件需求进行设计满足水下测量的需要。由于工艺水平的制约，限制了国产重力仪的成长，时下我国海洋重力仪市场基本上为国外产品所占领。目前依托"863"计划重大项目的支持，国防科大、中船重工 707 所、中科院 13 所等单位正在开展新型海空重力仪的研制，并且完成了大量的海上试验和航空试验，相信不久的将来我们将会看到我国拥有自主知识产权的全新型海洋重力仪的问世。

根据测量的物理量不同，重力测量仪器可分为海洋标量重力仪、海洋矢量重力仪和重力梯度仪。标量重力仪只测量重力的垂向分量（重力异常）；矢量重力仪除测量垂向分量外，还要测量重力的 2 个水平分量（垂线偏差），比标量重力仪测量的信息更多；重力梯度仪是测量重力矢量在三维空间的变化梯度，全张量重力梯度仪包含 5 个独立分量，具有对地球密度扰动更为敏感的特点，因此比重力异常具有更小尺度的空间分布特性，能够提供更全面、更丰富的重力特征信息，可反映局部区域地质特征的精细变化。海洋重力测量具有可实现对人员难以到达的河湖、海洋等地区进行重力测量的优势，此外还具有测量速度快、效率高、成本低、连续均匀、中高频等特点（表 6-1-2）。

表 6-1-2　国内调查船装备的海洋重力仪

序号	船舶名	所属单位	海洋重力仪型号
1	向阳红 10 号	国家海洋局第二海洋研究所	DGS、MAGS
2	向阳红 01 号	国家海洋局第一海洋研究所	DGS、MAGS
3	向阳红 03 号	国家海洋局第三海洋研究所	DGS、MAGS
4	向阳红 14 号	国家海洋局南海分局	GT-2M、Air-Sea System Ⅱ
5	雪龙号	中国极地研究中心	ZL11-1
6	大洋一号	国家海洋局北海分局	Air-Sea System Ⅱ、KSS-5
7	实验 1 号 实验 2 号 实验 3 号	中科院南海海洋研究所	KSS30
8	海勘 1 号	海南省海洋地质调查研究院	GT-2M
9	业治铮号	青岛海洋地质研究所	Air-Sea System Ⅱ、KSS31M
10	东方红 2 号	中国海洋大学	Air-Sea System Ⅱ
11	海洋地质十六号 海洋地质十八号 海洋地质十二号 海洋地质四号 海洋地质六号 海洋地质八号 海洋地质十号	广州海洋地质调查局	GT-2M Air-Sea System Ⅱ ZLS KSS31M

(一) 海洋标量重力仪

国内最早是从 20 世纪 60 年代开始海洋重力仪的研制。1965 年，中科院测量与地球物理研究所（简称为中科院测地所）研制出了我国首台 HSZ-2 型海洋重力仪。1977 年，地震研究所研制出我国首台 ZYZY 型摆杆式海洋重力仪。1984 年，中科院测地所与地震研究所合作研制出 DZY-2 型海洋重力仪，精度达到 2.4mGal。1986 年，中科院测地所成功研制了 CHZ 型海洋重力仪，该仪器采用了轴对称式机械结构，应用垂直悬挂零长弹簧秤作为重力传感系统，由于采用了轴对称结构并加以精心调整的硅油阻尼，其总精度为 $13.9 \times 10^{-6} m/s^2$，具当代国际同类仪器先进水平。但进入 90 年代，由于各方面的原因，上述研制工作基本停滞。直至 21 世纪初，中科院测地所开始恢复 CHZ 型重力仪的研制工作，目前已研制出新型样机，并进行了多次海洋重力测量试验，试验精度接近 1mGal。

21 世纪初，惯性技术专业研究所开始进入重力测量仪器研制领域。起初是中船重工集团公司天津航海仪器研究所根据海军长时间无源导航和战略导弹重力保障等需求，在"十五"期间便开展了海洋重力仪的研制，采用与俄罗斯 Chekan-AM 重力仪类似的两轴惯性稳定平台＋金属零长弹簧重力敏感器方案。经 3 个五年计划的研制，目前已完成多套工程样机研制（GDP-1 型动态重力仪），进行了 1 次 4000 余千米的航空重力测量试验和 3 次共计数万千米的海洋重力测量试验，试验测试结果表明，航空重力测量精度可达 2mGal，海洋重力测量精度可达 1mGal。在国土资源部航空物探遥感中心深地资源勘查等需求的牵引下，国防科技大学从"十一五"开始研究基于激光陀螺和石英挠性加速度计的捷联式航空重力仪，于 2010 年研制出我国首套具有自主知识产权的捷联式航空重力仪原理样机（SGA-WZ01），经 8 个架次的飞行试验表明，内符合精度约为 1.5mGal/160s。在"十二五"期间，研制出了第二代捷联式航空重力仪 SGA-WZ02，2015 年在新疆完成的飞行试验表明，重复测线内符合精度达到 1mGal。北京航天控制仪器研究所自 2010 年启动航空/海洋重力仪 SAG 的研制工作。该款重力仪采用了激光陀螺捷联数学平台＋石英挠性加速度计重力敏感器的技术方案。自 2013 年起，与航遥中心、中科院测地所、海洋局海洋二所、中科院南海所、中船重工 707 所（代表产品：ZL11-1 海洋重力仪）等单位联合进行了大量的航空和海洋重力测量试验。在航空重力测量试验中，精度与同机搭载的 GT-1A 基本相当。在海洋重力测量试验中，精度与同船搭载的 L&R 海洋重力仪相当。北京自动化控制设备研究所是国内唯一从事三轴惯性稳定平台式航空/海洋重力仪研制的单位，采用与加拿大 SGL 公司 AIRGrav 重力仪相同的三轴惯性平台＋石英挠性加速度计式重力敏感器技术方案，在已装备的航空惯性导航系统的基础上改进研制而成。目前已完成多套工程样机（GIPS-1AM）的研制，经海洋重力测量试验表明，其内符合精度优于 1mGal。

总体而言，国内多个研制单位均已完成了样机的研制，并进行了海洋或飞行试验，但均未形成成熟的商业化产品。

(二) 海洋矢量重力仪

目前国内研究主要集中在标量重力测量上，对矢量重力测量的研究较少。解放军信息工程大学、武汉大学等对航空矢量重力测量的相关理论进行了研究，并对用载波相位差分 GPS 系统测量载体运动加速度进行了试验研究。国防科学技术大学在"十二五"期间对航空/海洋矢量重力仪开展了研究工作，采用 SINS/DGPS 方案，利用 SGA-WZ01 和 SGA-WZ02 重力仪的飞行试验数据对矢量测量算法进行了验证，取得了实质性的进展（图 6-1-4、表 6-1-3）。

图 6-1-4 SGA-WZ01（左）和 SGA-WZ02（右）重力仪

表 6-1-3 SGA-WZ01 和 SGA-WZ02 重力仪技术参数

名称参数	SAG-WZ01	SAG-WZ02
动态测量范围	±5g	±2g
静态 24 小时漂移	<5.0mGal <0.1mGal（改正后）	5.0mGal <0.1mGal（校正后）
静态重复精度	0.25~0.5mGal	—
重力异常精度	优于 1.5mGal（滤波周期 160s）	优于 1.0mGal（滤波周期 100s）
工作温度	0~40℃	0~50℃

（三）重力梯度仪

国内在重力梯度仪方面的研究起步较晚，基础薄弱，与国外先进水平相比差距较大。天津航海仪器研究所、北京航天控制仪器研究所和华中科技大学等单位在 21 世纪初开始旋转加速度计型重力梯度仪的研制，经过 3 个五年计划的研制，完成了重力梯度测量技术的相关理论研究，以及高分辨率加速度计、重力梯度敏感器和重力梯度测量稳定平台等样机的研制。到"十二五"末，作为重力梯度仪核心元件的高分辨率加速度计的分辨率达到优于 $1\times10^{-8}g$ 的水平，重力梯度敏感器实验室静态分辨率达到 70E 的水平，取得了较为显著的进展。国内主要是华中科技大学在开展超导重力梯度仪的研制，目前已完成试验室原理样机研制。中科院武汉物理与数学研究所（简称武汉物数所）、华中科技大学、浙江大学和浙江工业大学等单位先后开展了原子重力梯度仪的研究工作。其中武汉物数所于 2003 年开始冷原子干涉仪的相关实验研究，2005 年研制了原子干涉仪原理样机，2010 年研制了原子重力仪原理样机，"十二五"期间，研制了测量 T_{zz} 张量的垂向原子重力梯度仪原理样机，测量精度达到 7.5E；与此同时还研制了用于测量 T_{xx}、T_{yy} 张量的水平原子干涉重力梯度仪原理样机，测量精度达到 7.4E。在基于铅质量块的重力场调制实验中，2 台梯度仪的实测值和理论值均一致，实现了重力梯度测量的原理性验证。华中科技大学、浙江大学和浙江工业大学也开展了基于单阱双抛和 2 套小型化重力仪叠加技术的测量 T_{zz} 张量的垂向原子干涉重力梯度仪的研究，并取得了一系列重要进展。浙江大学的原子干涉重力仪精度达到 $10^{-8}m/s^2$。国内测量方案囊括了国际主流的重力梯度仪方案，工作方式包括原子喷泉和原子团自由下落，组成方式包括双重力仪和单重力仪双原子团，测量方式包括了水平测量和竖直测量等，成功研制出了原子干涉重力梯度仪演示样机，但与国际先进水平相比，国内的重力梯度仪技术相对落后。

三、现在的工作方案

从本质上说，海洋重力仪可算作超高精度的加速度计，它测量的是瞬时重力加速度的一个分量。和任何加速度计一样，海洋重力仪也可以在相对基座的某个严格规定了的方向上记录加速度变化，对与地球连接的坐标系做相对运动。海洋重力测量是在陆地重力测量的基础上发展起来的，因此陆地重力测量的许多手段和方法可以在海洋测量中得到应用。在现有的技术条件下，人们主要通过以下各种手段获取海洋重力场数据。

（1）海底重力测量。针对常规机械平台重力仪，由于安置仪器的基础是稳固的，所以几乎不受海上各种特殊因素的影响。但是这种方法要求解决水密、遥控、收放以及自动置平等一系列复杂技术难题，而且观测工作既费时又麻烦，同时又只能在浅海地区作业，因此已逐渐被淘汰。

（2）海面（船载）重力测量。海洋重力测量最常用的手段是将重力仪安置在海面舰船或潜水艇内进行动态观测，对测量剖面提供连续的观测值。这种方法所使用的仪器结构简单，观测方便，工作效率高。其显著特点是，测量船受到海浪起伏、航行方向速度、机器震动以及海风、海流等扰动因素的影响，将使重力仪始终处于运动状态。这样，作用在重力仪弹性系统上的除了重力以外，还有许多因船的运动而引起的扰动力，这些扰动力必须在重力观测值中予以消除。相对而言，在潜水艇中这些扰动力要比海面舰船上小得多。在海面上进行重力测量受到的扰动影响主要来自：①水平加速度影响；②垂直加速度影响；③旋转影响；④厄特弗斯（Eötvös）效应；⑤交叉耦合效应。

（3）海洋航空测量。海洋航空重力测量和海面重力测量均属动态重力测量，但前者要复杂和困难得多。例如在海面重力测量中，除去海洋潮汐影响以外，测量船基本上是在平均海平面上航行的，不存在高度变化问题，垂直加速度可以通过取观测平均值予以消除；而在海洋航空重力测量中，航行高度是随气流影响不断变化的，垂直加速度同高度变化引起的重力变化叠加在一起，不能用简单的滤波方法予以消除，必须将其测出并加以改正，但又难以改正准确，由于飞机航速较快，厄特弗斯效应相应增大，也不易对其准确测定。

（4）重力梯度测量。这种方法具有无可比拟的优越性，表现在：①梯度测量对惯性加速度不敏感，基本上没有厄特弗斯效应；②梯度仪对高度变化反应不敏感；③不必加局部地形改正，因为它对路程上的各点梯度都进行了测量，然后沿路程进行积分；④在地球物理解释中利用重力向量或重力张量数据，其结果比单用重力异常标量好得多；⑤利用卫星梯度测量，可在短时间内得到更详尽的全球重力图；⑥梯度测量还能为惯性导航系统提供实时垂线偏差，提高导航精度。重力梯度测量技术目前仅应用在航空或卫星上，其测量精度还远远未达到理想的 10^{-8} E 要求。

海洋重力勘探技术主要应用在如下几个方面：①海洋重力测量快速、轻便而且经济有效，为国际上勘探能源和矿产资源的最重要手段之一，在海洋油气资源和陆地矿产资源的勘探上已有很多成功案例。②海洋重力测量仪器在大地测量学、地球物理学、地球动力学、海洋科学等基础前沿科学领域也具有广泛的应用需求。③海洋重力测量仪器在现代国防领域具有重大而紧迫的应用需求。

常规海洋重力测量在实际应用中的过程如下。

（1）调查船安装好重力仪后，一般先进行预热、联机等准备工作。预热完成后进行相关参数测试，确定仪器进入正常的工作状态和合适的工作参数。在码头期间还必须至少完成48h稳定性试验，对仪器的稳定性和漂移情况进行评估，如图6-1-5所示。

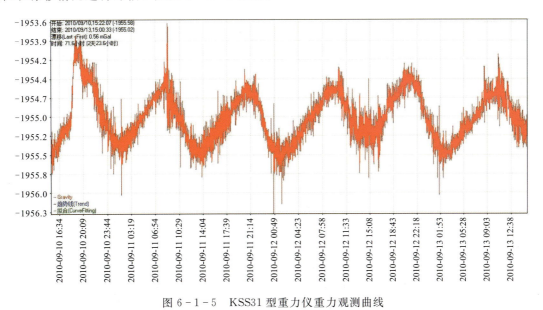

图6-1-5 KSS31型重力仪重力观测曲线

（2）在调查船每次离开码头前，必须做码头重力基点比对测量：获得基点高程和绝对重力值，船停泊位置处的水深、仪器距当时水面的高差，仪器距码头基点的水平距离和方位等（图6-1-6）。

（3）根据设计的测线进行海上测线作业，采用走航式连续观测方法，直至完成。根据要求做好数据记录和备份、班报记录等，要求调查船船速小于12kn并且做匀速直线运动。海上工作过程中，应密切留意重力仪的工作状态，若重力仪出现故障，在排除故障后、正式作业前，必须重复测量出现故障前的一段测线，并将两次测量的数据进行对比，为设备是否恢复正常提供判断依据（图6-1-7、图6-1-8）。

（4）在调查船返回码头后，必须做码头的基点比对测量，要求同（2）完成重力基点闭合，为处理

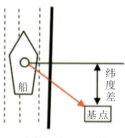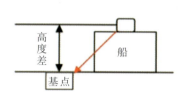

纬度差校正(正面)　　　高度差校正(侧面)

图 6-1-6　重力基点比对

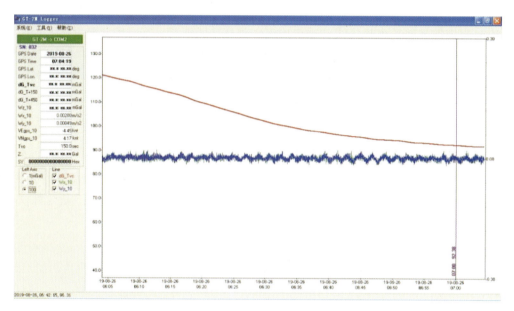

图 6-1-7　GT-2M 型重力仪重力数据采集界面

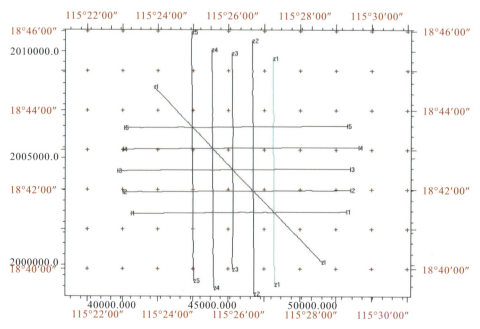

图 6-1-8　海上测线测量

环节提供零漂改正数据。

（5）在完成海上重力测量后，进行数据处理，主要步骤有：延迟改正、基点重力仪读数归算、零漂改正、吃水改正、厄特沃什改正、绝对重力值计算、正常重力值计算、空间重力异常计算、布格异常计算、精化处理（测线网平差）等，最终得到重力异常值与成果图件绘制（图6-1-9）。

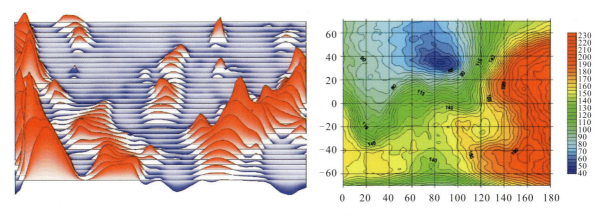

图6-1-9 重力异常图

（6）利用重力异常可以研究南海大范围的深部地壳结构及地质构造展布特征。同时，联合采用延拓、水平梯度及线性构造增强滤波方法聚焦重力异常中的区域线性特征，突出显示了反映大范围的地壳结构与区域构造展布（图6-1-10）。

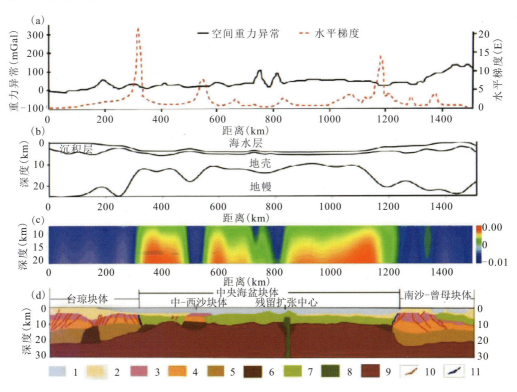

图6-1-10 重力异常的应用（李淑玲等，2012）

1. 海水层；2. 新生代沉积层；3. 上地壳；4. 下地壳层上部；5. 下地壳层下部；6. 异常地壳（幔）；
7. 大洋层；8. 岩浆通道；9. 地幔；10. 断层；11. 洋陆边界

(a) 空间重力异常与布格重力异常的水平梯度剖面；(b) 莫霍面埋深与地壳厚度；(c) 重力异常相关成像剖面；
(d) 地震资料解释的岩石圈上部结构

第二节 磁力场

一、国外的进展

海洋磁场探测仪器按照其发展历史以及其应用的物理原理分为以下两种。

第一代海洋磁力仪：它是应用永久磁铁与地磁场之间相互力矩作用原理，或利用感应线圈以及辅助机械装置。如机械式海洋磁力仪、感应式航空磁力仪等。20世纪初，海洋磁力测量是用陆地上所用的第一代磁测仪器和方法在非磁性的木帆船上进行的，由于速度慢、精度低，没有大规模的应用。

第二代海洋磁力仪：它是应用核磁共振特征，利用高磁导率软磁合金，以及复杂的电子线路。如磁通门磁力仪（饱和式磁力仪）、质子磁力仪和光泵磁力仪等。磁通门磁力仪是最早的磁场探测仪器，其磁测的基本原理是利用某种合金材料的高导磁率和低矫顽力的特征，使外磁场的微小变化能引起磁感应强度 B 显著变化，通过用这种材料制作的磁芯把外围绕制的线圈中的激励信号调制成一交变信号测量，这一信号的幅度与磁场强度成正比，因此可以制成磁测仪器，磁通门磁力仪的稳定性较差，但它的探头很简单，体积可以做得很小。

1940年，俄裔美籍地球物理学教授 Vacquier V 发明了磁通门磁力仪，他用这种仪器探测德国潜水艇。战后各国即广泛应用磁通门磁力仪进行航空磁测，探测石油和矿产。1957年起，Vacquier V 用磁通门磁力仪（以及其后的质子磁力仪）在三大洋测量地磁场，海上和航空磁测发现了海洋中正负交替的条带状磁异常及其分布形态。对磁力勘探来说，剩余磁化强度对于磁异常的解释至关重要。

20世纪50年代苏联生产的磁通门航空磁力仪有 ACFM.25 型灵敏度为 25nT，ACFM.49 型灵敏度为 5nT。美国宇航局（NASA）1979年10月30日在西海岸发射的一颗地磁卫星 MAGSAT 就载有磁通门式向量磁力仪，每秒取样16次，磁测精度为 6nT。国外比较典型的磁通门磁力仪有英国巴订顿公司的 MAG 系列，有单分量、三分量、低温型、水下型和磁经纬仪等，其中的 MAG-01 型磁经纬仪灵敏度为 0.1nT。国外用于磁场垂直分量测量的磁通门磁力仪还有芬兰地球仪器公司的 jH-13 型，其灵敏度为 10nT；加拿大先达利公司的 17FM-2-100 型，其灵敏度为 0.5nT；英国地球扫描探测公司的 FM 系列，它们的灵敏度一般为 0.1nT。

1956年制造出用于海上测量的质子旋进磁力仪，其测量方法简便、精度高、传感器不用定向，从而奠定了海上磁测的基础。目前，国外比较先进的质子磁力仪有加拿大先达利公司的 MAP-4 型（0.1nT）；美国乔美特利公司的 G803 型（0.25nT）、G81 型（0.05nT）和 G856 型（0.01nT）；加拿大吉姆系统公司的 GSM 系列（0.1~1nT）；英国利通锚科学公司的 Elsec820 型（0.1nT）及美国 GEOMETICS 公司研制的 G886 型海洋质子磁力仪等。

从20世纪50年代末期以来，海上磁力测量蓬勃发展，目前航迹已遍布各大洋，为发现和圈定大型含油气盆地做出了贡献。自60年代中期以来，法国、苏联、加拿大等国相继研制了 Over hauser 磁力仪。Over hauser 磁力仪是在质子旋进式磁力仪基础上发展而来的，尽管它仍基于质子自旋共振原理，但在多方面与标准质子旋进式磁力仪相比有很大改进。Over hauser 磁力仪和质子磁力仪之间的明显不同点是 Over hauser 效应通过电子-质子耦合现象达到质子极化的目的。Over hauser 磁力仪的另外一个优点是传感器的极化可以和进动信号的测量同时进行。这成倍提高了该磁力仪的可用信息量，比标准质子磁力仪的采样频率更高。它们具有同样出色的精度和长期稳定性特征。除此以外，Over hauser 磁力仪带宽更大，耗电更少，灵敏度比标准质子磁力仪高一个数量级。加拿大 Marine Magnetics 公司是目前世界上比较专业的 Over hauser 效应磁力仪的制造商，其产品有 SEASPY 海洋磁力仪/梯度仪、SeaQuest 三轴梯度仪、EXPLORER 海洋磁力仪、Sentinel 地磁日变观测站。

光泵磁力仪建立在塞曼效应基础之上。一个装有碱金属蒸气的容器（吸收室）是光泵磁力仪的核心部件。加拿大生产的 V-210 型铯光泵磁力仪的灵敏度达 0.01nT；美国乔美特利公司生产的 G-822 自振式铯光泵磁力仪，其读出精度为1nT，可在5m外探测到50kg或1m外探测到不足0.5kg的铁磁性物体，可用于海军清除爆炸性军械废弃物。乔美特利公司还利用从我国引进的光泵磁力仪技术研制出G-833亚稳态氦光泵磁力仪，其探头使用扫描技术，消除了通常导致铯蒸气光泵磁力仪的自振荡，提高了仪器的性能。美国GEOMETICS公司研制的C-8XX系列海洋铯光泵磁力仪包括G868、G877、G881型、G882型铯光泵磁力仪和G880G型铯光泵海洋磁力梯度仪。

海洋磁力仪阵列（magnetometer array）。所谓磁力仪阵列，就是按一定的几何形状，将多个磁力传感器组合形成的阵列，其中单个磁力传感器称为阵元，按阵元的空间排列方式不同，可分为线性阵、平面阵、圆柱阵、球阵、体积阵、共形阵等。磁力传感器外观形状像鱼，一般称为拖鱼，拖鱼通过拖曳电缆与船舱内的计算机控制记录系统相连。磁力仪阵列的出现大大提高了搜寻强磁性目标体的作业效率。目前国外比较的磁力仪阵列有芬兰地质测量局GSF（Geological Survey of Fmkd）的磁力仪阵列，德国GeoPro公司使用的磁力仪阵列，加拿大的SeaQuest，SeaSpy磁力仪阵列。美国GEOMETICS公司研制的G882型铯光泵磁力仪和G880G型铯光泵海洋磁力梯度仪。它们的测量灵敏度达到了0.01nT，分辨率达到0.001nT，测量绝对精度有0.2nT。

"十一五"863立项课题，提出采用一种新的方法设计近海底工作的三分量磁力仪系统基于三轴磁阻传感技术测量地磁三分量，并采用长距离通信技术实现数据实时通信。各向异性磁阻传感器（Anisotropic Magneto Resistive sensor，AMR sensor）的灵敏度完全可以满足微弱地磁测量的要求，但主要的缺点在于温度漂移和初始误差较大，绝对精度无法达到光泵式磁力仪和质子旋进式磁力仪的级别。国家重点研发专项"深水油气近海底重磁高精度探测关键技术"开展对水下三分量磁力测量系统的研制，主要研究内容包括水下高精度磁力测量技术、高精度姿态仪及与三分量磁力仪同步系统的研制以及水下磁力采集设备系统研制，拟对磁通门磁力仪的误差产生机理和误差补偿与标定技术进行深入研究，解决相关理论和技术问题（图6-2-1，表6-2-1）。

图6-2-1 国外典型海洋磁力仪

表6-2-1 国外典型海洋磁力仪的技术性能指标

仪器名称	G-880/880G G-882/G-882G G-868G	MAGIS 300 Gradiomagis	SeaSPY、SeaSPY2 SeaQuest、SENTINEL
研制公司	GEOMETRICS	IXSEA	Marine Magnetics
国家	美国	法国	加拿大
工作原理	铯光泵原理	核磁共振技术	Overhauser效应
量程（nT）	17 000~100 000	25 000~75 000	18 000~20 000
死区	有	无	无
采样率（次/s）	0.1~10	10	0.1~4
灵敏度（nT）	0.02	0.01	0.01
分辨率（nT）	0.001	0.003 5	0.001
绝对精度（nT）	2	0.5	0.1
梯度容限（nT/m）	20 000	10 000	10 000
工作温度	-20~70℃	-20~40℃	-40~60℃

二、国内的发展历程

我国的磁力测量是 20 世纪 30 年代在云南省开始的，海洋磁力测量工作起步相对较晚，自 20 世纪 70 年代随着质子磁力仪的应用，我国才普遍开展了海上磁力测量，主要应用领域是海洋区域构造。

我国于 20 世纪 60 年代，地矿部物探研究所和航空物探队联合研制出磁通门式航空磁力仪（402型），其灵敏度为 10nT，测量的是地磁总场增量 ΔT，开创了我国弱磁测量仪器的研究。之后，我国又研制了 403 型磁通门磁力仪，其灵敏度为 2nT。1975 年北京地质仪器厂生产了 CrM-302 型地面磁通门磁力仪。在南极站上使用我国自行研制的 CrM-302 型三分量高分辨率（0.1nT）磁通门磁力仪，用其作地磁场观测。

20 世纪 60 年代初，我国研制成功的 302 型航空质子旋进磁力仪正式用于航空磁测，其灵敏度为 1nT。北京地质仪器厂在 60 年代研制的电子管质子磁力仪。后来用硅管代替电子管，生产出 Cm1~Cm6 型质子旋进磁力仪。1983 年鉴定的 CZM-2 型质子磁力仪，其灵敏度为 1nT，可靠性有较大提高，曾用于南极考察站，作为固定站及流动站观测地磁场。

我国从 1964 年开始由长春地质学院研制，1969 年完成了第一台光泵磁力仪样机。1976 年北京地质仪器厂研制成功 CBC-1 型氦跟踪式光泵磁力仪和 CSZ-1 型铯自激式光泵磁力仪。地矿部航空物探遥感中心在长春地质学院和北京地质仪器厂研究的基础上，研制实用的 GQ-30 型 He4 跟踪式光泵磁力仪，其灵敏度达 0.25nT。改进后的仪器型号为 GQ-B 型，其灵敏度达 0.1nT。最具代表性的是中国船舶重工集团公司第七研究院第七一五所研制的 GB-4/GB-5/GB-6 型海洋氦光泵磁力仪，其灵敏度可达 0.01nT。它是一种原子磁力仪，是一种高精度磁异常探测器，适合于航空及海洋地球物理勘探中高精度磁测量，也可用于水下小目标探测。用光泵技术制成的高灵敏度磁探仪，无零点漂移、不须严格定向，对周围磁场梯度要求不高，可连续测量等显著优点，可广泛用于航空及海洋地球物理勘探。1985 年航空物探遥感中心又推出灵敏度达 0.01nT 的 HC-85 型高灵敏度多功能轻便光泵磁力仪。1990 年和 1993 年我国又分别推出灵敏度为 0.0025nT 的 HC-90 型航空氦光泵磁力仪和适用于大跨度的航空双光系氦光泵磁力仪。2003 年 2 月，中国国土资源航空物探遥感中心成功研制了 HC2000K 型航空氦光泵磁力仪，其主要技术性能指标达到了国际先进水平。由此看来，我国的光泵磁测技术和仪器已经取得了很大进步。我国海洋磁力仪阵列的研究还处于起步阶段。

三、现在的工作方案

海洋磁力测量是海洋调查的一种重要手段，和海洋重力调查一起，它们由于设备装备投入少、野外作业成本低等特点，效率高、以"重磁先行"的工作方式，在海洋地质和矿产资源调查中出现了不少的成果例子，并且在广州海洋局的生产、科研任务中起着举足轻重的位置。近年来，海洋磁力测量在海洋工程中的应用领域不断地扩展。海洋磁力测量有以下几方面的用途：①对磁异常的分析，有助于阐明区域地质特征，如断裂带展布、火山岩体的位置等。磁力测量的详细成果，可用于编制海底地质图。②磁力测量是寻找铁磁性矿物等固体矿产的重要手段。③磁力测量在石油、天然气勘探中的应用。④在工程地质上的应用。⑤在军事上，海洋地磁资料可用于布设磁性水雷，对潜艇惯性导航系统进行校正。⑥各地的磁差值和年变值编成磁差图或标入航海图，是船舶航行时，用磁罗经导航不可缺少的资料。

目前大多数的海洋磁力仪只能对海洋地磁总场强度进行探测，虽然理论上可将海洋地磁总场转换为磁场三分量，但由于受各种环境条件的影响，目前还不能精确地代替海洋实测结果，因而为了增强海底磁场探测的能力，研制出高精度的三分量海洋磁场探测仪器，是未来的发展趋势。

常规海洋磁力测量在实际应用中的过程如下：日变观测潜标以 Sentinel 日变观测站示意，采集部分以 SeaSPY 磁力仪示意。

（1）调查船安装好磁力仪和电缆绞车后，一般先进行联机调试等准备工作，确保设备工作正常。

（2）在正式作业前，查看调查区地理位置，确定日变观测数据的获得方式，确保日变改正的效果满足设计要求。如陆地地磁台站距离较远（超过 300km），数据不能满足，则还需在调查区平静磁场区附近投放观测潜标采集地磁日变观测数据,海上调查任务完成后回收下载日变数据。潜标结构示意如图 6-2-2 所示。

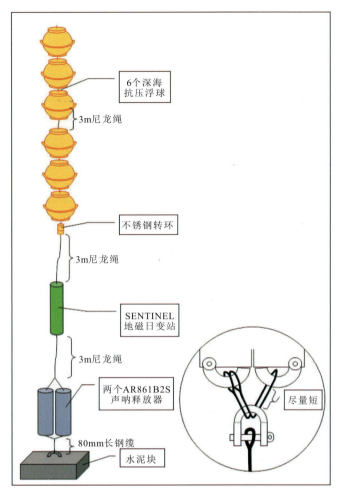

图 6-2-2 Sentinel 日变观测潜标结构

（3）海上作业时,磁力电缆施放长度应大于 3 倍船长,以减少船磁的影响。

（4）根据设计的测线进行海上测线作业,采用走航式的连续观测方法,直至完成。根据要求做好数据记录和备份、班报记录、控制船速等（图 6-2-3）。

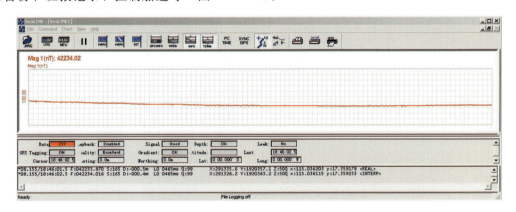

图 6-2-3 SeaSPY 磁力仪磁场数据采集

（5）海上调查期间,在调查区选一处地磁场平静的海域,进行船磁测量,提供船磁改正数据。要求在磁静日（无磁暴、大型磁扰动）的晚上进行（图 6-2-4）。

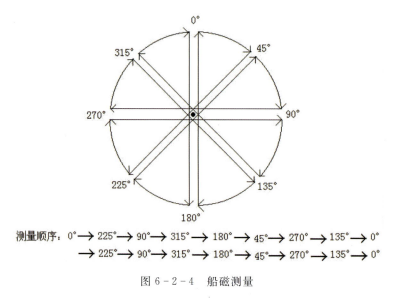

图 6-2-4 船磁测量

（6）在完成海上测量任务后，进行数据处理。磁力仪采集的地磁场总强度值包括了均匀磁化球体引起的磁场、大陆异常，区域和局部异常、船磁影响和日变磁场等。为了得到反映地壳上部结构和构造的磁异常，对观测值须进行正常场校正、船磁校正和日变校正。最终得到磁异常值 ΔT 加以图示，做出海洋磁力测量的基本剖面图、平面剖面图和等值线图（图 6-2-5）。

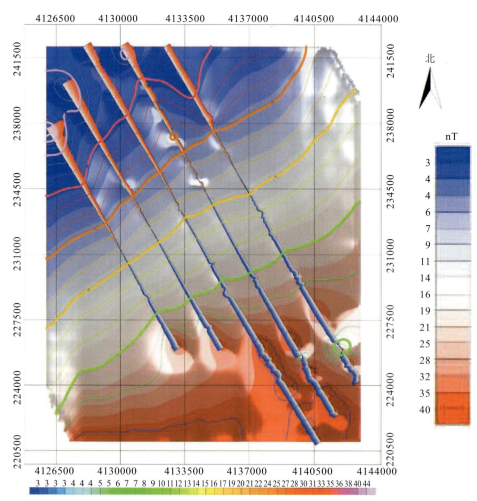

图 6-2-5 磁异常图

（7）得到的磁异常记录了丰富的构造演化信息，准确刻画了陆缘展布与岩浆活动，同时展示了不同构造次单元间的过渡关系及分区特征。对磁异常进行定性或定量的解释，估算磁性体的最小埋藏深度和视磁化率，进而揭示地壳的磁性结构和构造（图6-2-6）。

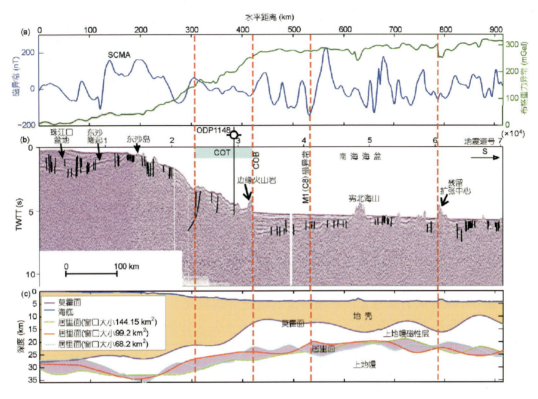

图6-2-6　磁异常的应用（李春峰等，2012）

海洋磁力调查以岩矿物质的磁性差异为主要手段。海洋磁力测量是测量海上地磁要素的工作，海底下的地层是由不同的岩性地层组成。不同的岩性具有不同的导磁率和磁化率，因而产生不同的磁场，在正常磁场背景下出现磁异常。利用拖曳于工作船后的质子旋进式磁力仪或磁力梯度仪，对海洋地区的地磁场强度作数据采集，进行海洋磁力观测。将观测值减去正常磁场值并作地磁日变校正后，即得磁异常。海洋磁力测量作为海洋调查中的一种常规的调查方法，应用于海洋科学考察、资源调查和工程勘察等项目中，它与回声测深、海洋重力和海洋地震勘探等技术方法成为了现代海洋地球物理勘探重要的技术手段。用大洋海底磁异常条带序列来解释海底板块扩张普遍为人们所接受；此外，海洋磁力测量搜索海底铁磁性目标物、探查海底管线位置和走向，以及探索如推覆构造、碳酸盐、盐丘等地震屏蔽层十分有效。另外，海洋磁场探测在保证航海安全、海洋工程建设以及海军军事作战等方面有着重要意义。

国家重点研发专项"深水油气近海底重磁高精度探测关键技术"，研制的拖曳式深水重磁探测系统（探海谛听），进行国内首次水下动态重力、三分量磁力无干扰联合测量，实现我国该领域零的突破。"探海谛听"采用两级拖曳方式工作，水下重力、磁力探测装置安装于二级拖体上。"探海谛听"突破水下重力数据处理方法、高精度加速度提取、姿态测量与保持等关键技术，实现深水高精度动态重力测量；突破动态条件下三分量磁场测量及高精度总磁场合成技术，解决了磁轴校准、各类误差修正与补偿，实现高精度总磁场合成和地理坐标系下的三分量磁场转换，形成三分量磁力测量能力。"探海谛听"经过三次湖泊试验，两次海上试验。2018年11月完成第一次海试，采获水下重力和水下三分量磁力数据160km，实现了我国该水下重力、磁力动态测量领域零的突破。2019年11月设备经过海试，采集2000m水下重力、磁力数据120.7km，最大探测到水下2 120.2m的相关数据。海试数据符合任务书精度要求，获得海试专家好评，并通过海试验收（图6-2-7）。

图 6-2-7 "探海谛听"拖体收放图

第三节 电磁场

一、国外的进展

最早开展海洋电场测量工作的人，要数法国的施伦贝尔格兄弟（Schlumberger）。1912—1926 年间，二人先是在陆地发展了直流电法，几年之后又完成了首次水上电阻率测量，目的是为海港工程查明海床结构，他们是海洋直流电法的鼻祖（何继善和鲍力知，1999）。Drysdale（1924）最早开展海洋可控源系统尝试，他利用一战初期轮船导航的电缆，测量电缆周围的磁场和电流。Butterworth（1924）计算了电缆和绝缘海底周围的场并和实际测量值做了对比，"可控源"这个名词当时尚未发明，做的工作又少，所以他的尝试后人知之甚少。

根据已检索的资料看，从 20 世纪 30 年代直到 60 年代早期，海洋电磁研究的资料几乎空白，随着第二次世界大战的创伤得到缓解，发达国家逐渐地将对资源、环境的研究列入议事日程。60 年代末期到 70 年代末，人们开始把目光转向海底环境，这一时期比之前 30 年海洋电磁法的研究多了很多。从现有资料看，工作主要集中在 4 个方面：一是深海地质结构的研究，不少工作是针对洋中脊、海底隆起、上地幔、软流圈、部分熔融、热液活动等问题的；二是与矿产勘探有关的工作，包括勘探硫化矿、填绘断层、热液活动这方面的工作，采用的方法有自然电位法（SP）、直流电阻率法（DC）、大地电磁法（MT）、激发极化法（IP）、磁电阻率法（MMR）等；三是开发研制了适合海洋环境的仪器设备，如海底磁测仪（OBM）、海洋 SP 系统等；四是开展了海洋学的研究，测量海水运动引起的电场，虽然这一时期海洋电磁研究已经启动，也只不过刚刚起步，开展的项目少，投入方法单一，研究人员各自独立，国际合作的多方法、多学科研究还未形成。

自从 20 世纪 80 年代以来，海洋电磁研究越来越多，但从总体上看工作量并不大，都处在实验研究阶段，还没有进入生产性（或商业性）使用阶段，开展这方面研究的国家也不超过 10 个，主要的目标集中在海底隆起或洋中脊及海洋学研究，实际找矿的应用还不多，设计师制造的仪器设备也各成体系，仍在改进之中。

21 世纪初以来，拖曳式电磁仪器成功应用于海底天然气水合物和深水油气调查。其中，半拖曳式的代表性国外研究机构有挪威电磁勘探服务公司（EMGS）（Ellingsrud et al., 2002）、英国欧姆电磁勘探服务公司（OHM）和美国 Scripps 海洋研究所（SIO）等；单缆全拖曳式的代表有加拿大多伦多大学、美国 KMS 科技有限公司和日本东京大学等，他们采用时间域海洋瞬变电磁方法，仪器系统收发一体，拖曳走航，作业效率高；浅水收发分缆拖曳式的代表是挪威石油地质服务公司（PGS），该公司的大功率发射源潜入水面较浅。在数据处理和反演解释方面，基于非结构网格剖分的三维正反演技术成为目前的研究热点。国外研究机构有美国犹他大学、东京大学、哥伦比亚大学、美国 SIO 等。目前可提供国际商业化三维海洋电磁数据反演与解释服务的主要有挪威 EMGS 公司和美国 TechnoImaging 公司。

美国 SIO 作为海洋电磁研究领域的国际先驱,开发了多种海洋 CSEM 发射系统(S. Constable,2013;D Sherman 等,2016),其中最大传输电流达到 500A。国际知名的 EMGS 公司将其传输电流从 1250 A 提高到 7200 A(R Mittet and S P Tor,2008),目前最高水平为 10 000 A。挪威的 PGS 也有其强大的海洋 CSEM 探测装备(C Anderson and J Mattsson,2010)。虽然大电流传输可能会消耗更多的能量和成本,但其改善信噪比的效果是非常明显的,在发现海底电异常方面起着重要的作用。目前我们国家的最大发射电流可以达到 2000A(表 6-3-1)。

表 6-3-1　国外从事相关研究的主要机构

序号	机构名称	相关研究内容	相关研究成果	成果应用情况	仪器型号
1	挪威 EMGS 公司	海洋 CSEM 和海底 MT 方法技术	仪器装备、数据处理反演及解释软件	完成全球多个海底油气电磁勘探项目,完全商业化并上市	Rx4、Rx5、DECS
2	英国 OHM 公司（后被 EMGS 收购）	海洋 CSEM 和海底 MT 方法技术	仪器装备、数据处理、反演及解释软件	面向深水油气勘探领域,商业化运作	DASI Ⅳ,EFMALS Ⅲ
3	美国 SIO 研究所	海洋 CSEM、海底 MT 方法技术	仪器装备、数据处理、反演及解释软件	面向基础地学问题、油气、天然气水合物勘探领域的科学研究	SUESI、MK-Ⅱ、MK-Ⅲ
4	加拿大多伦多大学	海底 TEM 方法技术	仪器装备、数据处理、反演及解释软件	面向海底浅部的天然气水合物调查的科学研究	
5	德国 BGR	海底 TEM 方法技术	仪器装备、数据处理、反演及解释软件	面向海底浅部的天然气水合物调查的科学研究	
6	日本 JAMTSTEC	海底 MT、海洋 CSEM、海底 DC、海底 IP	仪器装备、数据处理、反演及解释软件	水合物调查、油气勘探、硫化物探测、海底深部结构调查	
7	挪威 PGS	海底 MTEM 方法技术,地震与电法联合采集技术	仪器装备、数据处理、反演及解释软件	主要面向油气勘探商业应用	Geostreamer

二、国内的发展历程

国内的海洋电磁研究起步较晚。20 世纪 90 年代开始,中国地质大学(北京)、中南工业大学、长春科技大学、同济大学、浙江石油勘探处等单位加入了海洋电磁研究的行列,包括 TEM、MT 等方法,在滩海地区或近海地区进行了工作或在湖区进行了试验。中国地质大学(北京)于 2006 年在国家"863"计划资助下开展了半拖曳式和单缆全拖曳式海洋电磁探测方法与仪器的研究,首次在国内自主研制了可控源发射与接收系统和单缆深水拖曳式电场采集系统,并于 2010 年完成海试(邓明等,2010,2013;陈凯等,2013;王猛等,2013)。另外,中南大学近年来自主研发了拖曳式海洋瞬变电磁勘查系统,在印度洋和太平洋多个海域进行了海上生产试验,应用于海底硫化物矿床调查。在海洋可控源电磁勘探系统甲板监控单元、数据处理和三维反演等研究方面,吉林大学目前已走在国内的前列。中国海洋大学和东方地球物理公司也紧随其后,开展了海洋可控源电磁方法理论、硬件装备、资料处理等方面的研究,所研发的海洋可控源电磁发射机和接收机已完成海试验收。

2011 年以来,广州海洋局和中国地质大学(北京)联合攻关,形成了较完备的海洋电磁海上作业方法和硬件装备,以及较完善的海上作业规程,组织了近 20 个生产和试验航次,已经具备了天然气水合物资源调查的能力(邓明等,2013,2017;王猛等,2013,2017;陈凯等,2013,2017)。2016 年以来,依托"十三五"国家重点研发计划"深水双船拖曳式海洋电磁勘探系统研发"项目,项目依托单位广州海洋地质调查局和中国地质大学（北京）、吉林大学、中南大学、北京工业大学、中船重工第710研究所、青岛海山海洋装备有限公司等国内电磁研究优势单位，成功研制出深水双船拖曳式海洋电磁勘探系统，并于2019年11月完成了该系统的海试工作（表6-3-2）。

表6-3-2 国内从事相关研究的主要机构

序号	机构名称	相关研究内容	相关研究成果	成果应用情况	仪器型号
1	广州海洋地质调查局	海洋CSEM和海底MT海上作业方法技术	海洋CSEM及MT海上作业规程；研制了用于天然气水合物调查的大功率甲板电源及定位导航系统	围绕天然气水合物调查，在南海完成百站位生产任务，为水合物调查的提供电性依据	MCSEMT-500、MCSEMT-1500、MCSEMT-2000
2	中国地质大学（北京）	海洋CSEM及海底MT方法技术	仪器装备、数据处理、反演及解释软件	成功多次服务于南海水合物调查、油气勘探等任务	OBEM-Ⅲ
3	吉林大学	海洋CSEM甲板监控系统、数据处理、三维反演技术	甲板监控软/硬件、数据预处理软件及三维正反演软件	"十二五"国家863重大项目实际数据处理	
4	中南大学	海洋TEM方法技术	瞬变电磁勘查系统软硬件	在印度洋和太平洋多个海域进行了海上试验，应用于海底硫化物的调查	MTEM18
5	中国海洋大学	海洋CSEM方法技术	仪器装备、数据处理、反演及解释软件	在2016年初和2017年进行了海试验证工作	

三、现在的工作方案

海洋电磁方法是一种重要的海洋地球物理方法（Cox et al.，1986；Edwards et al.，2005），它适用于地震方法不易分辨而电磁方法拥有特定优势的区域，例如碳酸盐礁脉、盐丘、火山岩覆盖、海底永久冻土带等，而且，海洋电磁法适应性强，探测深度的范围大，海洋电磁观测着眼于固体大地的地球物理和海洋学研究，许多大的重要的目标（洋中脊的构造，海底扩张带的形成，石油、天然气及各种矿产）都在调查之列（李金铭，2005；Constable and Srnka，2007）。它涉及的方法技术门类繁多，不同空间、不同波段和不同成因的人工电磁场、天然电磁场均可探测，海洋地壳和地幔的电导率结构模型，有意义的海洋学成果已经从电磁场观测数据中提取出来。目前海洋电磁法在洋中脊扩张、海底火山运动、板块俯冲等基础地学领域和海底油气勘探、天然气水合物调查、金属硫化物等资源勘查领域取得了显著的成果（Constable，2010）。海洋电磁法勘探技术主要分支方法包括海底大地电磁测深方法（MarineMagnetotelluric，MT）（魏文博，2002）、海洋可控源电磁方法（Marinecontrolled-source electromagnetic，MCSEM）、海底自然电位方法（Marine self-potential，MSP）、海底激发极化法（Marine Induced Polarization，MIP）、海洋瞬变电磁方法（Marine Transient Electromagnetic Method，MTEM）、海底直流电法（marine DC electrical method，DC）、海洋多道瞬变电磁方法（marine Multi-channel Transient Electromagnetic Method，MTEM）等，在已有勘探案例来看，其中以MT和MCSEM方法在学术界和油气工业界最为广泛流行（Constable，2013）。

MCSEM探测系统主要包括船载大功率甲板供电电源、船载深拖缆及其绞车、船载导航及水下定位设备、大功率拖曳发射系统（Wang et al.，2015）、若干台海底电磁接收机（Chen et al.，2017）。其中大功率拖曳发射系统（图6-3-1、图6-3-2）为海洋可控源电磁探测方法提供激励大功率人工激励场源。该系统是由船载大功率发电机提供电力，通过甲板变压及监控单元和用于水下功率及信号传输的深拖缆，将电力和监控信号输送至海底的电磁发射机，再经过水下变压和整流单元，在发射机主控单元的控制下，通过功率波形逆变单元和发射偶极，把大功率电磁波发射到海底的介质里。甲板监测单元可与水下的发射机通信，通过信号电缆完成控制命令和数据的交互，以查看和更改发射机的运行状态。

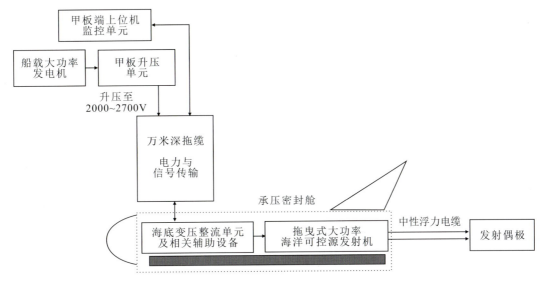

图 6-3-1 拖曳式大功率海洋可控源电磁发射机原理框图

海底电磁接收机（图 6-3-3）的核心功能就是实现海底电磁信号的高精度采集（Chen et al.，2015，2017；陈凯等，2015）。实现这一目标需要解决接收机的高可靠投放与回收、深水耐压、低噪声大动态范围观测、多台接收机与发射机同时工作、导航系统的高精度时间同步、水下长时间连续作业、海上高效作业等一系列关键技术问题。图 6-3-2 为海底电磁接收机投放前的场景写照。投放接收机时借助船载折臂吊将接收机吊起，摆至舷外，下放至水面，水面脱钩器释放后，接收机自由下沉至海底。接收机部件分为电子及机械两大类，电子部件包括电场传感器、磁场传感器、采集电路、水声换能器、定位信标、姿态测量装置、甲板单元等；机械部件包括玻璃浮球、框架、测量臂、声学释放器、水泥块、电腐蚀脱钩器以及配套的甲板遥控端。

图 6-3-2 2000A 级大功率拖曳电磁发射机

图 6-3-3 海底电磁接收机

MCSEM 探测系统的海上作业示意图如图 6-3-4 所示，作业流程主要分为以下步骤。

（1）电磁接收机的装配，将接收机主机调放至水泥块上，挂上并锁紧左右两根钢缆，将 4 支测量臂、水密电缆及电极接入接收机主机对应位置，固定垂直电极玻璃钢管，固定红旗。

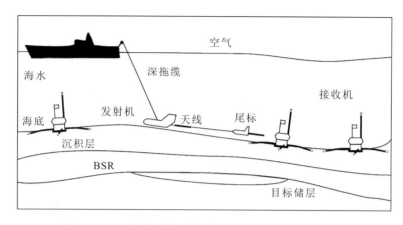

图 6-3-4 海洋可控源电磁探测系统海上作业示意图

（2）电磁接收机的参数设置，主要包括对钟，即确认 GPS 锁定后进行对钟；设置点号、线号、采集开始时间、采集结束时间、磁传感器编号、电道增益、磁道增益、采样率参数。

（3）电磁接收机投放，根据目标工区预设的点位，使用船载小吊或折臂吊等将海底电磁接收机吊至船边，然后释放脱钩器，电磁接收机在自身的重力下下沉至海底，如此往复多台电磁接收机依次投放至海底（图 6-3-3）。

（4）电磁接收机定位，借助船载 USBL 水下定位系统对海底接收机位置进行精确定位，并为后期数据处理提供坐标信息。

（5）大功率拖曳式发射系统的组装与甲板检测，绞车承重头接到发射机拖体框架并固定，使用绝缘表测量甲板端升压单元高压输出端的对地绝缘电阻，确保 30s 后的绝缘电阻大于 10MΩ 以上，380V 上电后，即可用绝缘在线检测仪实时监测绝缘电阻，进行甲板检测，然后将发射电极放入水面以下，甲板端升压单元上电，发射机在甲板上对水面下数米的电极进行试发射，确认发射电极间的负载大小，试发射完毕，关闭供电高压，上位机控制发射机放电。

（6）大功率拖曳式发射机由 A 型架投放入水，打开 PC 端软件，监控发射机各状态指标。试发射正常后，绞车开始放缆，绞车最大放缆速度不能超过 50m/min，船速不可超过 3kn，直到距离海底 30～50m 时停止放缆。

（7）发射作业与 MCSEM 数据采集，大功率拖曳式发射机按照设计的路线及频率进行大功率电流激发，电磁接收机采集 MCSEM 信号与 MT 信号。

（8）MT 数据采集，在接收机着底后至回收之前一直采集海底 MT 信号。

（9）在发射完成后回收大功率拖曳式发射机。

（10）回收电磁接收机，借助释放回收系统对电磁接收机进行释放，电磁接收机在浮球浮力的作用下上浮至水面，然后逐点进行打捞回收，捞起回收到甲板后，用淡水冲洗。

（11）现场数据预处理，下载接收机中的数据文件，结合发射电流文件、导航及水下定位数据，进行 MCSEM 数据处理与海底 MT 数据处理，并对数据质量进行评估，为后期室内数据处理提供中间文件（王铭等，2016）。

海上作业时，采用船载拖曳发射装置进行近海底电磁发射（发射偶极离海底距离高度 25～100m），由布放在海底的接收机接收海底介质返回的电磁信号（频带 0.01～10Hz）。对观测的正交电磁场分量，通过数据处理得到振幅（Magnitude Versus Offset，MVO）和相位（Phase Versus Offset，PVO）结果。在资料反演解释时，既可对单个电磁场分量进行反演，又可参照海底大地电磁法整理成阻抗视电阻率和相位进行反演解释。经后续资料处理及反演得到海底地层电性信息，用于推断海底以下介质的电性异常，从而评估天然气水合物分布范围（景建恩等，2016，2018；Jing et al.，2019）。

在深水双船拖曳式大功率时频发射与多链缆多分量电磁探测系统研发方面，取得了大功率发射关键技术，最大输出电流近 2000A，达 1988A，甲板升压电源最大输出功率 176kW，发射天线直流导体电阻为29mΩ，发射电极距最大为300m，最大测试工作水深2228m。采集系统方面，实现了多链缆多分量电磁采集、通信、同步等关键技术，电场本底噪声水平优于0.1nV/m/rt（Hz）@1Hz，实现了一主三从近海底电磁拖曳测量，最大测试工作水深2337m。以上硬件装备功能及性能得到海上试验验证，为资料处理与反演提供了原始数据支撑。

第七章 光 学

第一节 海底摄像

一、国外的进展

海底摄像系统是海洋科学家的"千里眼",把人类的视野延伸到黑暗、幽冷的大洋深处,将深不见底的神秘海底世界直观地展现在人们面前。正因为其直观、高效的优点,深海摄像系统在海洋地质调查和大洋科考中都占有重要地位,世界海洋强国均在此方面投入了大量的研发经费,研制出了几乎适应各种需求的深海摄像系统。

国外深海摄像系统比国内的技术水平相对成熟,在各个发达国家中搭载有深海摄像系统的海底观测网络正在快速的发展中。

(1) 美国于1998年正式启动了著名的NEPTUNE——"海王星"海底观测网络计划,先后建立了不同区域的海底观测网 NEPTUNE 和 MARS。该海底观测网络配有深海摄像系统,其深海摄像系统使用高清晰度 HDTV 摄像机配合 H.264 高效图像压缩技术和海底光纤网络通过海底接驳盒传输至基站服务器,并与互联网相连,使得世界上任何互联网用户都可以在网上对深海进行实时的视频监控。

(2) 加拿大于1996年6月加入 NEPTUNE 海底观测网络试验计划,而后启动维多利亚海底实验网络 VENUS,并于2008年成功投放海底观测网络深海摄像系统(图7-1-1、图7-1-2)。

图 7-1-1 VENUS 深海摄像系统

图 7-1-2 VENUS 和 NEPTUNE 深海高清晰摄像机和深海照明灯

(3) 离我国最近的日本也在其附近海域建立了8个深海海底地球物理监测网,同时提出了 ARENA 计划来进行海底实时监测,该计划搭载有深海摄像系统。

法国科学家利用深海摄像技术，介绍了从深海热液喷口不同尺度的视频图像中提取生物数据的3种不同方法（Sarrazin and Juniper，1998）。日本科学家Watanabe Toshihiro等（2004）于2000年6月在日本北部太平洋沿岸水域利用利用拖船拖网作业前的深海视频监控系统，通过可视化带状横断面来估计雪蟹的种群密度；Takahashi Hideyuki等（2005）利用拖曳式雪橇深海视频监控系统拍摄的视频图像，对红皇后蟹蟹壳的宽度进行了估计，提出了一种将视频图像上的位置转换成海底真实尺度的公式。Gauthier（2014）开发了一种技术来分析ROV视频和扫描-声呐数据，以记录温哥华岛大陆斜坡上浅海底栖巨型动物群的数量和分布，并量化拖网作业对这些巨型动物群的影响。

二、国内的发展历程

从20世纪90年代末，国内的海洋地质科研人员开始引进和自行研发深海摄像系统，经过多年的技术攻关，有四代深海摄像系统先后投入到科研工作中，并取得了很多重要成果。第一代海底摄像系统最初还是以光学单一功能设备为主的"海底黑白电视""海底照相"，只能通过钢缆将设备放入海底，进行深海海底资料的盲拍。1998年，在东太平洋开辟区某观测站，广州海洋局应用第一代海底摄像系统，在科考船的计算机屏幕上看到了真实的海底世界，这是我国第一次取得的清晰海底摄像记录。随着我国大洋勘探开发的不断深入，可视化技术得以突飞猛进的发展，第二代摄像系统"深海彩色数字摄像系统"也研制成功并投入应用。2001年，广州海洋局的调查人员应用第二代摄像系统，在我国南海海域开展的天然气水合物资源调查中发现天然气水合物存在的地貌特征标志——碳酸盐结壳，之后通过同轴电缆实现了6000m水深的高清海底摄像，并集成海底照相技术实现可视遥控拍照。之后随着设备的不断引进，通信介质也从单一的同轴电缆发展到光电复合缆，实现了视频信号与甲板供电电流同缆传输技术，解决了早期的靠水下电池供电受电能限制水下工作时间短的弊病。光纤通信的引进，也突破了通信带宽受限制的因素，可以使第三代海底摄像系统实时进行彩色高清监控画面，实时高清记录以及满足其他拍摄信息的图像叠加，更好地满足了我国海洋地质调查与大洋科考的需求。2003年"双目立体式摄像系统"在大洋多金属结核、结壳调查作业中，取得了大量立体观测视频资料，通过"立体视图像反演解释系统"（"双目立体式摄像系统"配套软件系统）对立体视频资料反演，重构海底三维微地形、地貌，对研究海底矿产有关的地貌特征具有重要意义。2007年利用升级后的深海摄像系统我国首次在西南印度洋中脊拍摄到海底热液活动区影像，这也是国际上首次在该区发现海底热液活动区，为海底热液硫化物调查取得了宝贵的基础资料。

自20世纪90年代末一直应用至今，海底摄像已成为大洋海底作业常规的作业手段。由于海底摄像使调查人员可以对海底直接目视观测，故可选用适当的采样手段（抓斗、浅钻等），选择合适的采样点，采集泥样、水样、气样，并可将声学、热学、力学、电化学等多种传感器搭载到摄像拖曳体上进行多参数综合探测。通过高分辨率水下电视与录像对海底进行直接、连续地地质观察，可获得宝贵的图像信息，有经验的地质专家可从中识别出各种地形、地貌、地质和构造现象。摄像拖体上搭载的各种原位探测传感器的数据信息，可用于分析近海底海水中与矿产有关的异常信息，对海底矿产成因的研究和确定新的找矿靶区有指示作用。

三、现在的工作方案

海底摄像可以使海洋调查人员如"亲临海底"一样，对海底地貌直接实时目视观察，获得海底地质调查中最基本、最有价值的基础资料——海底图像信息，为其他采样作业手段选择合适的采样点，大大提高了采样的针对性和成功率，工作效率成倍提高，从而完善、优化了调查流程；立体摄像与反演技术，为定量（到厘米级）测量海底探测对象的大小提供了新的手段。如果配合其他海洋探测设备使用，可以提高海底设备寻址和对设备工作的视频监控和遥测遥控的效能。"海底摄像技术系统"具有较好的经济效益和广阔的应用前景。目前，在我国海底摄像主要用于大洋探测，通过该技术，获得了大量精细的海底图像资料，人们第一次对海底的地形、地貌和地质情况进行了目视直接研究，发现并圈定了大洋中锰结核、富钴结壳的分布范围，识别天然气水合物存在标志特征，对海底有了许多有价值的新认识。

同时通过对海底摄像资料进行计算机处理，就可对海底的起伏、断崖高度、裂缝宽度等微地形地貌进行定量的分析与评价。这些数据对海底工程地质、灾害地质以及海底矿产资源远景区开采条件评价都是至关重要的。此外，"海底摄像技术系统"还可进行水下构筑物的可视化调查与监测，广泛应用于海洋工程、海洋油气调查与开采、航运、渔业、水下工程勘察与水下考古等领域。

海底摄像作为可视化直观观测调查手段，在大洋科考调查中发挥着极其重要的作用。该系统由甲板控制单元、甲板供电单元、通信单元，以及水下电子舱、摄像头、高度计、深水灯等组成。其应用到大洋结核、结壳、热液硫化物以及天然气水合物等能源的考察工作中，获取了大量的极具价值的视频数据资料，为我国海洋地质调查事业做出了重要贡献。

广州海洋局从初代海底摄像系统应用以来，经过逐代的升级改造，现主要使用的是第四代海底摄像系统。其在第三代系统的基础上，更换了更加成熟先进的光端机、摄像机、照明灯等硬件设备，充分利用了光纤通信通信容量大、传输距离远的优点，从而使视频质量、清晰度、照明效果等各方面有了大幅度的提高，可以完美地符合当今海洋地质科学对于海底视频质量的要求。

通过三十多年的科学应用，海底摄像系统在广州海洋局已经是一种常规的调查作业手段，也形成了一套非常成熟的作业方法（张旭，2018；梁东红和何高文，2011；何高文等，2005）。广州海洋局海底摄像系统作业能力为6000m级，可在世界绝大部分海域进行调查作业，作业海况一般要求在四级以内，以保证人员和设备安全，且为能保证海底拍摄的视频质量，船速要求控制在2kn以内。具体工作方案如下。

1）下水前检查

在海底摄像系统水下拖体入水之前，需先进行潜前检查和系统联调，确保设备在水下作业时安全可靠。

（1）首先于绞车间对深拖缆电源线进行绝缘检测，排除电缆发生短路等安全事故。

（2）确认变压器输出电压可达到260~350V，满足海底摄像的工作电压需求。

（3）检查室内控制系统（甲板单元）（图7-1-3），如工作站、光端机等设备有无异常，固定是否牢靠，确保不会因船晃动而造成设备掉落损坏。

（4）检查水下拖体，如水下摄像头、照明灯、高度计、超短基线信标、光电转接盒等设备有无明显异常，安装是否到位牢靠。

（5）检查甲板单元和水下拖体所有电源线、信号线连接情况，确认线路连通正确、牢固，确认水下连接缆已固定好并锁紧，以防止设备在水下作业时，因线缆脱落、损坏而造成设备短路或通信中断等故障。

（6）确认水下拖体的连接螺钉已紧固，罐体端盖已上紧并密封可靠，以防止设备在水下作业时丢失，或者因密封不可靠而造成罐体进水、设备短路和烧毁等故障。

（7）确认光电转接盒的压力补偿检测金属棒伸出长度为7~8cm。保证设备充油盒在水下有足够的补偿压力。

2）完成潜前检查之后，还要进行系统联调，保证系统运行正常

（1）首先为甲板单元供电，开启电源，打开工作站，甲板光端机。

（2）启动系统软件，设置好串口类型和视频存储格式。

（3）开启电源，为水下拖体供电，通过监控界面，确认水下水上设备通信正常。

（4）通过操控界面，首先打开水下摄像头，调整镜头角度，确认正常；然后打开水下照明灯，确认通电正常；打开照相机，调试闪光灯，确认正常；调试水下定位通道，确认正常。

3）设备下水

设备调试正常、准备就绪后，甲板作业人员谨慎作业，等母船到达侧线指定位置，船速降至2kn以内后，在符合作业条件的区域将水下拖体投放入水（图7-1-4），摄像拖体在下放至水下20m时，将工作电压调到300~310V（交流），开启一盏水下照明灯；以正常速度（小于50m/min）继续下放；下放的同时注意观察水下定位的数据是否正确，保证实时监控到拖体的作业轨迹；在拖体离底100m左右时，开启高度计，下放速度减小至30m/min；在接近海底10m处，停止下放，稳定姿态1min。再

慢慢下放拖体,直至摄像头出现清晰画面,开启系统软件的"存储监控录像"。

图 7-1-3　GQSX-6000 深海高清摄像照相
系统的甲板单元

图 7-1-4　GQSX-6000 海底摄像照相
系统水下拖体

4）开始作业

作业过程中,要求母船保持在 2kn 航次以内,沿着侧线匀速前进。绞车操作人员密切关注海底地形变化,收放绞车,保证拖体高度为 3~5m,防止拖体与海底发生触碰。地质描述人员通过视频,观察海底地形地貌情况（图 7-1-5）,并作详细记录。

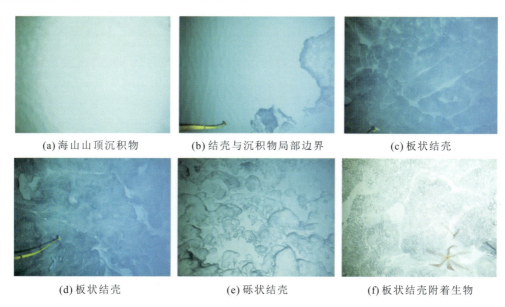

(a) 海山山顶沉积物　　　　　(b) 结壳与沉积物局部边界　　　　　(c) 板状结壳

(d) 板状结壳　　　　　(e) 砾状结壳　　　　　(f) 板状结壳附着生物

图 7-1-5　视频观察海底地形地貌（张旭,2018）

5）回收关机

测线作业结束后,操作人员以正常速度（小于 50m/min）回收水下拖体。在离海底 200m 后可关闭软件,先关闭水下照明灯,再将输出电压调到 260~270V（交流）,关闭摄像机,停止监控,退出软件,关闭系统电源。剩余 100 m 时,减慢回收速度,直至将水下拖体安全回收至甲板面。最后进行出水检查,检查设备是否有碰撞、损坏等故障,并进行淡水冲洗,以防海水腐蚀。

海底摄像的主要作业目的是快速完成大范围工作区勘查,在工作区沿预先设计的作业侧线完成拖曳作业,拖曳速度一般在 2~3kn,实时传输海底视频影像到甲板监控室,科研人员对重点目标有选择控制照相获取高清影像照片。一次下水作业可从几小时到数十小时,地质调查人员根据摄像、照相资料对海底微地形、地貌以及地质现象（构造、产状、形体等）进行判别,从而确定重点工作靶区,为进一步勘查如定位采样分析等提供基础数据资料。立体摄像可以通过三维反演,重构三维海底微地形并可进行精确尺寸量测。实际海底作业中，海底摄像一般作为其他调查手段的先导手段，在海底资源勘查作业中有重要作用。

第二节　高光谱成像技术

光谱成像技术是指利用多个光谱通道进行图像采集、显示、处理和分析解释的技术。利用光谱图像序列进行分析处理，不但可以得到光谱信息，还可以得到图像信息（陈瑶，2017）。任何图像可用以下函数式表示：

$$I = f(x, y, z, t, \lambda, \cdots)$$

式中，I 为光强；x、y、z 为空间三维坐标；t 为时间坐标；λ 为波长坐标。

高光谱成像被定义为在数百个连续光谱带中采集图像，因此每个图像像素都记录了一个完整的光谱。每个像素光谱包含不仅来自表面材料或植被，而且来自水、大气、照明源（通常是太阳）和高光谱传感器本身的不同光谱成分。

随着成像技术的发展，有关波长和光谱分辨率的研究取得了巨大进步。按照光谱波段的数量，光谱技术分为多光谱技术、高光谱技术与超光谱技术（吕群波，2007）。

根据采集光的方式不同，可将光谱成像系统分为三类，即掸扫式、推扫式与凝采式（李肖霞，2007）。根据搭载平台的不同，可进一步将光谱成像遥感分为星载光谱遥感、机载光谱遥感与舰载光谱遥感等。目前已有光谱成像系统用于海底光谱成像，典型的有各类星载光谱成像仪、水下拉曼光谱仪、水下激光击穿光谱仪和水下荧光光谱成像仪等（郑玉权等，2009）。

光谱需要校正，即校正任何外部影响并获得特定于感兴趣对象（OOI）的反射光谱，并表示 OOI 对每个波长反射的光的百分比。不同的 OOI 的反射光谱不同，提供所谓的"光学指纹"。通过将每个像素的反射光谱与在光谱库或场样本的参考光谱进行比较，可用于对 OOI 进行分类，并根据光谱特征生成覆盖图。

高光谱数据通常由被动高光谱成像仪采集，使用太阳作为光源，并在 400～2500nm 波长范围内记录反射太阳辐射（以及与外部影响相关的其他光谱成分），因此覆盖了太阳光谱的可见光范围（400～700nm）和部分红外光谱部分（>700nm）。大多数无源成像仪是机载或太空的。此外，在过去的 20 年中，已开发出用于水下使用的被动高光谱成像仪或光谱辐射计，以测量海洋的原位光学性质，例如，在系泊站或通过潜水员操作获取光谱数据。

高光谱成像主要用于地面环境，但也应用于海洋环境。地面应用包括植被监测、基础设施和表面矿物。矿物分布的高光谱测绘是为矿物开采目的检测矿床。在海洋环境中，高光谱方法主要用于海洋学和生物学研究，例如海洋颜色的测绘。鉴于大部分阳光穿透水深不超过 50m，被动高光谱传感器在海洋环境中的应用仅限于沿海地区和浅水地区。

最近，已开发出用于水下的主动高光谱成像仪。主动高光谱传感器使用自己的外部光源进行照明，因此可在无自然光的深度进行探测。由于光谱中近红外和红外部分的存在强烈的衰减，这些水下高光谱传感器受限于可见光波长范围。

一、国外的进展

在 1859 年基尔霍夫等人研制出第一台光谱仪之后，光谱测量技术得到了极大的关注和快速的发展。从此，各种新型光谱测量技术，例如傅里叶变换光谱技术（相里斌，1997）、感应耦合等离子体光谱技术（方红和杨晓兵，2002）、激光拉曼光谱技术（伍林等，2005）等不断涌现。

根据海洋光谱遥感的尺度，将其分为星载光谱成像系统、机载光谱成像系统、舰载光谱成像系统与水下光谱成像系统。目前用于海洋监测的光谱成像系统主要为星载光谱成像系统，其中美国有 MODIS、COIS 等系统，欧洲有 Hyperion、MERIS、OLCI 等系统，日本有 SGLI、ASTER 等系统，我国亦有相关的在轨系统。

在美国相关研究中，中分辨率成像光谱仪（MODIS）是第一个在轨的星载成像光谱仪，它搭载于 Terra 卫星，于 1999 年发射。MODIS 系统采用摆扫式结构，使用双面镜转动扫描，共有 36 个探测通道，其中可见近红外波段 6 个，短波及中波红外波段 10 个，热红外波段 10 个，工作谱段范围是 400～14 400nm，已在全球范围内广泛应用于大气观测、陆地表面以及海面目标遥感等。近海海洋成像光谱仪（COIS）是另一款重要的光谱遥感成像装备，其搭载于海军地球地图绘制观察者卫星系统上，是一款超光谱成像系统。其采用推扫式结构，扫描幅宽度约为 30km，对地面的空间分辨率约为 30m。其由两套光谱成像设备拼接而成，在 400～1000nm 的可见近红外光谱范围有 60 个波段，在 1000～2500nm 的短波红外波段有 150 个波段。可见近红外波段与短波红外波段的光栅系统共用一个狭缝，通过双色分光镜分离成两个光谱区。两套系统均使用凸面全息光栅作为分光器件，实现光谱分析。

在欧洲相关研究中，Hyperion 成像光谱仪搭载于 EO-1 卫星上，于 2002 年发射。Hyperion 采用了推扫式结构，扫描幅宽为 7.5km，对地面的空间分辨率为 30m，其采用光栅分光结构，工作光谱范围为 400～2500nm，光谱分辨率为 10nm，共有 220 个通道。其中可见近红外波段有 60 个通道，短波红外波段有 160 个。中分辨率成像光谱仪（MERIS）为另一款对地观测遥感光谱成像仪，搭载于 Erwisat 卫星上，于 2002 年发射，也使用推扫式结构。为了扩大视场，系统使用 5 个相同的小视场光谱成像仪做视场拼接。其扫描幅宽为 1100km，对地面分辨率为 300m。其光谱探测波段为 400～1050nm，包含 15 个探测通道，每个通道的中心波长和带宽可编程调节。其根据海洋水色遥感的特点而设计，极大地提高了光谱分辨率和探测灵敏度，在水色遥感领域表现出色。MERIS 的后续改进仪器 OLCI 于 2016 年搭载于 Sentinel3 卫星发射，其扫描幅宽扩展到 1300km，对地面分辨率为 300m。其将探测通道数增加到 21 个，并避开了大部分太阳耀斑。

在日本相关研究中，全球图像传感器（SGLI）用于日本全球气象检测任务（GCOM），搭载于 GCOM-C1 卫星上。除了一个用于一类水体观测的波段的空间分辨率为 1km 外，其余的 10 个波段空间分辨率均为 250m，幅宽为 1150～1400km。使用两个偏振探测通道进行极化测量，很好地解决了水体耀光问题。高级热发射和反射辐射计（ASTER）也是美国 EOS 系统中一个重要载荷。其包括 3 个相对独立的子系统：可见近红外、短波红外和热红外系统。其中可见近红外与短波红外子系统采用面阵推扫式成像，热红外子系统采用多线阵推扫成像。整个系统包括 14 个探测通道，其中 3 个为可见近红外波段，对地面的空间分辨率为 15m；6 个为短波红外波段，对地面的空间分辨率为 30m；5 个通道为热红外波段，对地面的空间分辨率为 90m。我国第一台星载成像光谱仪是由上海技物所研制的"神舟三号"中分辨率成像光谱仪，发射于 2002 年。光谱探测范围从可见一直延伸到热红外谱段，其中可见近红外波段（400～1000nm）连续等分为 20nm 带宽的 30 个通道；热红外波段由两路探测通道（10 300～11 300nm，11 500～12 500nm）组成。其幅宽为 500km，对地面的空间分辨率为 500m，为全球第二个上天的可见光/红外中分辨率成像光谱仪，也是世界上第一台既具有可见近红外连续光谱分布，又有短波红外以及热红外波段的中分辨率成像光谱仪。2018 年我国高分五号卫星成功发射，亦搭载一款高光谱成像仪。

机载光谱成像仪在近海海洋环境、海洋水色监测方面具有比星载光谱成像仪更高的空间分辨率和更短的重访周期，现已广泛应用于海洋生态监控、环境污染调查、水色信息获取等方面。例如，Kutser 等使用机载光谱成像仪用于浅水珊瑚碟的检测，Alam 使用机载光谱仪检测海面溢油信息，Dierssen 则将机载光谱成像仪用于水色监控等。在传感器方面，国外已有较多的研究，研制出大量机载光谱成像仪，例如 AAHIS、PHILLS、CASI、ASMSON、ANIR、PRISM，专用于监测近海岸海洋环境和获取海洋水色信息，在监测浮游生物分布、海草区域、珊瑚生存状况等方面具有广泛的应用。这些仪器均采用推扫式结构，使用光栅结构分光，工作波长主要集中在 350～1050nm 之间，带宽通常为 2～5nm。我国亦研究出了推扫式成像光谱仪（PHI）以及实用型模块化成像光谱仪（OMIS），并得到国内外的多次应用。

舰载光谱成像仪方面，美国 Arete Associates 公司研制出一台结构紧凑的海底荧光光谱成像仪，安装在底部装有玻璃视窗的船只上。该成像仪利用脉冲激光作为照明器和激励源,通过发射高能量脉冲激光照射海底目标(如海底生物),激发海底目标发出荧光。成像系统采用推扫式结构,采用棱镜分光,对海底目标发射的荧光进行分光,进而实现光谱成像,其原理如图7-2-1所示。

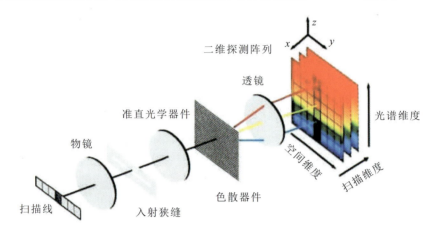

图7-2-1　Arete Associates公司水下光谱成像系统结构

水下光谱成像方面,Arete Associates公司所用海底荧光光谱成像仪在密封后,亦可搭载在水下运载器上用于海底测量;美国专利水下高光谱成像中,作者提出了一种推扫式高光谱成像设备。该设备安装于水下运载器,用于对水中及海底的物体高光谱成像。设备使用棱镜分光,通过线拼接成像。

挪威科技大学与Ecotone公司合作,研制了一款水下高光谱成像装置,对该系统做了大量的测试,并对水下高光谱成像的应用做了大量的探索。该团队使用一款推扫型的水下高光谱成像仪(UHI),并用于水下探测。早在2009年,该团队将一款高光谱成像仪置于水下,对海底和一些人造目标做水下高光谱探测;2010年,设计一款水下轨迹车,将水下高光谱成像仪安装于车上放入湖底,对该湖进行湖底测绘;2011年,将高光谱成像仪安装于带扫描单元的三脚架上,移动三脚架,获得了大堡礁区域的珊瑚全景光谱图以及鲨鱼湾地区的叠藻层和海草全景光谱图;2012年,设计第一款数字水下高光谱成像仪,搭载在ROV上测绘60～80m深的冷水珊瑚;2013年以来,先后在欧洲北部海域、大西洋海域以及挪威沿海海域进行了海底生物地球化学相关的光谱测绘,并对太平洋4200m深处锰结核与海洋沉积物进行光谱成像;2016年,将高光谱成像仪样机搭载到AUV上,对大西洋中脊扬马延岛附近海域调查;2017年,该系统被用于调查不同区域的海底生物与矿物分布情况。系统的原理及实物图如图7-2-2(a)(b)所示,其中7-2-2(a)为系统搭载在水下ROV上的示意图,7-2-2(b)为系统搭载在水下轨迹车上的示意图。该系统现为唯一商用化的水下光谱成像仪,于2019年3月首次引入我国。

 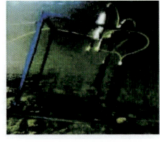 

(a) Ecotone-基于ROV的水下光谱成像仪　　(b) Ecotone-基于水下轨道车的水下光谱成像仪　　(c) GEOMAR-水下光谱成像仪

图7-2-2　现有水下光谱成像系统实物图

国外水下高光谱成像调查应用现状方面,主要有以下进展。

(一) 部署在遥控潜水器上的水下高光谱成像

高光谱成像仪（UHI）部署在遥控潜水器上，用于生物地球化学的感兴趣目标（object of interesting，OOI）的更加自动化的识别、测绘和监控。OOI 的特殊光学指纹可以提供光谱上涌辐射，或者为每个图像像素在可见光范围内提供高达 1nm 光谱分辨率的反射率，从而使得 UHI 的海底地图可以据此对 OOI 分级。不同的栖息地由软底、深水和冷水珊瑚礁、海绵栖息地、管道监视器和海藻森林地图组成，它们构成了基于 UHI 测绘的样本。对于人造物体的材料表面识别，比如管道、海底结构、考古对象的腐蚀，属于另外的样本。如果 ROV 的运动由动态位置系统（DP）控制，并且控制好反应速度、海拔、俯仰、横摇和艏摇运动，那么，OOI 的总体图像质量和识别成功率达到最佳。同样，为提高 OOI 的数据质量，需要提供合适的光照强度、光谱成分和照明均匀度，因此，照明控制也很重要。UHI 海底栖息地测绘的优势可以用四种分辨率来评估，它们是：①空间分辨率（图像像素尺寸）；②光谱分辨率（1～10nm，400～800nm）；③辐射度分辨率（动态范围，bits/pixel）；④用于时序和监控的时间分辨率。上述关于 OOI 识别和测绘的各种分辨率用于不同的场景范例。

基于 UHI 识别、测绘和监控的 OOI 样本有：海底栖息地（矿物、软底和相应的硬底）、海底管道检查（材料类型、裂缝、锈蚀和泄漏）、沉船（木头、铁钉、锈蚀及赝象的类型和状态）、深水珊瑚礁（种类识别、区域覆盖和生理状态）、深水海绵区域（种类识别、区域覆盖和生理状态）和海藻林（种类识别、区域覆盖、生理状态和深海生物的生长速率）。UHI 数据输出是诸如区域覆盖率、OOI 选择数量和统计之类的。

与 RGB 相机只能给出 3 个波段的信息相比，通过使用 UHI，给出每个图像像素的高光谱信息（数字计数、辐射或反射光谱），可以基于光学指纹，迈向海底识别和测绘的自动化。UHI 数据的实时计算方法作为水下无缆机器人和 ROV 在导航、制导和控制方面的任务计划和重新规划的输入，目前，正在研究改进其自主性。

1) 水下高光谱成像（UHI）

如果 UHI 部署的区域或深度环境缺乏阳光，那么需要使用人造光源。光束需要直接照射到 OOI 上，光线在水中从 OOI 上反射回来（反射的光线会因为被吸收和发散而改变），然后被 UHI 上的探测器检测到（CCD 或 CMOS）。除了 OOI，水及其光学要素会影响反射光谱。

可以使用原始数据（数字计数）、光谱辐射或者反射率（反射的光线到传感器的百分比）来提供 OOI 地图。校准后，UHI 感光镶嵌幕图像提供每图像像素的光谱辐射率（W/m^2）。通过使用反射率标准，对灯具光谱特征和强度以及 IOP（通过水、浮游植物、溶解的彩色有机物质和全部的悬浮物质）的校正可以用来获取每个像素的光谱反射率，为基于光学指纹的 OOI 识别形成通用标准。

在 ROV 上部署了一个新的数字 UHI 系统，在北极的极夜时期，采用含有不同 OOI 的海底作为样本，如海藻森林、深冷水珊瑚礁（80～100m 深）和硬底栖息地，对海底的 OOI 作了识别和测绘。

2) 材料和方法

数字 UHI 单元由以下几个部分组成：一个由 8mm 镜头、光谱摄制仪、探测器和数据控制组成的推扫式光谱成像仪，一个装在可以连接到 ROV 槽形光纤进行曝光控制的水下仪器罩（深度等级为 1000m、2000m 或 6000m，依赖于模型）里的转换单元，连接数据转换槽与甲板监视器的 ROV 脐带电缆，以及船上的计算机。测量工作由 NTNU 的研究船 Gunnerus 和 RV Helmer Hanssen（University of Tromsø, Norway）在 Trondheimsfjord（Norway）进行，深度为 2～450m，内容包括软底和硬底栖息地、沉船场所、海底管道、海藻森林、深冷水珊瑚和海绵群落。

为获得最佳的基于 UHI 的 OOI 海底地图的地理定位，ROV 装备了各种传感器和动态位置系统（DP）用于运动控制，包括北、东、深度、俯仰、横摇、艏摇和海拔。

RV Gunnerus（ROV 的母舰）装备了一个 Kongsberg Simrad 动态位置（DP）系统（SDP-11），结合 Kongsberg Seatex 微分位置传感器（DPS-232）、Kongsber 高精度声学位置系统（HiPAP 500）和一个整合在 Kongsberg Seapath 300 系统的 Kongsberg Seatex 运动参考单元（MRU-5），用于 ROV

上 UHI-1 的深水测绘。一般来说，通过使用几个横断面来操纵 ROV（使用 ROV Minerva 在 1.5m、2m 或 2.5m 的恒定深度，获得 2m 宽、20～30m 长的横断面，用以覆盖较大区域）。通过 DP 系统采用手工控制不能获得高精度的操纵和底部航行，这对 UHI 成像结果的质量来说很重要。特别来讲，为确保相对海底的距离恒定，即使海底测深快速改变，那么，使用 DVL、底部航行控制策略，并根据海拔控制结合使用 DP，就显得很重要。这对于珊瑚礁测绘来说，尤为关键。同样，为确保 OOI 合适的光照强度、光谱成分和光照均匀性，通过使用经 ROV 脐带电缆连接的控制器，来控制 ROV 上 UHI 的两个 250W 卤素灯的光照强度。UHI 单元朝下安装，位置在 ROV 右舷或中心。UHI 采样频率范围为 15～40Hz，依赖于 ROV 速度（0.2～0.5m/s）。

当使用 UHI-1 在浅水区域测绘海藻森林或管道时，ROV 的 UHI 在海滨配备一个领航员沿着海岸线手工操纵，没有使用上文所述的 DP 系统。因为运动的稳定性较低，在一定程度上降低了结果质量。

UHI 数据的图像处理采用 ENVI ver 5.0 高光谱图像处理软件执行，把 UHI 通过数字计数得到的 12bit 或 16bit 的原始数据作辐射校准，得到校准后的辐射率（$L(\lambda)$，350～800nm，W/m^2）。UHI 的辐射率校准在实验室执行，使用一个标准灯具，再加确认的每纳米的辐射率，从而得到每个图像像素的光谱辐射率。然后，通过使用下面的公式（1）把光谱辐射率 $L(\lambda)$ 转化为光谱反射率 $R(\lambda)$（0～1，1 表示 100% 的反射率），公式（1）中，$L(\lambda)_{OOI}$ 表示包括光源信号的 OOI 原始数据，$L(\lambda)_{Reference}$ 表示根据中性辐射率标准从灯具测量得到的光谱辐射率。

$$R(\lambda) = L(\lambda)_{OOI} / L(\lambda)_{Reference} \tag{1}$$

需要注意的是，使用部分反射率标准对 UHI 灯具和 IOP 光谱特性进行校正时，会用到多孔材料，多孔材料可能会充满水分，从而改变光密度，导致得到的反射率降低。所以，采用白色塑料（比如聚乙烯）和漫反射材料 Spectralon（Labsphere Inc.，USA）标准作海水的校准。

3）结果和讨论

在海底勘测时，为提高给定 OOI 的识别，操作者可以在可见光谱中选择 RGB 波段的波长（380～800nm），使得 UHI 的推挽式声迹在线图像可见。UHI 原始数据（数字计数）以感光镶嵌幕图像的形式保存，这种形式优于 OOI 分级，OOI 分级可以根据未监督分类或监督分类来分级。

使用 UHI 对海底栖息地测绘的优势是，可以通过 4 个分辨率等级评估。它们是：空间分辨率（图像像素尺寸）、光谱分辨率、辐射分辨率（12～16bit 动态范围，bit/像素）、时间分辨率。

通常来讲，OOI 在可视识别和测绘方面的应用需求高空间分辨率。为了区分不同的 OOI（图 7-2-3～图 7-2-7），光谱分辨率设置在 2nm 或 4nm（380～800nm，同样可以调节，依赖于需求），用于提供

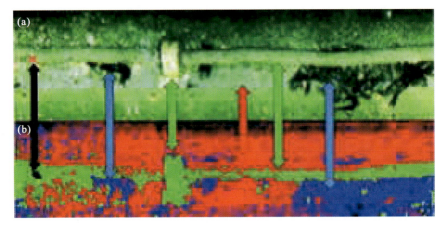

图 7-2-3 ROV 上 UHI-1 所拍摄的不同关键对象（OOI）原始数据（数字计数，某一 100m 长横断面的细节图）的未监督分级

(a) 未知 OOI 在 40m 深度沿水泥管道的 10m 长、2m 宽横断面的 UHI 伪色图像（RGB）；(b) 基于不同光学指纹（每图像像素 400 波长）的相应 UHI 分级。黑色代表海星（Hippasteria phrygiana），蓝色代表海藻覆盖的褐藻（Laminaria digitata），红色代表沙/软底，绿色代表水泥管道和锚定桩。(a) 中的可视识别与（b）中 OOI 的 UHI 分级相对应

图 7-2-4 2013 年 2 月 26 日，Trondheimsfjord，ROV 上 UHI-1 在海藻森林中所拍摄的 OOI 伪色图像（a）和未监督分级图像（b）

使用 ENVI 软件和 SAM（光谱角制图）算法分级。（b）中 OOI 表示：沙地（蓝色），海藻 Laminaria digitata（红色）和红藻（绿色）

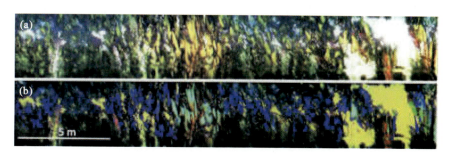

图 7-2-5 ROV 上 UHI-1 在海藻森林中所拍摄的 OOI 伪色图像（a）及其监督分级图像（b）

（b）中的 OOI 分级由 Ecotone 开发的新软件和算法执行。（b）中 OOI 分别是：沙地（黄色），叶状红藻（绿色），红色钙质藻类（红色），老的和暗褐色海藻组织 L. digitata（蓝色）和相应的冬季生长的分生新组织 L. digitata（绛红色）。深度为海藻森林上方 1.5m

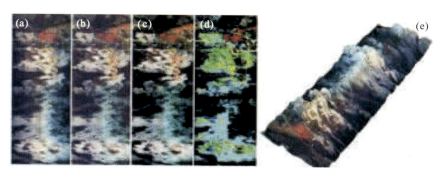

图 7-2-6 2012 年 12 月 10～14 日，挪威，Tautra，ROV 上 UHI-1 在 80m 深处，对覆盖着石珊瑚 Lophelia pertusa 的深水珊瑚礁的测绘图片

（a）原始 UHI 感光镶嵌幕；（b）校正后图像；（c）光谱采样；（d）在 ENVI 中基于 SAM 算法对 OOI 分级，其中，红色表示泡泡糖珊瑚（Paragorgia arborea），黄色表示海绵舌苔，绿色表示橘黄色 L. pertusa，蓝色表示白色 L. pertusa；（e）珊瑚礁的立体图像，基于反射回 UHI 探测器的光线的强度，横断面长度 30m

光谱信号。另外，光学指纹（光谱特征）也能指示色素（叶绿素、胡萝卜素和藻胆蛋白）的降解状态，色素可以用来代表有机物的色素组和相应的生理状态。其动态范围提供了不同强度的光学指纹信息，可以用来指示关键生物的生理特征。

UHI 技术提供了几种信息类别。首先，它给出了关键区域的感光镶嵌幕，使最终使用者得以判定识别和测绘出的 OOI 种类。这可以通过未监督或监督分类完成。采用未监督分类，对于给定的 OOI，

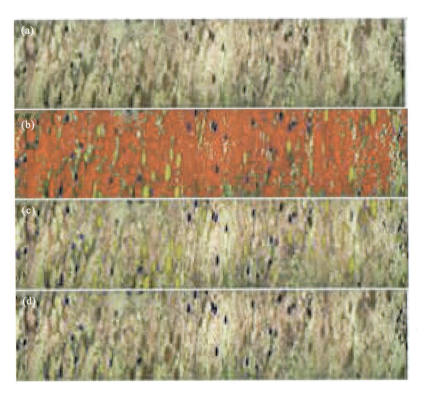

图7-2-7 ROV上UHI-2的伪色图像（a，RGB）及基于海底栖息地光学指纹相应的UHI分级，覆盖着红色钙质藻类（红色区域见b，占据总区域的68.5%）、海葵（覆盖着Urticina，65个样本，占据总区域的4.7%，见c）和海胆（Strongylocentrotus spp.，蓝色，45个样本，占据总区域的1.9%，见d）拍摄于北极极夜时期，即2016年1月21日，地点为Kvadehuken, Kongsfjord, Svalbard, 79°N，深度15m。横断面长度10m

可以在没有光学指纹详细信息的条件下，区分不同的OOI色素组。监督分类可以基于光谱实验室，结合已知的光学指纹，来识别和测绘OOI［图7-2-5（b）］。这些方法可以用来测绘未知和已知的栖息地或OOI，检测选定的OOI，和为监控目的重新勘测某一区域。

（二）锰结核的高分辨率测绘

以上水下高光谱研究的大部分都集中在生物OOI上，但Johnsen等（2013）证明UHI也可用于海底矿物的测绘。与陆地微量沉积物一样，海底矿床可以根据其光谱特征进行行检测和表征。如果可以提供在足够深的水下可工作的传感器，水下高光谱成像可能成为深海采矿区域勘探的热点手段之一。虽然深海采矿尚未成为一个活跃的行业，但预计在未来十年内，潜在的海底矿床，如锰结核和块状硫化物矿床（Glasby，2002；Hoagland et al.，2010）将进行开发。在开发之前，需要详细的海底测绘和矿床特征描述，以及动物群分布和对这些遥远海底区域生态系统功能的了解。

使用机载或星载传感器的高光谱海底调查通常仅限于浅海岸地区，因为需要通过阳光照射目标。传统的高光谱成像仪无法对没有太阳光的深海环境进行成像。因此，需要一种近距离，与阳光无关的高光谱测量方法。深海底的第一次高光谱成像调查，便是使用安装在ROV上的新型水下高光谱成像仪（UHI）在秘鲁盆地（SE太平洋）的锰结核区，水深约4195m处采集数据。

1) 数据采集

2015年在RV SONNE巡航SO242/2期间采用Ecotone AS（挪威特隆隆赫姆）开发的新型UHI（UHI#4）获得了高光谱数据。UHI的深度达到6000m，并在本研究中首次进行了测试。它是一种推扫式扫描仪，光束宽度为60°（横向）和0.4°（纵向），垂直向下安装，可以跟踪轨迹方向垂直的1600像素线。可以在378nm和805nm之间测量高达896个光谱带的反射光强度，记录频率高达100Hz。在该研究中，数据以 20Hz 记录，光谱分级为 8，产生 112 个光谱波段，光谱分辨率为 4nm。

KIEL6000 ROV（GEOMAR）是搭载 UHI 的传感器的平台。对于数据采集，UHI 安装在 ROV 的完全伸展的操纵臂上。通过这种设置，不可能在传感器的任何一侧容纳 UHI 专用光源（Johnsen et al.，2013，2016；Tegdan et al.，2015）。海底照明由 10 个 ROV 光源提供，其中包括 LED，7 个卤素灯（5 个 Deep Multi-SeaLite 灯和 2 个 Sea Arc 5000 灯）和 2 个 HMI 灯（SeaArc2）。来自 UHI 后方和上方的这种照明不是最佳方案，在记录的数据中产生两种阴影：由于操纵器臂阻挡部分光而在结节侧上有阴影，由位于 UHI 后面的照明源引起的横跨一半区域的恒定暗阴影。

在含有锰结核和不同底栖动物的 $20\times40m^2$ 区域内获得了总共 15 个具有恒定速度（$0.05m \cdot s^{-1}$）和航向的轨迹（ROV 潜水 SO242/2_191-1；Boetius，2015）。轨迹长度介于 1.7m 和 4.9m 之间，但是还存在两条长度为 20m 的轨迹（图 7-2-8）。ROV 高度约为 1~1.2m，导致轨迹宽度为 1~1.2m，跨轨迹分辨率为每像素约 1mm。

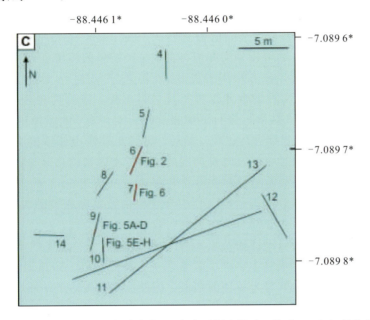

图 7-2-8 应用了监督分类的 11 个主要调查轨迹（轨迹 4~14）的位置

ROV 导航由 POSIDONIA 超短基线（USBL）定位提供，精度约为水深的 0.02%。位置数据以 <0.25Hz 记录，ROV 姿态数据（速度和方向）以 1Hz 记录。除 UHI 数据外，还在所有轨迹上采集了 SD 和 HD 视频数据。视频数据用于识别较大的海底动物群，HD 和 SD 视频数据的帧抓取作为导航数据上采样的基础。

2）数据处理

高光谱图像的处理包括 3 个步骤：①通过校正传感器特定的影响，校准原始数据（数字计数）到辐射数据（$W \cdot m^{-2} \cdot sr^{-1} \cdot nm^{-1}$）；②将辐射率转换为反射率，通过校正来自照明源的外部影响和水柱的固有光学特性；③地理定位。所需的输出是反射数据，仅取决于海底物质和 OOI。详细的数据处理过程见（Dumke et al.，2018）。

3）光谱分类

根据处理结果，选择 11 个轨迹（图 7-2-8）进行光谱分类和进一步分析。使用 ENVI 软件（v.5.3；Exelis VIS）进行分类，并应用两种监督分类方法，支持向量机（SVM）和光谱角匹配（SAM）。两种方法都需要训练数据作为分类的输入。在没有适用于我们研究环境的现有光谱库的情况下，培训数据是通过用户定义的感兴趣区域（ROI）从 UHI 数据中获得的。基于 UHI 伪 RGB 数据中的视觉识别，为每个轨迹手动定义 ROI，该数据由 645nm（R），571nm（G）和 473nm（B）3 个波段组成。此外，像素光谱的视觉比较以及 ROV 视频数据被用于定义 ROI。

SVM 分类应用于图 7-2-8 中所示的 11 个轨迹。将 SVM 结果与 UHI 伪 RGB 图像进行比较,因为不存在替代的真实分类的图像。如果需要,SVM 可以通过提高 ROI 来重新运行。然后使用 ENVI 的分类聚合工具对 SVM 结果进行平滑,以将较小的像素簇集成到周围的类别中。发现 25~35 像素的像素聚类阈值在消除潜在噪声和信息丢失之间提供了最佳平衡。

SAM 也是一种标准的监督分类方法,比 SVM 更简单、更快捷。来自训练数据的像素光谱和待分类光谱被视为 n-D 空间中的向量,其中 n 对应于光谱波段的数量。训练数据的像素光谱和待分类光谱之间的光谱相似性由两个光谱向量之间的角度确定,并且基于定义的最大角度阈值分配类别(Kruse et al., 1993; Sohn and Rebello, 2002)。

SAM 仅应用于 4 个轨迹,通过视觉比较显示其结果不如 SVM。使用与 SVM 相同的 ROI。最初,对于所有类别,最大角度设置为默认值 0.1rad,但是在第一次 SAM 运行之后调整角度以改进分类结果。0.1rad 的缺陷角对背景沉积物的效果很好。对于其他类别,角度要么增加到 0.15 rad 以增加分类灵敏度(例如结节,阴影和大部分动物群),要么降低到 0.05rad 以降低灵敏度和误报数量。通过分类聚合对 SAM 结果进行平滑处理,像素聚类阈值为 25~30 像素。

为了确定分类结果的准确性,通常将分类图像与真实分类结果的图像进行比较。但是,除视频数据外,没有真实分类结果可用。因此,该方法用于将 SAM 结果与 SVM 结果进行比较,以确定 SAM 相对于 SVM 的分类准确度。使用 ENVI 的混淆矩阵工具进行比较,该工具对分类图像(此处:SAM 结果)与地面实况图像(此处:SVM 结果)进行逐像素比较。对于 SVM 图像中的每个像素,将位置和类别与 SAM 图像中的相应位置和类别进行比较。然后,混淆矩阵输出总体精度,即,通过两种方法以相同方式分类的像素数除以像素总数,以及每种类别的正确分类像素的百分比。

结核面积密度或每平方米的结核数量是根据 9 个较短轨迹(长达 5m)的 UHI 伪 RGB 图像中识别出的结节数量确定的,并通过视频数据进行验证。由于它们的长度和相关的大量结核,两条 20m 长的轨迹没有进行手工结节计数,并且由于结节分布似乎与较短轨迹的类似。

此外,还测试了是否可以通过自动计数结核类别区域对 SVM 分类图像的定量分析来估计结核面积密度。但是,结核在分类图像中显示非常零碎,而不是一个结核对应一个连通域。SVM 图像中的结核对象的自动计数将因此将每个片段解释为单独的结核,因此极大地高估了结核面积密度。

因此,为了更好地估计结核面积密度,首先通过 300 像素的分类聚合来平滑分类图像,以消除来自非常小的像素簇的影响。然后使用 ENVI 的 clump 工具来增长和合并属于同一结核的类别区域,如 UHI 伪 RGB 数据所示。通过应用扩张操作然后进行侵蚀操作,丛集工具将相邻类别的相邻区域聚集在一起,两者都由用户定义的大小的内核控制。扩张操作的内核大小为 17~38 像素,腐蚀操作的内核大小为 3~9 像素。

将得到的图像加载到 MATLAB 中,并使用 Reddy(2010)基于前景-背景分离的方法对结核对象进行计数。然后将从计数结果和成像区域计算的结核面积密度与从 UHI 伪 RGB 图像和视频数据确定的参考密度进行比较。

4)结果

UHI 伪反射率数据通常具有良好的质量。对于所有轨迹,沿轨迹中值光谱的划分完全消除了由 ROV 的机械臂对照明的影响引起的暗阴影[图 7-2-9(a)],如图 7-2-9(b)中的示例所示。锰结核和较大的巨型动物,如图 7-2-9(b)中的茎状海绵很容易与相对均匀的背景沉积物区分开来。数据还显示,大多数结核表面没有完全暴露,但部分或几乎完全被沉积物覆盖。大多数结核在背离 ROV 灯的一侧显示出明显的阴影[图 7-2-9(a)(b)]。

相同的 ROI 用于 SVM 和 SAM 分类。总共定义了 20 个类别,其中 3 个类别对于所有轨迹都是共同的:结核、沉积物和阴影。这 3 个类别的平均光谱如图 7-2-10 所示。虽然阴影代表的是照明效果,而不是海底物质或动物,但有必要将它们作为 ROI 包含在内以避免阴影区域的错误分类。沉积物类别代表背景沉积物,即棕色硅酸盐渗出物,通常构成表面沉积物(Borowski,2001)。此外,与表层下方暴露的浅色黏土相关的较亮的沉积物斑块(Borowski,2001)发生在某些轨迹上,并被分类到一个称为

图 7-2-9 UHI 伪 RGB 数据图像

(a) RGB（R：645nm，G：571nm，B：473nm）中的 UHI 辐射数据，显示锰结节和茎状海绵（Hexactinellida）周围包裹着蛇形类（脆性星，Echinodermata ophiuroidea）茎。请注意 ROV 机械臂挡住光线而造成的深色阴影。(b) RGB 中经过地理校正的伪反射数据。每个像素光谱被其对应的沿轨迹中值光谱的划分完全消除了暗影。(c) 基于 (b) 中的数据和用户定义的 ROI 的 SVM 分类图像

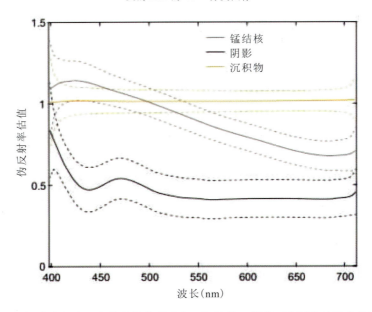

图 7-2-10 所有轨道共有的 3 个类别的光谱响应：锰结核、阴影（主要在结核之后）和背景沉积物

实线表示基于轨迹 4~14 的 ROI 的平均频谱，虚线表示标准偏差

"深层沉积物"的单独类别。

根据视频数据中的分类识别和光谱特征，为巨型动物定义了 16 个光谱类别，包括海绵、珊瑚、甲壳类动物、蛇类和死樽海鞘等（Dumke et al.，2018）。并非所有这些类别都出现在每个轨迹上；每个轨迹的动物群类别数量在 1~6 之间，平均为 3.5。

此外，为 UHI 图像中的绿点定义了一个类别。相关的光谱显示最小约 675nm，这是体内吸收叶绿素-a 的特征。这些斑点可能代表与生物量相关的叶绿素-a 或降解产物的浓度增加，这些生物质从浅水区沉入海底。

与UHI伪RGB图像的比较表明，SVM分类结果相对准确。暴露的结核表面通常被很好地分类，较大的巨型动物也是如此。结核的特征通常是结核类别和阴影类别的组合，但它们并不表现为连接的结核阴影对象。相反，它们由属于结核或阴影类别的几个小块组成，并被背景沉积物类别包围。在较大的结核之间，即使在25～35像素的分类聚集之后，许多小结节和阴影类也是明显的。背景沉积物类别的覆盖率为94.7%～97.5%，是迄今为止研究区域中最主要的类别。只有0.9%～3.4%的成像表面区域与结核有关，而阴影区域则为1.0%～2.6%。结合Dumke等（2018）详述的16种动物群类别，因此海底动物覆盖率<0.5%。绿点和较深的暴露沉积物类别的最大覆盖率均约为0.2%，11条轨迹中只有5条暴露出较深的浅色沉积物。

SAM结果通常不如SVM。虽然SAM能够将较大的结核与背景沉积物类别区分开来，但分类结果不总是好的，许多非沉积物像素仍未分类。此外，小型巨型动物和绿色斑点通常没有被正确分类。较大的巨型动物珊瑚通常被SAM很好地分类。

由于SVM和SAM分类之间的差异，覆盖估计也因类别而异。对于按SAM分类的四条轨迹，结核类别（0.5%～1.6%）和阴影类别（0.3%～0.7%）的平均覆盖率低于SVM结果确定的估计值。相比之下，通过SAM方法估计的16种动物群类别和绿地类别的覆盖率高于SVM方法。大约1%的图像像素仍未被SAM分类。

SAM相对于SVM的总体准确度在94.7%～97.2%之间变化，这是通过ENVI的混淆矩阵工具直接比较分类图像确定的。然而，这些高值主要是由于背景沉积物类别的高精度（98.8%～99.4%），其占图像像素的>94%。对于其他类别，相对准确度要低得多，结核类别为12.3%～75.9%，阴影类别为16.7%～33.1%。从混淆矩阵推断SAM分类的总误差进一步说明了这种差异。SAM分类与SVM结果一致的像素大多属于背景沉积物类型，而与SVM分配的类别不同的像素通常属于非沉积物类别。因此，虽然SAM方法能够将这些非沉积物像素与背景沉积物区分开来，但它通常无法以与SVM相同的方式对它们进行分类。

5）结论

使用ROV上的UHI在4195m水深处获得了高光谱图像数据，这是第一次在深海进行这种高光谱成像研究，锰的结核和海底动物群可以在高光谱和空间分辨率下很好地成像。两种监督分类方法的比较表明，SVM方法在分类锰结核以及动物群和沉积物异常方面优于SAM方法。在调查的结核区域内的结核覆盖范围是从SVM分类图像推断出来的，并且在海底的1%～9%之间变化。由于沉积物部分覆盖结节的顶部表面，大多数结核表面未完全暴露，导致这些结核部分被分类为沉积物而不是结核。

研究结果表明，水下高光谱成像可从浅海岸水域到深海延伸海底，因此在矿床定量方面提供了一种有前景的高分辨率测绘和海底组成分类的新方法。此外，该方法具有很高的栖息地测绘和环境监测潜力，例如在动物群特征和分布方面（Tegdan et al., 2015; Johnsen et al., 2016）。这对未来矿区的环境管理很重要。如果首先应用更广泛的探测技术来确定高分辨率调查所关注的领域，那么UHI可能成为潜在深海采矿区高精度海底勘探和监测的有前途的工具。

二、国内的发展历程

在国内，浙江大学于2013年起开始相关的研究，魏贺等设计了一款基于轮转式光谱成像系统的光谱成像仪，使用31个透射波段不同的滤光片，依次将滤光片切换到成像光路上，实现不同波段的光谱成像（郭乙陆，2019）。该系统通过了水下50m以内的耐压测试，实现了对海南三亚地区珊瑚礁的近距离光谱成像。刘洪波与德国GEOMAR亥姆霍兹基尔海洋研究中心合作，设计了一款基于多色照明的光谱成像系统，如图7-2-2（c）所示，通过改变照明波长切换探测波段，并实现了100m大西洋水中生物的光谱成像探测。此外，中科院安徽光学精密机械研究所与海军装备研究院亦对水下光谱成像做了相关探究，但尚未开展水下原位探测工作。

三、现在的工作方案

2019年，广州海洋局引进挪威Ecotone公司的UHI4高光谱成像仪设备（表7-2-1），并通过搭载于"海马"号ROV上进行试验,设备在作业过程中运行一切正常。

表 7-2-1 UHI4 技术指标

技术指标	
UHI 模型	UHI4
UHI 序列号	4~8
额定深度	6000m
高光谱成像仪规格	
范围	0.2~5m(取决于照明和水的清晰度)
帧频	0.1~90Hz(取决于相机分辨率)
横向视场	约 60°
纵向视场	约 0.4°
传感器量子效率	在 490 nm 为 80.5%
相机空间分辨率	1936 像素
光谱范围	400~720nm
光谱分辨率	2.2~5.5nm
频谱带宽	50~800 频段
模数转换器(ADC)分辨率	12 位
曝光时间范围	1~10 000ms

试验采集了海马冷泉区 HM-ROV02-2019、HM-ROV03-2019 两个站位的生物群落高光谱数据。实时采集数据如图 7-2-11 所示,由于光场分布不均匀以及 ROV 未能匀速前进等原因,所采集到的高光谱图像数据有部分变形(图 7-2-12)。

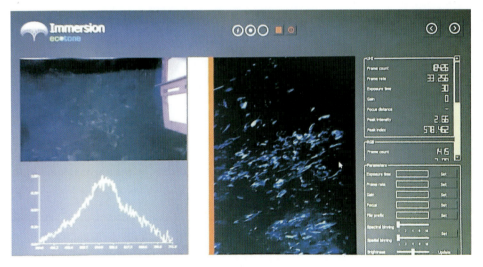 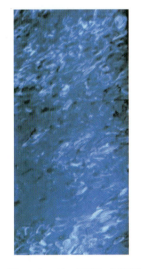

图 7-2-11 UHI4 在海马冷泉区采集数据实时画面　　图 7-2-12 UHI4 在海马冷泉区采集的高光谱图像

第三节　水下荧光成像

一、国外的进展

荧光成像系统需具有滤光装置的成像仪,配合短波长高能量的激发光源使用。激发光源为荧光的产生提供外部能量，其波长短能量高。而荧光的能量远低于激发光能量，其波长较激发光长，但是强度低，往往容易淹没于强度较高的激发光中而难以观察。滤光装置可滤去强度较高的短波长激发光，而保留波长较长能量低的荧光。经过滤光装置的荧光信号将被成像仪采集从而拍摄得到荧光图像。

水下荧光成像仪可通过在水下相机上加装截止滤光片实现。截止滤光片可有效地拦截短波长的激发光及其反射光进入成像仪，使得所有超过截止波长的光进入相机进行成像，如图 7-3-1 所示。

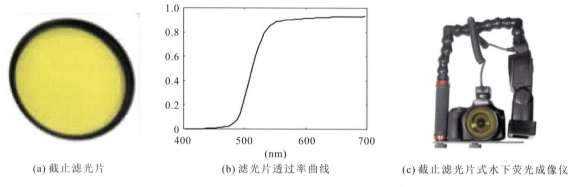

(a) 截止滤光片　　　　　　(b) 滤光片透过率曲线　　　　　(c) 截止滤光片式水下荧光成像仪

图 7-3-1　截止滤光片的透过率曲线及成像仪
（Mazel，2005）

Mazel 等（2005）利用加装截止滤光片的普通水下 RGB 相机采集了水深 9m 处的海葵图像，图 7-3-2（b）中可明显地观察到海葵发出的红色荧光。

(a) 普通成像　　　　　　　　(b) 荧光成像

图 7-3-2　水下海葵图像

选择合适的相机也可提升荧光成像效果。Treibitz 等（2015）利用了在珊瑚荧光中观测中，使用了长波长敏感相机镜头与截止滤光片的组合对珊瑚进行荧光成像，水下成像过程如图 7-3-3 所示。由于荧光波长较长，利用长波长敏感的相机可更好地捕捉荧光信号，提升荧光成像质量。在夜间，相机可对仅荧光信号成像；在白天，相机可利用荧光信号对原本图像中的能发出荧光信号的珊瑚区域进行信号增强（表 7-3-1）。

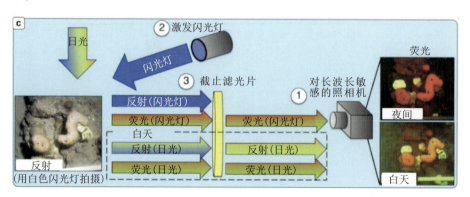

图 7-3-3　长波长敏感相机的水下荧光成像

表 7-3-1　国外水下荧光成像设备参数及应用现状

设备名	国家	参数	应用现状
Hyperspectral Fluorescence Imaging (HyFI) (Jonathan, 2019)	英国	光谱波段：400~1000nm；中心波长：450~850nm	探测珊瑚白化现象，根据荧光评估珊瑚的健康状况
Underwater wide FOV Fluorescence Imaging System (FluorIS) (Treibitz, 2015)	以色列、澳大利亚、美国	镜头：广角镜头 (Canon 17~40mm or Sigma 20mm)；滤光片：Tiffen #12 黄光吸收滤光片；红色通道强度是普通相机的20倍	用于夜间和白天水下宽视场荧光团的调查，检测荧光蛋白，帮助监测珊瑚和海洋其他无脊椎生物的新型荧光蛋白等
Non-invasive Fluorescence Imaging System (FluorIS) (Zweifler, 2017)	以色列	荧光光谱波段：绿色（520~630nm）、红色（630~800nm）；镜头：35mm，f1.8镜头	获取白天的荧光照片，并从其中辨认新长出的珊瑚
Benthic Underwater Microscope (BUM) (Mullen, 2016)	美国	CCD照相机分辨率：2448×2050像素；最大帧速率：15fps；水下图像光学分辨率：2.2μm	以微米级的分辨率用于水下生态环境中的观察（可以荧光成像）

二、国内的发展历程

由于基于截止滤光片式水下荧光成像结构简单，目前国内也多采用此方式进行水下荧光成像，其主要针对不同的成像目标而选用截止波长不同的滤光片或采用更优秀的图像传感器或水下相机，如在深海探测中使用的微光相机可敏锐地捕捉微弱的荧光信号（李涛和应成威，2019）。

随着水下光谱成像技术的发展，利用更精密的分光装置进行滤光，光谱分辨率可达几十甚至几纳米，其可对波段区间内的光信号进行成像，可获得更精细的水下荧光图像。如图 7-3-4、图 7-3-5 所示为浙江大学海洋光学实验室研制的基于液晶可调谐滤光片（LCTF）的水下光谱成像仪原理图和实物图，它可同时获取水下成像目标物的光谱信息与光谱图像。

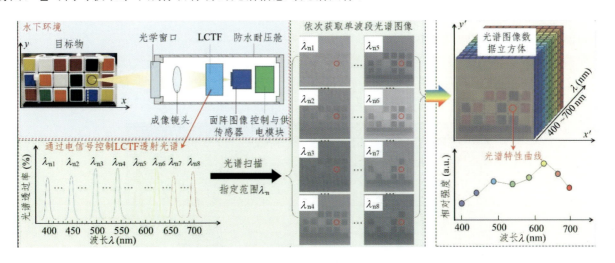

图 7-3-4　基于液晶可调谐滤光片（LCTF）的水下光谱成像仪工作原理

光谱成像仪主要由成像镜头、LCTF、图像传感器和控制与电源模块等组成，通过防水耐压舱实现水下工作要求。对于非自发光目标物，自然光或人工光源的出射光在水体中传播，经过一定距离的水体衰减后，光被目标物表面反射。目标物反射光再经过一定距离的水体衰减后，进入光谱成像仪内部成像

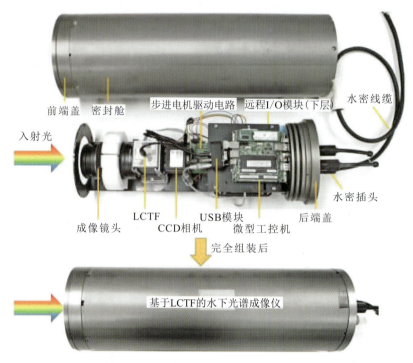

图 7-3-5 水下光谱成像仪实物图

镜头，经镜头的汇聚后入射 LCTF。通过电信号控制 LCTF 的透射光谱，使特定窄波段的光透射进入图像传感器，图像传感器表面像元感知窄波段光谱辐射能量强度产生响应电流，从而由读出电路量化处理得到数字图像。在时间序列上切换 LCTF 的透射波段即可依次获取全部波段的光谱图像，在图像空间任一像素位置皆可提取出对应的不同波段像素值，构成光谱响应曲线。

由于该水下光谱成像仪可以同时获得水下物体的图像和光谱，因此可以对水下目标物（如水下生物、珊瑚等）的反射光谱、荧光光谱进行精确的测量。

三、水下荧光成像的应用

目前，水下荧光成像主要被用于海洋生物成像观测中。

珊瑚是一种与虫黄藻共生的海洋生物，其与虫黄藻体内均含有荧光蛋白，在短波长蓝光激发下，可以发出荧光。珊瑚荧光成像为珊瑚观测提供了新方法，尤其在夜间的荧光图像中，具有荧光的珊瑚区域亮度较非荧光区域有明显的提升，降低了对珊瑚识别的难度，可用于珊瑚辨别、覆盖率调查等（图 7-3-6）。

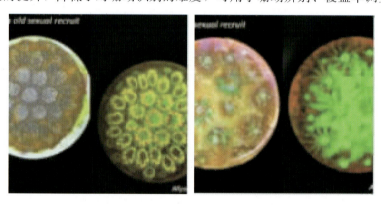

图 7-3-6 珊瑚普通成像与荧光成像对比

每张图中左侧为普通成像，右侧为荧光成像（Fluorescence Reveals Hard-To-Find Marine Life.
https://www.nightsea.com/articles/fluorescence-reveals-hard-study-marine-life）

如图7-3-7所示为浙江大学海洋光学团队研制的水下光谱成像仪在海试过程中所采集的珊瑚的水下荧光光谱图像（宋宏，2020）。照明光源为水下蓝色LED光源，水下光谱成像仪以10nm为间隔、在400~710nm波段采集鹿角珊瑚的荧光光谱图像。图像左侧为一块金属板，板上画着棋盘格，不能发出荧光，主要用于参考对照。图像右侧为鹿角珊瑚。

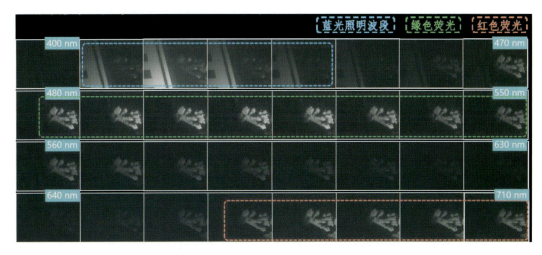

图7-3-7 海试中采集的蓝光LED照明下的鹿角珊瑚荧光光谱图像

在400~440nm照明波段范围内，能从光谱图像上同时看到金属参考板和鹿角珊瑚，而由于参考板的反射率较高，其在图像中较更明显。在470~580nm波段范围内，仅可见鹿角珊瑚，而参考板"消失"，由于参考板不具有荧光特性，蓝光LED芯片的光谱能量分布在450nm以下，因此，参考板在450nm以上波段几乎无反射信号，对比说明此种珊瑚虫内含有绿色荧光蛋白，受激发后可以发射出绿色荧光信号。

在590~660nm波段范围内，光谱图像无有效信号，参考板和鹿角珊瑚都不可见。在670~700nm波段范围内，光谱图像中鹿角珊瑚再次明显可见，因此，可推测此种珊瑚虫体内可能还存在一种红色荧光蛋白，在激发出绿色荧光的同时，也可激发出红色荧光，但红色荧光较弱，说明其含量或活性次于绿色荧光蛋白。

如图7-3-8所示为根据光谱图像合成的伪彩色图像，并在图像中珊瑚的不同部位选取提取点，提取对应的光谱响应曲线。其中A点位于参考板，其光谱曲线有效区域主要在400~450nm，中心波长约为420nm，与蓝光LED芯片的参数一致。B、C、D和E点位于珊瑚不同部位，B点部位的绿色荧光蛋

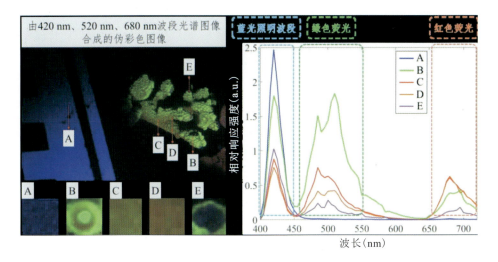

图7-3-8 伪彩色图像及各点光谱曲线

白含量和活性最高，C 点和 D 点部位的红色荧光蛋白含量和活性最高。另外，从光谱曲线上可知绿色荧光蛋白的荧光发射峰约为 510nm，红色荧光蛋白的荧光发射峰约为 680nm。

由以上图像可以看出，蓝光照射条件下的珊瑚光谱图像表明珊瑚虫体内表达有绿色荧光蛋白和红色荧光蛋白，绿色荧光蛋白的荧光发射峰约为 510nm，红色荧光蛋白的荧光发射峰约为 680nm，且不同部位、不同状态的珊瑚虫的荧光活性也存在差异。因此，水下光谱成像系统相比彩色相机在光谱特征具有明显优势，可以传递出更完整、定量和准确的光谱维度细节和信息。

除珊瑚外，还有一些其他的海洋动物也具有荧光。2019 年 5 月，由广州海洋局和浙江大学海洋光学团队联合自主研制的深海冷泉生物原位荧光探测系统搭载在"海马"号深海遥控潜水器（ROV）上，对海底冷泉区域生态环境中生物目标的荧光特性进行测量，同时对该设备的有效性与可靠性进行了验证。该荧光探测系统采用短波长的蓝色 LED 光源作为荧光激发光源，滤光片的透射波段为绿光及红光波段。

本航次计划探测海底冷泉区域生态环境中生物目标的荧光特性，实际共随 ROV 完成了 4 次下潜作业，对相关冷泉区域站位的生物目标荧光特性进行了原位调查，圆满完成任务。在作业过程中，ROV 搭载荧光探测系统下潜至海底冷泉区域生物活动热点区域，离底高度保持在 2m 以内；单独开启水下蓝光光源，用于激发海底冷泉附近生物目标发出荧光；利用 ROV 自带彩色相机加装长波通滤光片对蓝光照射区域进行成像，探测目标区域荧光的分布情况。通过调查发现，活体贻贝表层具有显著的红色荧光特性（图 7 - 3 - 9），而死亡的贻贝则没有该红色荧光，因此可以通过该特性对贻贝的健康状况进行有效地区分。

(a) 深海冷泉生物原位荧光探测系统被安装在"海马号"深潜器上　　(b) 死亡贻贝的荧光图像　　(c) 活体贻贝的荧光图像

图 7 - 3 - 9　"海马"号 ROV 对冷泉区生物目标荧光特性原位调查

此外，国外的研究人员也开展了一些其他的海洋动物的荧光研究，其在荧光图像中可被明显地观察到，如图 7 - 3 - 10 所示。因此，通过荧光成像可帮助显示一些难以观察的海洋生物，是一种海洋生物观测的新方法（De Brauwer et al.，2018）。

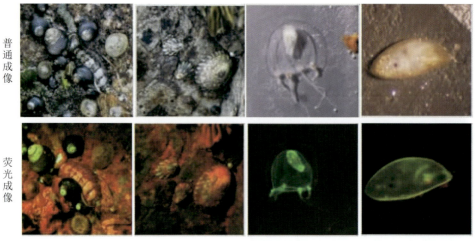

图 7 - 3 - 10　海洋动物荧光图像

（Fluorescence Reveals Hard - To - Find Marine Life. https：//www.nightsea.com/ articles/fluorescence - reveals - hard - study - marine - life）

荧光成像也用于对水生植物，如海洋藻类、海草等的观测。例如，通过结合拉曼光谱进行荧光显微成像对单个藻类细胞进行观测，如图7-3-11所示。

荧光成像在深海石油探测与泄露上亦有部署。通过微光相机捕捉荧光石油化合物的荧光信号，可进行深海油田泄漏点探测，如图7-3-12所示，泄漏出的石油亮度较高。

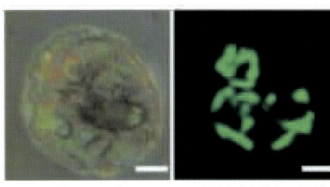

(a) 普通RGB成像　　(b) 拉曼光谱与荧光显微图像

图7-3-11　单细胞藻类观测（Deng et al.，2015）

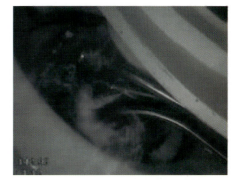

图7-3-12　水下石油泄露探测

（李涛和应成威，2019）

此外，一些矿物在蓝光激发下亦可产生荧光，如图7-3-13所示，这也为海底矿物勘探提供了新思路。

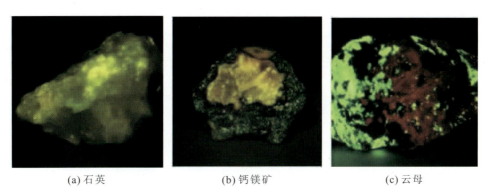

(a) 石英　　　　　(b) 钙镁矿　　　　　(c) 云母

图7-3-13　矿物荧光图像（Mazel and Verbeek，2014）

第八章 站位调查

第一节 热流

海底热流测量是地球物理调查的重要手段之一,广泛应用在研究地球内部热结构、热状态以及板块运动、岩浆作用等内部热过程等方面,在海洋油气、天然气水合物以及海底热液矿物等海底矿产资源勘探的研究中也具有重要意义。

一、国外的进展

海底热流测量最早可以追溯到 20 世纪 50 年代。Bullard(1954)利用其设计的地热探针(图 8-1-1)在北大西洋海域成功地进行了地热探测,该类型探针把热敏电阻放在一根直径 2.7cm 的探针中,但强度不足,在插入海底和起拔时容易弯曲。为了增强探针强度,以 Lister 为代表的学者对这种类型的探针进行了改进。Sclater 等基于 Von Herzen & Maxwell(1959)等建立的热导率测量方法,通过观测持续加热探针的温度变化来推导热导率,实现了原位热导率测量。由于持续加热比较耗能而且需要较长的观

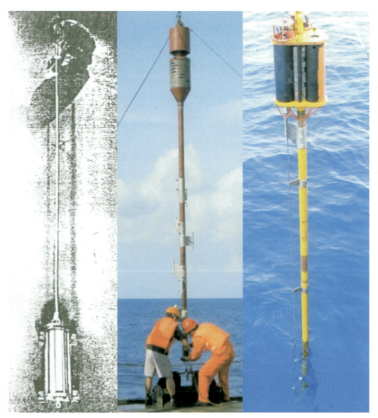

(a)布拉德型　　　　(b)尤因型　　　　(c)李斯特型

图 8-1-1　海底热流探针(汪集旸,2015)

测时间，不利于探测设备的连续作业和海上操作，Lister 等（1979）、Hyndman 等（1979）采用热脉冲技术来实现原位热导率的测量，该类型的探针被称为李斯特型探针或所谓的"琴弓"型探针（图 8-1-1），该类型探针通过观测摩擦生热和热脉冲加热两阶段的温度变化来求取地温梯度和原位热导率，实现了热流的真正原位测量。

随后出现的尤因型地热探针（Gerard et al.，1962）（图 8-1-1）则是把装有热敏电阻的小型探针外挂在取样管或钢矛外壁的不同位置。这些早期地热探针只能实现海底沉积物的原位地温梯度测量，热导率则需通过在室内测量相关站位采集的沉积物样品获得。早期的尤因型地热探针没有自容式存储功能，数据通过数据线保存在探针顶部的耐压仓中。只需要用时 10 分钟，和布拉德型相比安全性大大提高，但连接线在作业过程中容易损坏，使用效率不高。

20 世纪 70 年代以来，随着热工测量理论的完善及其技术方法的进步，以及计算机技术和大规模集成电路技术与存储技术的进步和普及应用，海底热流探测技术也得到迅速发展。探针从原来的模拟式记录转为大容量数字化存储设备，利用声波发射器或者电缆实时对水下设备进行监测，使得探测系统不仅可以在水下连续作业，而且在甲板上可以进行实时监控。这些进步大大提高了工作效率和热流数据的质量。因此，精度高、穿透深、持续作业时间长的海底地热流原位探测已成为目前国际上海底地热测量的发展趋势。

随着水下调查平台的发展和特殊环境调查需要，地热专家也研发了其他类型的海底地热调查设备。图 8-1-2 为日本研究人员研发的适用于水下机器人作业的地热探针（stand-alone heat flow meter，SAHF）（Morita et al.，2007）。借助水下机器人平台，该类型探针可以对海底特殊海域（如水热活动区）进行详细调查。SAHF 探针结构与早期布拉德型地热探针类似，温度传感器安置在探针细管（直径约为 1.3cm）中，只能测得海底表层沉积物的地温梯度，热导率需要在实验室测量（Morita et al.，2007）[图 8-1-2（c）]。前人观测发现，在水深小于 1200m 的海域，以及部分深海区，海底温度存在周期性变化（Davis et al.，2003；Hamamoto et al.，2005）。周期性的海底温度变化可导致地温和地温

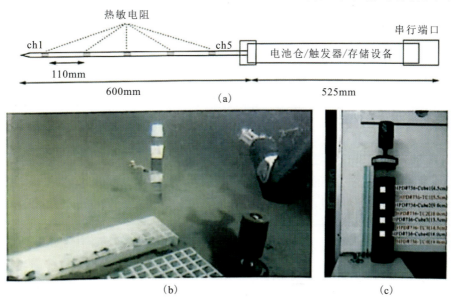

图 8-1-2 SAHF 探针结构示意图（a）和水下机器人操作下地热探针的工作照片（b）及采集的沉积物样品（c）（汪集暘，2015）

梯度测量在不同时间段获得不同的结果。为消除海底温度周期性变化对地温梯度测量结果的影响，日本东京大学地震研究所研发了一套自浮式海底热流长期观测设备（pop-up long-term heat flow instrument，LT-PHF）（Hamamoto et al.，2005）。这套设备主要由浮体（安置有记录单元，声学释放器、电源、浮球）、温度探针和重块组成（图 8-1-3），前端温度探针长 2m，内部等间距安装 6~7 个温度传感器，可在海底连续观测 400 天左右。当观测结束时，水下单元接收到调查船发出的释放命令后，浮

体与重块、温度探针分离，靠自身浮力上浮至海面。浮体回收后，其储存的长期观测数据可用来消除因海底温度变化对表层沉积物温度的扰动，以获得更为真实的海底热通量。常规海底热流观测要求调查区有一定的沉积物厚度以保证探针能顺利插入测量。而洋中脊和海山区等特殊海区往往没有足够厚的沉积物覆盖，为了调查这类海区的热通量，Johnson等（2006，2010）设计并研制了一套类似于"地毯"的设备，借助水下机器人将其平铺于这类海区以获取地热参数。

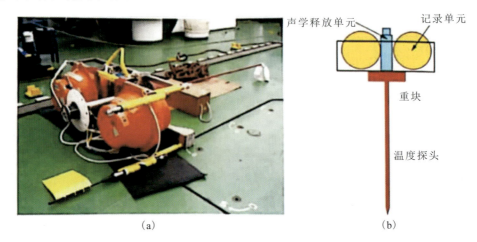

图 8-1-3 海底热流长期观测设备（a）及其结构示意图（b）（汪集暘，2015）

在数据处理技术和综合解释技术方面，随着地热探测设备的不断成熟和所测数据精度及采样率的提高，近年来国际上在数据处理的算法上进行了改进，从早期较多的人工干预向自动计算方向发展，从早期的对某些参量采用经验值来减少变量简化计算向多变量方向发展（Vilinger & Davis, 1987; Hartmann & Villinger, 2002; Shyu & Huang, 2005）。

二、国内的发展历程

我国早在20世纪80年代就开始利用海底地热流探针进行热流的测量。除台湾大学海洋研究所在20世纪80年代因购买的加拿大AML公司的热流探针发生故障，而改造研制成功了李斯特型的热流原位探测设备外，大陆相关部门主要是通过与其他国家或地区间的合作，使用对方提供的热流探测设备开展工作，如广州海洋局和美国哥伦比亚大学拉蒙特-多尔蒂地质观测所两度合作（Nissen et al., 1995），"维玛号"和"康纳德号"两调查船先后在南海北部和西南次海盆等海域，完成4条剖面的热流测量工作。

20世纪90年代初中科院海洋研究所与日本东京大学利用尤因型探针在冲绳海槽及邻近海域进行地热的探测工作（喻普之和李乃胜，1992；李乃胜，1995）。2001年，中科院南海所和台湾大学海洋研究所利用台大自制的李斯特型探针在南海北部成功获得了两条热流剖面。尽管这些工作取得了一定数量的热流数据，但是我国在海底热流探测技术的研究方面还非常薄弱。

近年来，随着我国能源的紧缺以及国家对海洋的重视，"十五"期间，国家海洋局第一海洋研究所得到"863"项目的资助，承担了探索性课题"海底热流高精度原位探测原理与技术"的研究，并申请了相关的发明专利。

2004年，由于天然气水合物勘探工作的迫切需要，广州海洋局从德国引进了高精度、自容式微型温度记录器，并将其进行技术改造，安装在自制的重力柱状取样器上，构成尤因型海底地热探测设备（可测量原位地温梯度），在南海北部海域取得了一批热流数据。在热导率测定方面，2004年以来，广州海洋局采用德国引进的TK04热导率仪，对热流探测站位的海底沉积物柱状样品的热导率测试，积累了资料。此外，2005年在广州和德国的实验室内分别对同一沉积物样品进行了热导率的对比测量，取得了较好的一致性。

需要指出的是，近些年来的海洋作业的实践经验让工程师们意识到海底地热流测量设备是一种易损设备，单纯依赖国外设备将导致测量设备维修周期长、费用昂贵，在技术上还受制于人。于是在广州海洋局局控科研项目的支持下，局工程师们在引进、吸收和消化进口设备的基础上，自行研发XXG-T型海底地温梯度测量系统，并于2005年4月完成了样机的制作，同年5月在华南国家计量研究测试中心进行了检定和校正，7、8月间分别在南海北部琼东南海域及神狐海域进行了海上试验，并与德国设备在同一站位的所测数据进行了对比，结果显示两者具有较高的一致性。2006年该设备在南海北部正式投入海上作业，取得了宝贵的数据。

"十一五"期间，广州海洋局在国家"863"计划的资助下，在理论和仪器研制方面做了有益的探索，实现了突破，成功地研发出了飞鱼1型自容式高精度温度测量仪和剑鱼1型多通道温度海底热流测量系统以及相应的数据处理软件和资料解释分析技术流程。

就天然气水合物勘探专用的海底热流原位测试技术的发展而言，以往侧重发展在装备测站调查专用的原位测试技术方面。例如，2004年广州海洋局从德国引进的MTL微型温度测量仪、"十一五"期间研发的飞鱼1型微型温度测量仪；2005年广州海洋局研发的XXG温度梯度原位测量系统、"十一五"期间所研发的剑鱼多通道海底热流原位测量系统等设备都是用于测站调查的仪器。其工作原理都是将测温设备安装在类似柱状装置上，用地质绞车的钢缆将设备从甲板吊放到海底，再利用柱状装置的重力将设备插入海底沉积物之中，最后在沉积物中作一个阶段的温度观测，获得地温梯度、海底温度等地热参数。倘若设备具有发射热脉冲功能，还可以测量温度衰减过程，从而推算获得沉积物的热导率值。不同海况下，可以使用不同类型的海底热流原位测试设备，以提高设备的工作效率。由飞鱼1型微型温度测量仪组合而成的尤因型地温梯度测量系统和剑鱼1型热流探针在海上调查上具有一定的互补性（徐行等，2005；徐行等，2012；李亚敏等，2010）。

表8-1-1 国内外主流的热流测量仪器

性能参数 仪器型号	HF-Probe	HR-3	剑鱼	MTL	FY-1	CTH	针鱼
制造商	德国FIELAX公司	台湾大学	广州海洋地质调查局	德国FIELAX公司	广州海洋地质调查局	法国NKE公司	广州海洋地质调查局
属性	李斯特型探针	李斯特型探针	李斯特型探针	尤因型探针	尤因型探针	李斯特型探针	尤因型探针
温度测量范围	$-2\sim60℃$	$0\sim50℃$	$-2\sim52℃$	$-5\sim40℃$	$-2\sim52℃$	$-2\sim35℃$	$-2\sim52℃$
分辨率	0.5m℃（$-2\sim12℃$）	0.1m℃	0.5m℃	1m℃	1m℃	0.7m℃	1m℃
温度测量精度	±2m℃	±1m℃	±5m℃（$0\sim30℃$）	±5m℃	±3m℃（$0\sim25℃$）	±7m℃	±5m℃（$0\sim30℃$）
传感器阵列	长6m，22个并联温度传感器，直径15mm	12通道，管长6m、直径10mm	10通道（每通道2个热敏电阻）	1通道	1通道	4通道	5通道
采样频率	1Hz	可编程，在1~60s之间	可编程，最高2s	可编程，在1s~255min之间	可编程，最高1s	可编程，在2s~99h之间	可编程，最高1s
内存	128M	4M	64M	可存储64 800次测量数据	可存储16Mbit测量数据	254ko带有数据压缩	64M
通信接口	RS232	RS232	USB2.0	RS232	USB2.0	感应式通信笔	USB2.0
测量数据	时间、水温、水深、22通道沉积物温度、内外电池电压、加热时电压和电流、倾角、重力加速度	时间、水温、12通道沉积物温度、电池电压、压力、倾角、加热时电压和电流、倾角、高度	时间、水温、10通道沉积物温度、电池电压、压力、倾角、加热时电压和电流、倾角、高度	时间、水温、1通道沉积物温度、电池电压	时间、水温、1通道沉积物温度、电池电压	时间、水温、4通道沉积物温度、电池电压	时间、水温、5通道沉积物温度、电池电压、倾角
工作水深	6000m	6000m	4000m	6000m	6000m	6000m	4000m
工作模式	自容或直读	自容或声学通信直读	自容或直读	自容	自容	自容	自容
能否用于深潜器上	否	否	否	能	能	能	能

随着对天然气水合物调查工作的深入开展，对于水合物勘探区地温场的结构、状态需要有更细致的了解（徐行等，2012；王力峰等，2016），因此，需要获得更多信息量的海底地热参数资料。仍然依靠地质绞车开展测站作业方式的海底热流原位测试，对于大比例、高密度海底热流原位测量，就存在着工作效率低、水下定位精度不高的问题。随着我国天然气水合物勘探和开发的程度越来越高，开展大比例尺、高密度海底热流测量可以给天然气水合物勘探和开发提供更多的海底地热信息，依托配套科研课题，广州海洋局成功研制出适用于 ROV 开展作业的针鱼探针（彭登等，2016），用 ROV 机械手开展近海底的原位观测，可以提高开展海底地热原位测量工作效率，服务于我国天然气水合物勘探与开发活动。

三、现在的工作方案

本节以"十一五"期间广州海洋局自主研发的飞鱼 1 型微型温度测量仪的作业流程进行介绍。飞鱼 1 型地温梯度探测系统（图 8-1-4）和 TK04 热导率测量仪（图 8-1-5）组成尤因型热流测量设备。飞鱼 1 型地温梯度探测系统由一组自容式高精度温度测量探针与重力取样器（或者钢矛）所组成的，它只获得沉积物中的地温梯度和海底温度等地热参数，重力取样器取得的沉积物，依靠室内 TK04 热导率测量仪获得该站位的热导率数据，通过地温梯度及热导率来计算得到热流值。

图 8-1-4　飞鱼 1 型地温梯度探测系统实物图

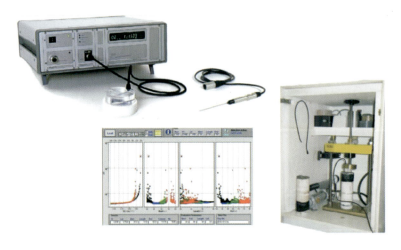

图 8-1-5　TK04 热导率测量仪

在海上作业时，飞鱼 1 型地温梯度探测系统包括飞鱼 1 型微型温度测量仪、鳍状连接器和重力取样器（或钢矛）组成。其工作方案如下。

(1) 首先用读取器将飞鱼1型微型温度测量仪与电脑连接,软件通信正常后,查看其电池电量,设定其采样参数。

(2) 将鳍状连接器按不同角度安装到钢矛或重力取样管上,然后准确测量并记录各鳍状连接器之间的相对距离。

(3) 测量各飞鱼1型微型温度测量仪之间的相对距离;飞鱼1型地温梯度探测系统由地质缆下放到海中,并在100m处安装USBL信标,在距离海底前50~80m左右的高度,稳定3min,然后高速插入到海底沉积物中,绞车操作人员要严格进行监控USBL的高度和绞车张力计的数据,保证系统在沉积物中稳定不少于7min。

(4) 完成测量之后,要重复检查测量各飞鱼1型微型温度测量仪之间的相对距离,将飞鱼1型微型温度测量仪的数据读出,保证有4支采集到有效数据,并得到了一组自下而上、不同层位上温度值的数据,从而获得了海底地温梯度。同时重力取样器所采获的海底沉积物用于TK04热导率测量。

在使用TK04热导率测量仪进行沉积物样品测量之前,需要对标准样进行测量,以验证整个测量系统正常。首先需选择一个温度变化尽量小的空间作为工作场所(如没有空气流动、阳光直射等);选择测量地温梯度站位的样品或地温梯度站位附近的样品进行热导率测量;对样品钻孔,孔深以刚钻穿样品管壁为宜;在样品钻孔中插入测量探针,设置测量参数,在第一次测量结束后,如果没有得到热导率值,并且Power Control(能量控制参数)大于5或小于2,则需中止测量,重新设置Heating Power(加热量)后再进行测量;完成测量之后,运行TkGraph软件对测量结果进行分析;如果测量数据质量不够理想,则应在该样品测量位置附近重新钻孔,重新进行测量。

第二节　地质取样

一、国外的进展

海洋底质沉积物是指各种海洋沉积作用所形成的海底沉积物的总称。海洋沉积物,尤其是深海沉积物的研究对海洋地质学、海洋生物学、海底矿产资源勘查、海洋工程地质勘察、全球气候及环境研究等等都有极其重要的意义。

人类第一次有计划的研究海底沉积物始于1872—1876年。当时英国小巡洋舰"挑战者"号(CHERLE HDEER)使用专门设计的冲击式取样器多次采获海底土层样品,虽然当时的土样长度不超过0.3m,但是揭开了海洋沉积物调查研究的序幕,特别是有关深海沉积物的分类至今仍有重要意义。

1899—1900年,荷兰船"西博加号"进行的调查在沉积物的分布及组成等方面也取得了重要成果。第二次世界大战后,随着军事的需求和海底石油等矿产资源的勘探开发,海洋沉积物的研究获得长足进展。20世纪40年代末期,F.P.谢泼德和M.B.克列诺娃的《海洋地质学》专著相继问世,系统地总结了当时对海洋沉积物的认识。50年代末和60年代初期,由于大规模的国际合作和新技术、新方法的运用,使海洋沉积物的研究提高到一个新水平。尤其是海底沉积矿产、浊流沉积、现代碳酸盐沉积和陆架沉积模式的研究取得了不少新认识。60年代末期开始实施的深海钻探计划,使海底沉积的研究进入新的阶段,特别是在深海沉积物的类型与分布以及成岩作用的研究方面获得了大量重要资料(欧仕科技,2018)。

在20世纪70年代以前,深海沉积物样品一般是通过不带活塞的简单重力取样器(图8-2-1)获取。这种简单重力取样器的顶端一般会安装一个单向球阀,用于在样品回收过程中保持样品在取样管中不掉落。此类取样器在深海软泥区一般可以获取5~6m的沉积物样品,由于取样过程中沉积物一般会受到挤压扭曲或断裂破坏,因此样品质量较差,回收率(实际样品回收长度与取样器贯入实际长度的比值)一般低于70%。

为了满足科学家对海底资源,古气候等的研究需求,迫切需要采获更长的柱状样品。Kullenberg提出了重力活塞取样器的设计原理（图 8-2-2）。这种 Kullenberg 式重力活塞取样设备被认为是简单重力取样器的一大进展，也是当今世界上使用范围最广的深海沉积物取样装置。

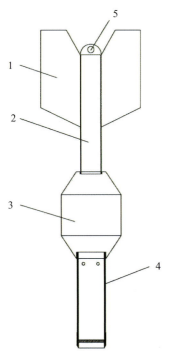

图 8-2-1　简单重力取样器示意图
1. 尾翼；2. 提管；3. 配重块；4. 取样管；5. 提环

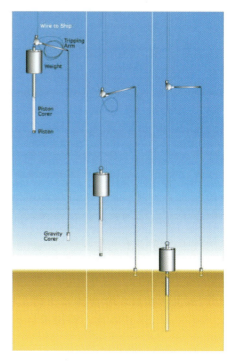

图 8-2-2　Kullenberg 式重力活塞取样系统

随着技术的进步，国外取样器向两个方向发展：一是向能采取长岩芯的重型化发展；二是研制某些特殊功能取样器。

比较出名的超长型重力活塞取样器如美国伍兹霍尔海洋研究所（简称 WHOI）研制的 Giant Piston Corer、Jumbo Piston Corer（JPC）和 Long Coring 系统（图 8-2-3），以及法国 French Institute for Austral Research and Technology（IFRTP）研究所研制的 CALYPSO Corer［现为法国 Institute Polaire Francais Paul - Emile Victor（IPEV）所拥有，母船为 R/V Marion Dufresne］。其中 CALYPSO 取样器（图 8-2-4）20 世纪 90 年代用于世界各大洋的沉积物柱状样品获取，创造了多个世界上柱状沉积物取样长度最长的纪录。2019 年 3 月 5 日在印度洋南部克洛泽群岛北部（North of The Crozet Archipelago）创造了最新的世界上柱状沉积物取样长度最长的纪录——69.73m 的超长深海沉积物样品［法国 Institute Polaire Francais Paul - Emile Victor（IPEV）官网］。美国 WHOI 海洋研究所从 20 世纪 70 年代开始设计 Kullenberg 式重力活塞取样系统。GPC 系统作为最初的原理样机于 1974 年由 Hollister 等设计完成，并于 1974 年进行了一些改进，用于海洋沉积物岩土力学性质的相关研究工作。随后 WHOI 研究所的科研人员对 GPC 系统的取样管外径尺寸、取样器刀头和自由下落触发机构等进行了多次改造升级，并在取样管的内壁喷涂泰夫龙材料用于降低沉积物在取样管内部运移过程中的摩擦阻力。

图 8-2-3　美国 WHOI 研究所"Long Coring"取样系统

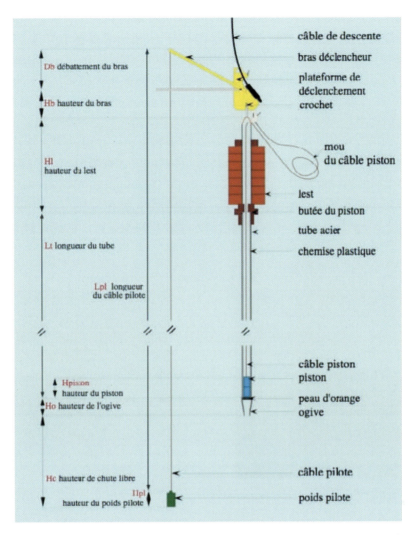

图 8-2-4　法国 IPEV 研究所拥有的 CALYPSO Corer[①]

JPC 系统是在 GPC 系统的基础上设计完成的，最大的改进在于 JPC 系统在取样管内部添加了一个内衬管，并且把取样管外径变成了 102mm。

美国 WHOI 海洋研究所从 1999 年开始为 RV Knorr 研制新的"Long Coring"沉积物取样系统，并于 2007 年完成了第一次海试。"Long Coring"系统的设计取样深度可达到 46m，在 2007 年的第一次海试过程中，"Long Coring"在 Bermuda Rise 海域获取了 7 个长度为 26～38m 不等的沉积物样品，样品回收率达 85%～89%。作为当今世界上最先进的深海沉积物取样系统，美国"Long Coring"系统在取样原理上还是遵从 Kulienberg 式重力活塞取样系统设计，也是通过在简单的重力取样器内部增加一个与主缆直接相连的活塞来提高取样深度和样品回收率，但是在自由下落过程的触发方式上脱离了传统"失衡定高杆释放装置"的触底触发，而是通过在取样器的上端安装一套深海声学数据传输系统，通过这套系统上安装的声学高度计实时测量取样器距海底高度，最终由甲板控制系统完成触发自甶下落部分的操作。整套"Long Coring"系统造价超过 500 万美元，系统设计质量达到 11.3t，总长度达到 50m，而母船 RV Knorr 的船长只有 85m，不能满足系统的收放基本要求，因此对 RV Knorr 的船体进行了大量的结构改造，增加了后甲板的强度和可操作面积、专用零浮力缆、收放绞车和导缆槽、并对侧舷加装水平收放装置（张鑫等，2012）。

特殊功能的取样器如英国重新设计的 Kasten 取芯器，意大利的能保持海底压力的活塞取芯器，加

[①] 图片来源：https://www.flotteoceanographique.fr/en/Facilities/Tooling/Sediment-Sampling/Gravity-Corer。

拿大的自控水下取芯系统，以及美国的能直接测量样品密度的取样器等。目前，国际上应用比较广泛的海底沉积物保真采样装置，主要有深海钻探计划（DSDP）中使用的保压取样筒 PCB（Pressure Corer Barrel）、国际大洋钻探计划（ODP）中使用的保压取芯器 PCS（Pressure Core Sampler）和活塞式取样器 APC（Advanced Piston Corer）、天然气水合物高压取芯设备 HYACE（HydrateAutoclave Coring Equipmem）中使用的冲击式取样器 FPC（Fugro Pressure Corer）和旋转式取样器 HRC（HYACE Rotary Corer）、日本研制的保压保温取样器 PTCS（Pressure Temperature Core Sampler）。

箱式采样器由美国斯克里普斯海洋研究所于1962年研制成功，并通过多次改进后被广泛应用于采集海底表层沉积物样品和上覆水（张君元等，1984）。图8-2-5为美国 WHOI 海洋研究所使用的由 KC Denma-rk 公司生产的箱式取样器［美国 Woods Hole Oceanographic Institution（WHOI）官网］。

抓斗取样器主要用于采集浅表层的沉积物样品，结构简单，操作方便。美国 Wildco 公司的 Petersen 抓斗采泥器（图8-2-6），自1930年起被用于淡水中硬质底泥采样。防腐镀锌钢，折叠式枢轴，蛤壳状抓斗，可配8个配重铅块。通水口可减少倾斜及下放时产生的水波。图8-2-7为美国 WHOI 海洋研究所使用的 Van Veen 抓斗取样器。

图8-2-5 美国WHOI海洋研究所使用的箱式取样器

图8-2-6 美国Wildco公司Petersen抓斗采泥器

20世纪90年代以后，英国、德国相继研制了多管取样器，它的取样方式和人们对原状沉积物大块土样用插管取样是完全相同的。多管取样器可以一次性采集多个无扰动沉积物样品（包括未受扰动的沉积物原状样及未被交换的沉积物上覆水，能充分满足海洋工程地质、生物、化学、土工及生态变化等项目的研究需求（国家海洋局第二海洋研究所科技发展处，2000）。德国 Oktopus Multiple Corer 视频多管采泥器（图8-2-8）有超过30年稳定使用的经验，在全世界现有200多套 Oktopus Multiple Corer 正在使用中。Oktopus Multiple Corer 视频多管采泥器搭载自主式高清深海摄像系统，可记录采样过程及采样环境的高清影像，其有效采样深度可以通过插入深度限位器进行调节，设备可额外搭载传感器、

图8-2-7 美国WHOI海洋研究所使用的
Van Veen抓斗取样器

图8-2-8 德国Oktopus Multiple Corer
视频多管采泥器

CTD 等模块。

岩石拖网取样器：主要用来采集海底岩石样品，一般由拖体和网兜组成。图 8-2-9 为法国 IPEV 海洋研究所的岩石拖网取样器。

电视抓斗是 20 世纪 70 年代末由德国 Preussag 公司为满足海底热液硫化物调查的需要而设计制造的一种先进的海底表层观察取样设备，该设备即可以直接进行海底观察和记录，同时又可以在甲板遥控下针对目标准确地进行抓取。德国 Oktopus Video-Guided Hydraulic Grab (VGHG，图 8-2-10) 电视抓斗可以完成箱式采泥器无法完成的采样任务。由于它的高自重 (2t) 和极大的边缘剪切力 (45kN max)，电视抓斗甚至可以穿透粗砂和石块，它还可以集成各种传感器 (CTD 等)，主要用于海底块状硫化物、多金属结核、锰结壳及其他沉积物的采样。

图 8-2-9 法国 IPEV 海洋研究所的岩石拖网取样器

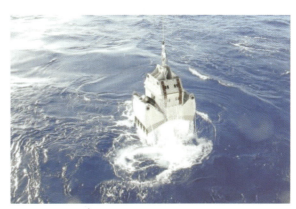

图 8-2-10 德国 Oktopus Video-Guided Hydraulic Grab (VGHG) 电视抓斗

振动取样器主要用于采取长柱状砂质样品。其工作原理是利用共振原理破坏沉积物的黏结力，使得沉积物产生"液化现象"，进而降低取样管侧壁摩擦阻力，采获较长的样品（张昪彪等，2018）。

俄罗斯的振动式取样器采用电动振动机械的取样器，在海底取样工作中得到了广泛的应用，这种取样器采用振动器或带弹簧与不带弹簧的振动锤来实现振动与冲击作用。BIIVF-56 型取样器用振动器实现贯入，管内活塞用引绳固定在导向管上，通过活塞可有效地保护样品。

美国的浮球式振动取样器，浮球式海底取样器通过导向钢丝绳把浮球组、振动器、取样管和配重底盘连成一个整体。取样器下海后，钢丝绳在底盘重力和浮球浮力的共同作用下始终处于绷紧的垂直状态，保证了取样管能垂直钻进，而较少受海底地形的影响。它主要应用在海洋矿产、地热勘探和滨海工程等方面（补家武等，2001）。

二、国内的发展历程

国内从 20 世纪 50 年代末开始开展大规模的海洋调查，这是中国海洋沉积研究的开端。60 年代以来，又先后对渤海、黄海、东海、南海的沉积类型、物质组成、沉积速率以及陆架沉积模式和沉积发育历史进行了深入的专题调查。在海岸和海底沉积物的搬运及其动力过程的研究方面也有很大进展，同时还开展了深海远洋沉积的调查研究。

国内关于取样器的研究开始于 20 世纪 60 年代，盛行于 70—80 年代，多偏重于重力活塞取样器的研制方面。在吸收当时国外已有简单重力取样器设计原理的基础上，进行研制，取样长度也在逐步增加。2019 年"雪龙 2 号"科考船使用 22m 重力活塞取样器（图 8-2-11）从 1588m 深海底成功取得 18.45m 柱状沉积物样品。中科院海洋研究所"科学号"船配备了 30m 重力活塞取样器（图 8-2-12）。中国重力柱状取样器的发展经历了以下几个典型事例。

（1）1983 年原地质部南海海洋地质调查指挥部从瑞士引进了一套 ETH 型重力活塞取样器。该取样器由瑞士苏黎世理工学院地质研究所研制，在扎伊尔的 Kiva 湖中取得了长达 20m 的柱状样品。

图 8-2-11 "雪龙 2 号" 22m 重力活塞取样器

图 8-2-12 "科学号" 30m 重力活塞取样器

（2）1994 年国家海洋局第二海洋研究所为大洋锰结核调查从美国 Benthos 公司引进 2450 型重型柱状取样器。

（3）1988 年中科院海洋研究所张君元、宋欢龄等研制了一种安全重力活塞取样器，采用气缸活塞式安全销和缓冲器总成，有效地解决了因取样器主体突然脱钩或在松散沉积物采芯时容易挣断钢缆而导致重力活塞取样器丢失的问题。

（4）在国家 863 计划支持下，1996 年国家海洋局第一海洋研究所开展了重力活塞取样器的研制。

（5）2001 年广州海洋局与浙江大学开展了深海沉积物保真取样系统的研制工作（臧启运等，1999）。

（6）2012 年开始，中科院海洋研究所在中科院海洋战略先导专项子课题的支持下，成功研发出一种 6000m 深水可视可控轻型沉积物柱状取样系统（图 8-2-13），目前本套设备已经成功进行了海试，并作为主要沉积物取样设备应用于多个海上调查航次（王冰等，2018）。

（7）在国家基金项目"重力活塞取样器及移液管法颗粒分析自动化系统"的资助下，青岛理工大学进行了 40m 重力活塞取样器的合理设计，未形成产品（李民刚，2012）。

箱式取样器：中科院海洋研究所于 1979 年着手研制箱式采样器，并于 1981 年初试制成功 XD-1 型箱式采样器（图 8-2-14）。目前我国体积最大的箱式取样器为广州海洋局设计研发的 80 型箱式取样器。

图 8-2-13 可视重力柱状取样器

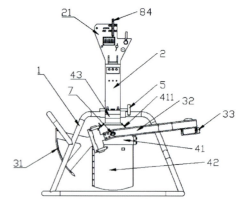
图 8-2-14 XD-1 型箱式采样器
1. 平衡支撑架；2. 提杆；21. 一号安装板；31. 铲斗；32. 铲臂；33. 配重；41. 负重箱；411. 箱盖；42. 取样箱；43. 铅块；5. 提杆锁销；7. 铲斗转轴；84. 提钩

多管取样器：我国于 20 世纪 90 年代从德国引进多管取样器，针对取样器的缺点和取样成功率不高的状况，国家海洋局第二海洋研究所技术人员结合海上实践经验，对德国的多管取样器的机械结构进行了改进，经反复试验后于 1998 年初改进成功，改进后的多管取样器为 MCD-1 型（图 8-2-15）和 MCS-1 型。MCD-1 型多管取样器于 1998 年、1999 年在大洋多金属结核调查中投入使用，取样成功率达 98%。随着可视化系统的应用和海上调查的需要，杭州瀚陆物探工程技术有限公司研发了可视多管取样器，广州海洋局技术人员研发了可视可控多管取样器，并在2017年"海洋六号"（现"海洋地质六号"）船大洋科学考察中使用，采样成功率高达100%。

电视抓斗（图8-2-16、图8-2-17）：深海底及洋中脊矿产资源勘测工作的不断深入和发展，对海洋地质调查仪器提出了更高的要求。2003年4月我国自主研制的深海电视抓斗在"大洋一号"船太平洋科学考察任务中亮相，可在水深4000m的海底取样。2009年11—12月期间，"大洋一号"科学考察船执行DY21航次第四航段的大西洋洋中脊考察，在南大西洋中脊上利用我国自行研制的深海电视抓斗，首次获取块状热液硫化物样品，这是中国大洋及深海科考史上的重大突破，也是当时科学家在南大西洋最南端的位置成功获取的热液硫化物。2018年"向阳红01"船在南大西洋利用电视抓斗成功抓取1块单体约3t重的硫化物样品（图8-2-18），刷新了我国采集到的单体最大块状硫化物样品记录。

图8-2-15　MCD-1型多管取样器

图8-2-16　电视抓斗（一）

图8-2-17　电视抓斗（二）

图8-2-18　电视抓斗采获的热液硫化物

广州海洋局是国内海洋地质取样领域中拥有取样器种类最多、型号最全、取样能力最强的野外调查单位，2015年创造了全年超2000个站次的海洋地质取样作业。地质取样设备主要有：蚌式抓斗采泥器、箱式取样器、重力柱状取样器、天然气水合物保压取样器、多管取样器、拖网取样器、振动取样器、电视抓斗取样器。

蚌式抓斗采泥器（图8-2-19）：按其开口面积的大小可分为$0.025m^2$、$0.1m^2$和$0.25m^2$等不同规格，取样器质量从20～300kg不等。

箱式取样器：主要采集不受扰动的海底表层沉积物样品。国内常用的QNC-2-35型系列不锈钢箱式取样器由箱体、铲刀和释放器组成（耿雪樵，2009）。按其开口面积的大小可分为32型（32cm×32cm）、40型（40cm×40cm）和50型（50cm×50cm）等不同规格，取样器质量从300～800kg不等。目前广州海洋局研发出来可视箱式取样器（图8-2-20）和80型箱式取样器（图8-2-21，开口面积为80cm×80cm）。

图 8-2-19 抓斗取样器

图 8-2-20 可视箱式取样器

重力柱状取样器：根据触底方式的不同，可分为重力柱状取样器（图 8-2-22）和重力活塞取样器（图 8-2-23）。重力柱状取样器由重锤和取样管组成。使用的重力柱状取样设备的质量从几百千克到 3t 不等，装管长度为 2～24.5m，取样管管径有 89mm、108mm、127mm 等多种。

图 8-2-21 80 型箱式取样器

图 8-2-22 重力柱状取样器

天然气水合物保真采样器（图 8-2-24）主要由吊放钢缆、释放机构、蓄能器、密封舱、采样管、重锤等组成。

图 8-2-23 重力活塞取样器

图 8-2-24 深海沉积物保真取样系统

多管取样器：主要用于同时采集沉积物和上覆水。目前主要有 MCD-1 型多管取样器和广州海洋局自己改进的可视可控多管取样器（图 8-2-25）。

拖网取样器：用于采取海底基岩、砾石、粗碎屑和生物样品。根据功能可分为结壳拖网（又称岩石采样器)与结核及表层生物拖网,都是由拖体与网具组成。拖网没有统一尺寸,可根据实际需求进行定制拖体的尺寸与网具的尺寸及网眼大小。我国具备在水深 4000~6000m 的海底进行岩石和结核拖网(图 8-2-26)采样,在太平洋海域采集到大量锰结核、锰结壳样品。

图 8-2-25　可视可控多管取样器　　　　　　图 8-2-26　结核拖网取样器

振动取样器:主要用于采取长柱状砂质样品,广泛用于海洋区域地质调查、环境地质调查、海洋矿产资源地球化学勘查等工作。广州海洋局现拥有自主研发的 FXZ2 变频振动取样器(图 8-2-27)和购买的英国 FT550 变频高能震动取样器(图 8-2-28)。

图 8-2-27　自主研发的 FXZ2 变频振动取样器　　　图 8-2-28　FT550 变频高能震动取样器

电视抓斗:广州海洋局现拥有 2 台四川海洋特种设备研究所生产的电视抓斗(图 8-2-29)和杭州瀚陆物探工程技术有限公司生产的可视化取样系统(图 8-2-30)。

图 8-2-29　电视抓斗　　　　　　　　　　图 8-2-30　可视化取样系统

三、现在的工作方案

技术人员是如何使用这些先进的取样装备,成功采获海底沉积物样品的呢?下面以广州海洋局的表层沉积物取样和柱状沉积物取样为例进行介绍。

1. 表层沉积物取样——箱式取样器

(1) 安装好采样器,检查采样器的各部件是否处于正常工作状态,确认无误时,方可投放采样器(图8-2-31)。

(2) A型架配合绞车慢速起吊,待采样器全部移出船舷外(图8-2-32)。

图8-2-31 箱式取样器入水前检查

图8-2-32 A型架配合绞车将采样器推出舷外

(3) 慢速将采样器放至水面,绞车计数器归零,通知导航组定位、记录水深。

(4) 将导航信标安装在钢缆100m处,信标入水后,打开导航信标的开关,通知导航组定位、记录水深,观察水下定位系统信标是否工作正常。

(5) 待信标没入水中之后,逐步加快沉放速度,直至1m/s。

(6) 当导航信标下放到距海底150m左右时,绞车停机2~3min,然后以高速继续沉放到海底。

(7) 根据导航信标的读数和绞车系统的张力计变化情况,判断采样器插入沉积物后,通知导航组定位、记录水深和钢缆长度,绞车停机片刻,然后开始缓慢提升;确认取样器已离开海底后,逐步加快提升速度,至最高速度。

(8) 导航信标在水下距水面50m时,逐步减慢提升速度,当升至适当高度时,暂停绞车,将信标卸下。

(9) 采样器出水后(图8-2-33),绞车与A型架密切配合,将采样器移至船舷内,平稳地放在甲板上(图8-2-34)。

图8-2-33 箱式取样器出水

图8-2-34 箱式取样器固定在甲板上

（10）用样品盘接取样品，拍照、插入插管、测量泥温、采取土工和化学样品，并进行现场描述（图8-2-35、图8-2-36），提取插管样品，盖上插管盖，并密封，清洁插管表面，用记号笔标明顶底、管号、站位号等标记，用塑料袋装取泥样，编号和描述。样品存放于冷库内。

图8-2-35 现场技术人员接取样品　　　　　　　图8-2-36 箱式取样器采获的多金属结核样品

2. 柱状沉积物取样——重力活塞取样器

（1）安装好取样器，检查取样器的各部件是否处于正常工作状态，确认无误时，方可投放取样器（图8-2-37～图8-2-40）。

图8-2-37 安装重力活塞取样器之取样管　　　　图8-2-38 安装重力活塞取样器之取样衬管

图8-2-39 安装重力活塞取样器之平衡杆　　　　图8-2-40 安装完成的重力活塞取样器

（2）操作A型架，绞车慢速起吊；慢速将取样器本体放至船舷外（图8-2-41），安装重锤部分。

（3）将导航信标安装在钢缆50m处，信标入水后，打开导航信标的开关，通知导航组定位、记录水深,观察水下定位系统信标是否工作正常。

(4) 待取样器入水后,逐步加快沉放速度,当取样器下放到距海底100m左右时,根据海底底质情况控制绞车速度继续沉放到海底。

(5) 重锤先着底,平衡机构失去平衡,取样器以自由落体的方式冲入沉积物中,连接钢缆的活塞被拉起,同时海底沉积物也跟随活塞在衬管内往上运行,在衬管内形成负压环境,减少了样品与样管的摩擦力,当活塞到达样管顶端时闭合密封,采样器完成取样过程。

(6) 根据绞车张力计和信标读数,判断取样器插入沉积物后,通知导航组定位、记录水深和钢缆长度,然后开始缓慢提升,确认取样器已离开海底后,逐步加快提升速度。

(7) 取样器出水后,提升取样器至适当高度,先通过电动卷扬回收重锤,拆除平衡杆及夹板,绞车与A型架及电动卷扬密切配合,将取样器移至船舷内,平稳地放在甲板上(图8-2-42)。

图8-2-41 重力活塞取样器入水

图8-2-42 重力活塞取样器回收至甲板

(8) 现场样品处理(图8-2-43、图8-2-44):进行样品照相、描述;标记好柱状样的顶底方向,根据实际取样长度,按100cm长度分段截断,每段样品标记好顶底方向,贴好标签,记录样品站位信息和编号;将样品存放于样品库。

图8-2-43 取出样品

图8-2-44 现场处理样品

第九章 钻探技术

第一节 深海浅地层钻机

目前,深海浅地层钻机(简称浅钻),已成为海底资源勘探、海洋地质调查和海洋科学考察不可或缺的重要技术装备,得到了世界各海洋强国的重视和应用,许多科研成果已经应用于实际的海洋调查项目,取得了可观的经济效益和社会效益(徐匡迪,2012;朱伟亚等,2010;刘德顺等,2014)。我国自2000年前后也相继启动了一系列海底钻机的科研项目,并在海洋地质调查和大洋科学考察中投入使用。

一、国外的进展

1. 以浅海、浅钻、功能单一、智能化低为主要特点的第一代海底钻机

世界第一台海底钻机的历史现在已经难以考证,但一系列实用化的海底钻机密集出现在20世纪50年代以后,为了实现海底钻探的目的,其供能方式也是百花齐放(王中林等,1978)。

(1) 浮力型:利用浮体在水中的上浮提供钻进动力。
(2) 气压型:利用甲板上的空气压缩机经气管为钻机提供动力。
(3) 压差型:利用水压与负压容器的压力差为钻机提供动力。
(4) 燃料型:利用火箭燃料的燃烧产生的气体提供动力。
(5) 液压型:利用甲板上的液压站经液压软管对钻机提供钻进动力。
(6) 电池型:利用钻机携带的电池驱动水下电机提供钻进动力。
(7) 电驱型:利用甲板电源经脐带对水下电机提供钻进动力。
(8) 电液组合型:利用甲板电源经脐带缆对海底液压站供能,以液压提供钻机动力。

虽然在供能方式上多种多样,但这段时期的海底钻机以浅海(水深500m以内)、浅钻(钻深10m以内)、功能单一、智能化低为主要特点,因此统一归属为第一代海底钻机。

其中,华盛顿大学于1989年委托美国威廉姆逊(Williamson and Associates)公司研制的钻深3m海底钻机当属第一代海底钻机的突出代表(彭芸等,2015),如图9-1-1所示。该钻机采用模块化设计,其结构可拆卸,可装入6.1m船运集装箱内。采用镶金刚石岩芯钻头,钻杆规格为BQ(钻孔直径60mm、岩芯直径36.5mm)。钻进机构、调平支腿和监控摄像头由液压电机驱动。在调平机器时,操作者可单独控制钻机3个支腿中的任何1个,使钻机底盘调节15°以补偿地形起伏。钻头的钻压和转速可以通过计算机进行无级调节。钻压调节范围0~9 kN,钻机提升力为31.5kN,转速调节范围为0~2000r/min,可

图9-1-1 华盛顿大学定制的
3m海底钻机

正反转。钻机配有高度计和姿态传感器,还配有其他传感器:环境压力(水深)、钻头扭矩、钻压、泥浆泵压力、钻头转速、钻进速度和深度,以及供电电压。该钻机使用美国调查船 NSF 标准的外径 17.3 mm 铠装同轴电缆吊放和作业。但电缆的自重限制了钻机的安全作业深度。

2. 以深海、浅钻、智能化为主要特点的第二代海底钻机

20 世纪 90 年代之后,钻探、机电、测控、通信、传感器等技术的发展和融合,使得海底钻机在适水深度、钻探深度、智能化等方面均发生了质的飞跃,适水深度达到 6000m;钻探深度扩展至 50m;供能方面,电池型、电驱型和电液组合型成为世界大多数海底钻机的优选方案;通信方面,采用了通信总线、光纤及声学等通信方式;增加了可视化、姿态仪、推进器、调平支腿等监视和控制装置等,由此产生了第二代海底钻机。如英国地质调查局(BGS)研制的 RockDrill-2(Sven et al.,2005)和美国 Williamson & Associates 开发的 BMS-2(Benthic Multicoring System)(Freudenthal and Marum,2009)即是第二代海底钻机的突出代表,如图 9-1-2 所示,其中 BMS-2 于 2006 年在日本的东海小笠原群岛附近(水深 5815m)海域,成功钻取 4.4m 的岩芯样品,创下了海底钻机的水深作业记录,并一直保持至今。

图 9-1-2 英国 RockDrill-2(左)和美国 BMS-2(右)海底钻机实物照片

3. 以中深钻、绳索取芯、多功能测试和智能化操控为特点的第三代海底钻机

2007 年前后至今,为了提高海底钻探取芯的深度、效率和质量,发达国家纷纷对海底钻机进行了绳索取芯技术的升级改造。由于不需提钻的绳索取芯仅用绳索打捞器循环式打捞底部的岩芯样品即可,因此作业时不需要套管护壁,样品的取芯质量提高,工作时间明显减少,工作效率显著提高;绳索取芯技术的应用,使得井下的有缆式原位测试成为可能,利用绳索打捞器下放自容式原位测试仪至孔底开展测试是一种常用的做法,而更加先进的则是直接使用独立的小型水下绞车与承载电缆下放和回收原位测试仪,前者为存储转发的方式,而后者则能做到实时的显示和记录;除此以外,为了获得更多的钻探地层信息,简单的随钻式测井仪器、井口的测试分析仪器以及样品的保压处理也获得应用。这一时期的技术升级改造形成了以绳索取芯和多功能测试为主要特点的第三代海底钻机,工作水深虽与第二代海底钻机相当,但钻深已经达到了 125m,并将在近年内突破 200m。澳大利亚的 PROD,德国的 MeBo,美国的 A-BMS、ACS 和 ROVDrill,加拿大的 CRD100 都是第三代海底钻机的突出代表。

1) PROD

PROD(Portable Remotely Operated Drill)是由澳大利亚 BENTHIC 公司研发的一套多功能海底钻探与岩土测试系统,近 10 年来,在世界 30 多个海洋工程中被成功使用,如在澳大利亚西部水深 600m 的 Browse 海域,创造了一天 223m 的钻探总进尺记录,而在水深 1400m 的 off Angola 海域,则创造了 15 天 66 个钻探孔位的记录。PROD 被公认为优质、高效和安全的海洋特种设备之一,尤其在应对深水、超深水以及各种复杂海底工况时具备十分优异的性能。由于 PROD 具有 2.3m×2.3m×5.8m($L×W×H$)的三维尺寸,如果采用常规方式下放与回收,对吊放装置(如 A 型架)的净高要求较大,

船舶适应性明显降低，同时，过高的吊点在船体起伏和晃动时造成的设备摇摆更加难以控制，极易造成安全事故，为此 PROD 设计了一套专用的甲板收放系统，如图 9-1-3（左）所示，PROD 在非工作状态以躺卧的姿势被固定在甲板收放系统的支架上（支架的部分悬出船舷以外），这样 2.3m 的高度对船舶的空间要求更低，且重心降低后设备更加稳定；设备下放时，在两个液压缸的作用下，甲板收放系统的支架绕船舷开始翻转直至 PROD 被竖直立起，此时 PROD 完全位于船舷以外且底部已经离水面较近，之后松开支架上的固定装置并缓慢释放脐带缆，PROD 在重力作用下即滑入水中；设备回收是设备下放的逆过程，PROD 在提离海水的短时间内即大部分进入支架上的滑道，减少了设备在空气中的摇摆，极大限度地降低了安全风险。PROD 拥有三支大型支腿，以 120°均布于钻机的底部，如图 9-1-3（右）所示。非工作状态时支腿收入钻机主体内，不增加额外的空间占用，而到达海底时支腿在液压缸的驱动下伸出，既可以为钻机提供较大的支撑面积，又能够在海底不平时调整钻机的姿态，因此 PROD 即使在较软的海床面也能够支撑自身重量，防止设备下陷对泥水界面的取样与测试的干扰，同时即使在海底 20°的斜坡上，通过调整支腿的伸缩也能够保持钻机的竖直钻进。

图 9-1-3 澳大利亚 PROD 海底钻机

PROD 具有绳索钻探取芯和有缆原位测试的双重功能。在软地层采用液压式活塞取芯器，而在硬地层则采用旋转钻进取芯器，大量的工程实践证明这两种拥有专利技术的取芯器均具有良好的性能；原位测试时，由钻机上专用的记录（Log）绞车和承载电缆将多功能静力触探（CPT）仪下放至孔底开展相关测试，测试参数包括：锥尖阻力、侧壁摩擦力、孔隙水压力、剪切波与压缩波波速测试、甲烷及碳氢化合物测试等，甲板的操作人员可实时观测上述测试参数随深度的变化曲线（Patrick et al.，2008）。

2）MeBo

MeBo（Meeresboden-Bohrgerät）海底钻机是德国教育研究部与布莱梅州政府共同出资，由 MARUM 公司主持研制的。与其他同级别的海底钻机相比，MeBo 最大的优势在于增加了保压取芯功能。通常的非保压海底钻机钻取的样品储存在取样管中，钻探完毕后样品与海底钻机一起从海底被提升至甲板，这一过程中水的压力逐渐减少，可能会导致样品发生某些性能的变化或者差异，甚至造成样品发生某些物理化学反应，例如海底沉积物的力学性质差异，海底天然气水合物的气化分解以及海底沉积物中微生物的变化等。MeBo 将钻探取得的样品在海底直接进行保压处理，是还原样品在海底原位特征的一种重要方法。与船载海洋钻机的保压取芯相比，这种保压因海底钻机的钻深与水深之比一般小至可以忽略，所以保压效果几乎相同；再者海底钻机的保压只需要在钻机内部增加取样管两端的封口处理，与船载海洋钻机的专用保压取芯器相比容易实现且成功率高（Freudenthal and Wefer，2007）。为此 MeBo 海底钻机成为了德国天然气水合物计划（SUGAR）中主要调查手段之一，如图 9-1-4 所示。

之后，在德国联邦教育与研究部的继续支持下，MeBo 钻机获得升级，单次钻进深度由原来的 2.35m 增加到 3.5m，钻探深度将达到 200m，升级后的 MeBo 定名为 MeBo-200，并已于 2015 年开始投入商业化运作。

3）ACS 和 A-BMS

继成功开发出 BMS-2、BMS-3 海底钻机之后，美国 Williamson & Associates 公司于 2010 年 2 月向印度的国家海洋技术研究所交付使用了 ACS（Automatic Coring System）海底自动取芯系统，该钻机最大适水深度 4000m，钻探取芯深度达到 100m，以海域天然气水合物勘探为首要目标，配备了保

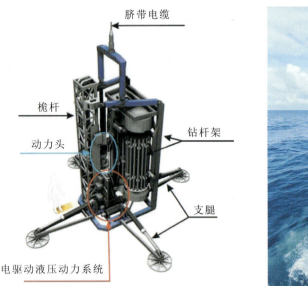

图 9-1-4　德国 MeBo 海底钻机

压取芯工具；2011 年 Williamson & Associates 公司又与日本 JOGMEC 合作，开发出 A-BMS 海底钻机，该钻机以海底硫化物和天然气水合物为目标，使用 95mm 直径的 HQ 钻具，最大适水深度 4000m，钻探取芯深度 50m，并可扩展至 150m，可在 30°的海底斜坡上开展工作，配备了井下式的测井仪、原位测试仪、保压岩芯取样器和其他特殊钻探工具（Murray，2010）。目前该钻机装备在 R/V Hakurei 综合调查船上，已经在多个航次中被成功使用，如图 9-1-5 所示。

图 9-1-5　美国 ACS（左）和 A-BMS（右）海底钻机三维模型图

4) CRD100

加拿大 CELLULA 公司的 CRD100 是针对深海地质调查、矿产资源和天然气水合物勘探而开发的新型多功能海底钻机，整套钻机空气中质量 13.5t，最大适水深度 3000m，采用绳索取芯方式可进行 65m 连续取芯，裸孔钻进 127m，取芯直径达到 61.1mm，可开展 120m 实时静力触探测试，如图 9-1-6 所示（陈奇等，2017）。

5) ROVDrill

美国 HELIX CANYON OFFSHORE 公司研发的 ROVDrill 是一种结合了 ROV 技术的新型海底钻机系统，这与该公司本身具备的 ROV 研发技术与生产能力密切相关，ROVDrill 系列中的 MK-2 和 MK-3 是两种较为成熟的产品（William and Henry，2005；Sager and Johnson，2001）。

ROVDrill MK-2 型海底钻机与 PROD 和 BMS 等先进的多功能海底钻机相似，具备钻探取芯（活塞取芯和旋转取芯）和原位测试功能（标准配置有缆 CPT 功能，可选配 X 射线、伽马射线和电阻率测试功能),所不同的是,海底钻机能与ROV完全组合在一个海底框架之中,如图9-1-7所示,海底钻机需要的水下操作、液压动力、电能供应、视频监控和多传感器数据采集等完全由ROV提供或实现,因此ROVDrill MK-2更像一台配备了钻探取芯和原位测试能力的ROV系统。

图9-1-6 加拿大的CRD100海底钻机

图9-1-7 ROVDrill MK-2型海底钻机

ROVDrill MK-3型海底钻机在MK-2型的基础上做出了更加大胆的尝试,如图9-1-8所示,海底钻机与ROV完全独立,MK-3型海底钻机仅仅提供了海底钻探所需的全部部件和装置,而几乎所有的监控和操作都由一台独立的作业级ROV来实现,这种模式虽然使得海底钻机的开发成本大幅度下降,设计时只需保证海底钻机的各项操作功能以及与ROV操作时的便利性即可,但是对配合使用的ROV及其ROV的操作人员来说则提出了更高的要求,如果所要装备的调查船本身已经拥有一台作业级ROV,这种模式是一种最好的选择。由于与ROV独立,MK-3的钻深在MK-2的55m基础上提高到了80m,质量也从MK-2的9.5t提高到了18t。

图9-1-8 ROVDrill MK-3型海底钻机三维示意图(左)和实物照片(右)

4. 以高投入、大规模、深层钻探为主要特点的第四代海底钻机

2005年,挪威启动了一项耗资8亿~16亿美元的海底深钻计划,其核心内容是RoboticDrilling System AS公司在已有Autonomous Drillfloor海底钻机的基础上研制一套钻进深度超过600m的大型深层海底钻探系统:Seabed Drilling Rig,钻机的三维尺寸将达到$10m \times 10m \times 30m$($L \times W \times H$),自上而下分为上、中、下3个单元,上部单元主要用于钻杆的储存和移位,中部单元实现钻进和钻杆的拧卸,下部单元为基础底盘,装有防喷器和其他辅助装置;由于钻机的体型庞大,设计中充分采用了模块化设计思路,各个模块在陆地上均可由标准集装箱装载和运输,下放到海底后则完全由ROV进行组装、更换和维护;为了能使钻进在海底完全自动运行,该钻机还定制了一套专门的自动运行软件和处理水下故障的专家系统,确保钻机在海底的工作效率和可靠运行(Birkenes,2009)。

此外,总部位于爱尔兰的MARIS公司一直致力于海洋工程等相关技术领域,自2000年开始研制海底钻机，并提出了未来深层钻探的海底钻机模型，如图9-1-9（右）所示（Ayling et al.，2003；司英晖等，2008）。

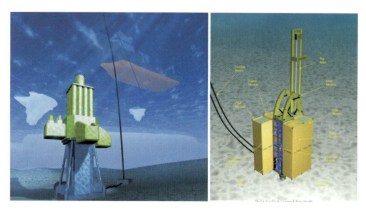

图9-1-9 挪威Seabed Drilling Rig（左）及爱尔兰MARIS（右）大型海底钻机

二、国内的发展历程

我国实质性地开展海底钻机的研究始于21世纪，为满足我国深海富钴结壳勘探区调查的需要，长沙矿山研究院在国家"863"计划和大洋协会的支持下开始了我国第一台深海浅地层海底钻机的研制，并于2004年正式投入使用。该岩芯取样钻机作业水深为4000m，钻深能力为0.7m，取芯直径为60mm，钻机的外形尺寸为长1.8m×宽1.8m×高2.3m。该钻机采用全液压驱动设计，可大范围调节钻进参数，从而提高对各种岩石的适应性。由于钻深能力较小，该钻机采用提钻取芯技术方式，同时，该钻机采用蓄电池、逆变器和220V浸油三相交流电机作为动力源。目前已经形成了钻深能力0.7～2m、采用水下电池或脐带缆供电、多种型号的深海浅地层岩芯取样钻机系列，已在我国大洋资源调查航次中于太平洋和印度洋1000～3000m的深海底钻取岩芯1000多个，成为目前世界上深海底实钻取芯次数最多的海底钻机，特别是"大洋一号"2005年进行的我国首次环球科学考察中，共下海作业147次，取得岩芯样品111个，为我国向联合国成功申请国际海底矿区做出了突出贡献（万步炎和黄筱军，2006；朱伟亚等，2010）。

2008年，由国家"863"计划立项研制成功的具有独特"一次下水多次取芯"功能的"多次取芯富钴结壳潜钻"，已经在我国大洋富钴结壳航次调查中多次成功应用。

2010年底，国家863计划"十一五"重点项目"深海底中深孔岩芯钻机"海试成功，采用提钻式钻探取芯方法，通过机械手实现水下钻杆加接将钻探取芯深度扩展至20m（万步炎等，2015），如图9-1-10（右）所示，工作水深为1000～4000m，钻深能力为20m，岩芯直径为50mm、其外形尺寸为长2m×宽2m×高4m。中深孔岩芯取样钻机采用全液压动力头结构设计和提钻取芯方式，同时，配备有弹

图9-1-10 1.5m（左）和20m（右）深海浅层海底钻机实物照片

簧加压型皮囊式正压压力补偿器。在钻杆钻具接卸存储技术方面，采用两个单排转盘式储管架，分别存放钻杆和岩芯管组件，每个储管架附有两只立轴同步摆动式双机械手，用于双向抓取及移送钻杆或岩芯管。桅杆架滑轨下部安装有串联的双夹持器分别用于夹持套管和钻杆钻具，并与机械手配合拧卸钻杆钻具下部丝扣；钻杆钻具上部丝扣则通过与钻进动力头集成于一体的螺纹强力卸扣机构与机械手配合进行拧卸。该钻机采用铠装脐带缆进行供电与通信，并针对"大洋一号"科考船甲板配套设备的现状，综合使用深海就地功率因素补偿技术、深海充油平衡式继电控制技术。

图 9-1-11 "海牛号"海底钻机

2012 年，由湖南科技大学、广州海洋局和中科院海洋研究所共同承担的国家"十二五"863 主题项目"海底 60m 多用途钻机系统技术开发与应用研究"，已经完成全部开发组装测试工作，命名"海牛号"，并于 2015 年完成海上试验，如图 9-1-11 所示。该钻机钻机作业水深可达 3500m、钻深能力为 60m、取芯直径为 62mm，重 8.3t。具备回转钻进取硬岩岩芯，压入式取沉积物及海底多参量原位 CPT 探测（土工力学、土体温度测量、土体摄像）等多种取芯、探测功能。采用先进的绳索取芯技术，可大幅提高钻机系统取芯效率，同时还自主研发了与其配套的海底钻机收放机构，形成一整套具有自主知识产权的深海海底深孔钻探取样与原位探测的深海海底取芯技术"海牛号"深海钻机于 2015 年 6 月在南海海试成功，实现了国内海洋矿产资源探采装备的新突破，为我国海洋科学研究及矿产资源调查提供了重要的技术手段，已成为我国第三代海底钻机的代表（中国矿业报，2015）。

三、现在的工作方案

目前，国内研制浅钻的单位有长沙矿山院、湖南科技大学等单位，广州海洋局目前有 2 台 1.5m 钻机和 1 台 6m 钻机，均为长沙矿山院研制。1.5m 钻机最大水深 4000m，可钻进 1.5m，6m 钻机最大水深也是 4000m，可钻进 6m。海底钻机系统主要由船载绞车、铠装光电复合缆、钻机专用下放装置、甲板高压供电系统、海底钻机和甲板操控单元等组成，并配合船载折臂吊和动力定位系统完成海上作业任务，如图 9-1-12 所示。

浅钻钻机需要从母船上的软件下达指令，从而操作浅钻钻机在水下完成一系列动作，实现指定工程的顺利完成。

根据需求，设计了控制与执行界面和状态与监视界面。控制控制与执行界面用于钻机上每个功能的直接操作，包括：钻进操作、钻管机械手操作、钻管架旋转、摄像机控制、灯控制、罗盘与高度计控制、控制盒开关、供电开关、绝缘检测仪、罗盘与高度计示数界面、运行状态界面。

状态与监视界面用于监控和收集每个功能发来的数据，包括：三相电监测、直流绝缘检测板监测、油箱采集板监测、功能阀箱监测、模拟/工况板监测、电池电源转换板监测、检测板控制板监测、交流绝缘检测板监测、大功率直流绝缘检测板监测、高度计与罗盘监测、继电器板监测、绝缘检测仪状态监测。

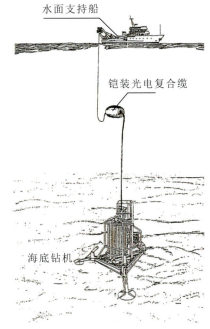

图 9-1-12 钻机系统海上作业示意图

通过软件上的控制与执行界面和状态与监视界面，用户可以操控钻机完成每个动作，并且监控每个功能以及通信的状态。

1. 操作说明

由于浅钻钻机的功能比较多，因此软件将不同功能进行分区，便于用户进行操作。控制与执行界面的将不同功能的操作进行划分，同时增加了常用数据显示区域，既方便用户操作，同时也可以观察到钻机的状态。状态与监视界面将不同功能的状态进行划分，方便用户进行状态的读取。

钻机的操作过程包括布防、取芯和回收。这些过程需要通过控制与执行界面和状态与监视界面来完成。控制与执行界面总共划分了 11 个区域，每个区域中又包含了同一功能的不同操作控制。状态与监视界面总共划分了 12 个区域，每个区域中又包含了同一功能的不同状态的监控。浅钻设备上位机软件"控制与执行"与"状态与检测"界面如图 9-1-13、图 9-1-14 所示。

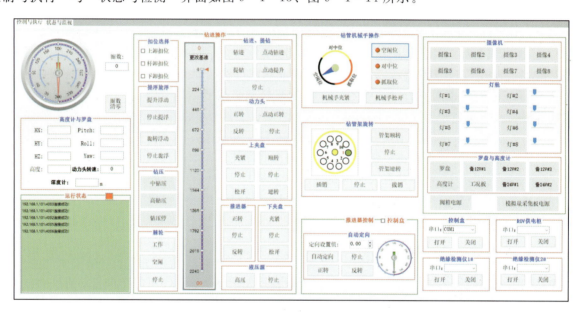

图 9-1-13　控制与执行界面

图 9-1-14　状态与监视界面

2. 布放过程

在钻机下放前，将取芯钻具连接至动力头，然后利用吊放装置吊放钻机，下水之后，实时监测罗盘示数，如图9-1-15所示，若偏离初始值超过180°，使用防扭转功能，调整钻机角度，使其维持在允许范围角度之内。定向主要有两种方式，分别为手动定向与自动定向。手动定向，需要操作者亲自去点击"正转"或"反转"按钮，使其方位维持在允许范围内，如图9-1-16所示。自动定向操作者需要手动输入钻机初始的方位值，然后点击"自动定向"按钮即可，如果需要停止定向功能，点击"停止"按钮即可停止动作，如图9-1-17所示。

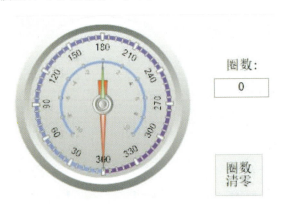

图9-1-15 罗盘示数表

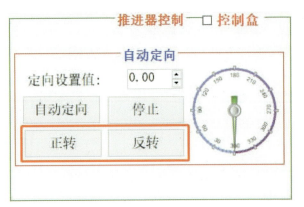

图9-1-16 手动定向

钻机入水以后，打开摄像头与照明装置，观察各部件的状态，进行实时监测。界面操作如图9-1-18所示。

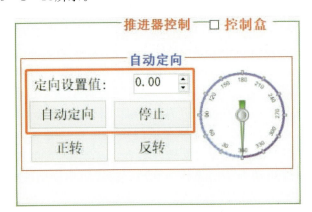

图9-1-17 自动定向

图9-1-18 摄像头与照明装置

当离地100m左右后，开启"高度计"，如图9-1-19所示。

钻机座底以后，关闭寻址摄像头与照明装置，开始取芯。

3. 取芯过程

在取芯开始前，确保上下夹盘、机械手都处于松开状态，机械手处于空闲位置。钻机下水之前，利用钻管架旋转功能（图9-1-20），驱动钻具库旋转，将所有钻具与钻杆移动至有卡扣位置，防止布放过

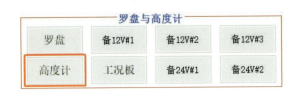

图9-1-19 高度计按钮

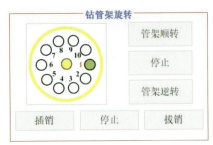

图9-1-20 钻管架旋转功能

程中钻具或钻杆脱离钻具库。

钻具库顺转操作：插销—管架顺转—拔销—管架逆转—插销—管架顺转。

钻具库逆转操作：插销—管架逆转—拔销—管架顺转—插销—管架逆转。

布放完成后，将液压系统切换至油源"高压"，如图 9-1-21 所示，同时观察监测界面，对压力示数进行实时监测，如图 9-1-22 所示，各部位压力正常后，开始取芯工作。

图 9-1-21　液压源高低压切换

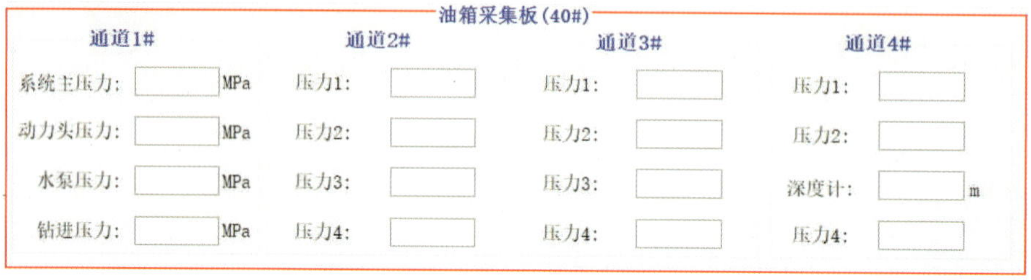

图 9-1-22　系统压力监测

1）取芯 1.5m 阶段——1 号钻具

设备运行正常后，开始取芯，首先利用钻管架旋转功能将 1 号钻具旋转至抓取位置，然后利用钻管机械手操作功能（图 9-1-23），将机械手依空闲位—对中位—抓取位的顺序旋转，切记，此时机械手一定要处于松开状态。

然后机械手摆置 1 号钻具位置后，将机械手夹紧，夹紧后，将 1 号钻具摆置对中位，动力头向下运动，待对准后，驱动液压马达正转（图 9-1-24），将动力头与 1 号钻具连接，在连接的同时，打开提升浮动与旋转浮动功能，待连接完成后，关闭浮动功能。

接下来松开机械手，然后将其摆至空闲位，开始进行钻进取样。打开钻进功能，驱动动力头正转，并开启水泵，然后根据钻机工作条件，同时点击"钻进"按钮，并选择合适的钻进压力（图 9-1-25），动力头向下钻进，钻进同时，根据油缸形成传感器监测动力头的位移（图 9-1-26），直至岩芯充满岩芯管，然后点击钻进"停止"与旋转"停止"，停止动力头的位移与旋转，液压马达停止工作，关闭水泵。

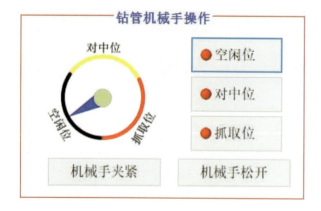

图 9-1-23　钻管机械手操作

图 9-1-24　动力头动作

图 9-1-25　钻进压力

取芯结束后，提升动力头至最高位，动力头主轴至上夹盘夹口，钻具头部至下夹盘夹口，然后上下夹盘分别夹紧（图 9-1-27），同时利用上夹盘的旋转功能进行动力头与钻具之间的卸扣。

卸扣完成后，将 1 号钻具提出钻孔，待 1 号钻具运动到与钻具库齐平位置，机械手从空闲工位摆置

图 9-1-26　动力头位移监测

钻进工位,并抓紧 1 号钻具;驱动液压马达反转,同时打开动力头的悬浮功能,待动力头与钻具完全脱扣以后,利用提升功能将动力头提升,驱动机械手将充满岩芯的 1 号钻具从钻进工位摆置钻具库工位,存放 1 号钻具,进而将机械手松开,摆置钻进工位。

2) 取芯 1.5~3.0m 阶段——2 号钻具,1 号钻杆

图 9-1-27　上下夹盘功能

驱动钻具库旋转,进而将 2 号钻具旋转至待抓取位置;然后机械手摆置钻具库工位,抓取 2 号钻具,抓紧后,将 2 号钻具摆置钻进工位,动力头向下运动,待对准后,驱动液压马达正转,将动力头与 2 号钻具连接;连接完成后,松开机械抓手,将机械抓手摆置空闲工位,带动动力头向下运动,待 2 号钻具顶部运动至下夹盘夹持位置(两个加紧装置),下夹盘卡紧 2 号钻具顶部,驱动液压马达反转,使得液压马达与 2 号钻具松扣;进而将动力头升至顶部,将机械手摆置钻具库位置,抓取 1 号钻杆,抓紧后摆置钻进工位,动力头向下运动,液压马达驱动动力头正转,将其与 1 号钻杆连接;连接完成后,液压马达停止工作,并松开机械手,将其摆置空闲工位,然后动力头带动 1 号钻杆向下运动,将其与 2 号钻具对准后,驱动液压马达正转,使得 1 号钻杆与 2 号钻具连接;连接完成后,松开下夹盘,液压马达驱动动力头正转,带动动力头向下钻进,直至岩芯充满 2 号钻具岩芯管。

2 号钻具充满岩芯后,液压马达停止工作,取芯结束后,提升动力头至最高位,动力头主轴至上夹盘夹口,1 号钻杆头部至下夹盘夹口,然后上下夹盘分别夹紧动力头主轴与 1 号钻杆头部,进行卸扣(上夹盘旋转 2~3 次),然后提升动力头,至 1 号钻杆底部运动至上夹盘位置,2 号钻具运动至下夹盘位置,上、下夹盘同时加紧;然后驱动上夹盘旋转,使得 1 号钻杆与 2 号钻具松扣,然后上夹盘松开,驱动液压马达反转,将 1 号钻杆与 2 号钻具完全松开;动力头向上运动,将 1 号钻杆提升到与钻具库齐平位置,机械手从空闲工位摆置钻进工位,并抓紧 1 号钻杆,然后通过动力头上的棘轮使得动力头与 1 号钻杆松扣;驱动液压马达反转,同时动力头向上移动,使得动力头与钻具完全松开,驱动机械手将 1 号钻杆从钻进工位摆置钻具库工位,存放 1 号钻杆,放置完成后,将机械手摆置空闲工位;然后驱动动力头向下运动,将其与 2 号钻具连接,连接成功后,动力头向上提钻,待 2 号钻具运动到与钻具库齐平位置,机械手从空闲工位摆置钻进工位,并抓紧 2 号钻具,然后通过动力头上的棘轮使得动力头与钻具松扣(可通过动力头反转拧松,此过程不需要通过棘轮松扣);驱动液压马达反转,同时动力头向上移动,使得动力头与 2 号钻具完全松开,驱动机械手将充满岩芯的 2 号钻具从钻进工位摆置钻具库工位,存放 2 号钻具,进而将机械手松开,摆置钻进工位。

3) 取芯 3.0~4.5m 阶段——3 号钻具,1、2 号钻杆

工作过程与取芯 1.5~3.0m 完全相同,只需增加 1 根钻杆即可。

4) 取芯 4.5~6.0m 阶段——4 号钻具,1、2、3 号钻杆

工作过程与取芯 1.5~3.0m 完全相同,只需增加 2 根钻杆即可。

4. 回收过程

利用吊放装置回收钻机,回收过程中,实时监测罗盘示数,若偏离初始值超过 180°,开启防扭转螺旋桨,调整钻机角度,使其维持在允许范围角度之内。直至钻机回收至甲板上,此过程与布放过程中

调整钻机方位方法一致。在离海底 100m 以后，关闭"高度计"，在即将提至水面时候，关闭所有的摄像头与照明装置。提至甲板后，先关闭低压的阀箱电源、阀箱通信电源、罗盘、工况板，切断高压电源。

第二节　船载钻机技术

21 世纪以来，船载钻机技术在海底资源勘探、海洋地质调查和海洋科学考察中扮演着越来越重要的角色，世界各海洋强国十分重视该技术的应用，许多科研成果已经应用于实际的海洋调查项目，取得了可观的经济效益和社会效益。我国为实现海洋资源开发能力，加快发展海洋经济、保护海洋生态环境、建设海洋强国的战略目标，大力研发船载钻机技术（刘志飞和拓守廷，2007）。

一、国外的进展

目前，深钻技术出现美、日共同领导，欧盟跃跃欲试的"三足鼎立"局面。自美国 1978 年建造钻探能力达 7659m 的"乔迪斯·决心号"以来，日本 2005 年建造钻探能力为 10 000m 的"地球号"，欧盟紧随其后积极建造钻探深度达到 11 000m 的"北极光号"。

1）美国"乔迪斯·决心号"（Anonymous，1985；Peggy and Sean，2009；海洋地质与第四世纪地质，2006）

"乔迪斯·决心号"总排水量 9050t，船长 143m，宽 21m，能在海上连续航行 75 天。钻塔高 61.5m，能操作 9150m 钻杆柱，其钻探能力为 9150m，钻探最大水深 8235m，海底下最大钻探深度为 4000m 左右。与先前的"格罗玛·挑战者号"相比，"乔迪斯·决心号"功率更大，稳定性更好，钻进深度更深。船上装备有 12 个用于动力定位的强劲推进器和提升能力达 400t 的世界上最大的升降补偿装置。该船还拥有 1400m^2 的七层实验室，可供沉积学、岩石学、古生物学、地球化学、地球物理学等方面的分析研究。

"乔迪斯·决心号"离不开三大关键技术：动力定位系统、钻孔重返系统和升降补偿装置。"乔迪斯·决心号"上安装了 2 个 4500 马力的主推进器和 12 个 750 马力的伸缩式推进器，由船上的计算机动力定位系统统一管理。当抵达预定钻探地点后，船上将一个声呐信号装置投入海底。该装置不断从海底发出声波信号，船上的接收装置将接收的信号输入计算机。当船从固定的孔位上方漂移时，计算机就能根据声波信号，测出漂移的方向和距离，并将数据传给船上的推进器。推进器立即开始工作，自动校正调整船舶位置。这一系统可保证"乔迪斯·决心号"在浪高 7.5m 下，将船位控制在 5m 范围内。

钻孔重返系统包括高分辨率的声呐扫描系统和返孔锥装置。在首次钻探时，将漏斗状的返孔锥安放在钻孔位置，钻杆通过返孔锥钻入海底。钻头磨损后，要将钻杆取出更换，返孔锥仍留在海底。更换钻头后，将带有水下摄像机的钻杆放到海里。船上通过接收钻孔附近的声呐发射器信号，调整船舶位置。当钻杆与返孔锥相距不远时，船上通过观察海底摄像机，辅助以钻杆上自动装置，让钻头落入返孔锥中。

在大海中钻探，船只时刻都会随着海浪上下颠簸。为解决这一问题，"乔迪斯·决心号"上安装了 400t 的升降补偿装置，以随时补偿船体随波起伏给钻探带来的不利影响。此外，"乔迪斯·决心号"上使用的钻杆也与陆地上用的不一样，是一种可以吸收上下振动的"缓冲钻杆"。

为了提高钻探效率、减少起钻、下钻次数，"乔迪斯·决心号"还采用了绳索取芯系统。取芯管放在钻杆内，通过钢丝绳与钻塔的牵引器连接，当取芯管装满岩芯后，牵引器就将其提升上来。由于每次钻探的任务不同，"乔迪斯·决心号"上开发了多种型号的取芯管。本航次将采用"回转取芯管"。这是一种旋转的取芯工具，每次能在坚硬的岩石中取出 9.5m 长的岩芯，如图 9-2-1 所示。

2）日本"地球号"

"地球号"（CHIKYU）是日本船舶科学技术中心为实施"21 世纪海洋钻探规划"而订造的一艘立管型深海钻探船主要用于对深海海底地质结构的勘探，由三井造船工程公司所属的玉野船厂建造于 2002 年 1 月下水。该船正在玉野船厂进行船体舾装以及动力定位系统和相关系统的安装完成后将转移

图 9-2-1 美国"乔迪斯·决心号"科考船

到三菱重工业公司所属的长崎船厂进行深海钻探设备的安装。科学钻探船"地球号"于 2001 年 4 月开始建造，2005 年夏季竣工。船体总长 210m，总吨位 57 087t，位于船中部的钻塔其顶部距海面有 121m，目前是世界上最大的科学钻探船。"地球号"不仅船体庞大，同时也综合了科学钻探定位和分析的集成技术，这包括可以在水深 2500m（将来可达 4000m）的海底之下钻探到 7000m 的立管式钻探系统，以及保持船在给定位置和方向的动力定位系统（DPS）。它是世界上首次安装了立管式钻探系统的科学钻探船。另外，"地球号"具有完备的占据 4 层甲板（占地面积近 2300m^2）的实验室空间，并安装了最新的分析仪器。"地球号" 2005 年 8 月初从 Nagasaki 造船厂起航，在 Boso 半岛岸外、Suruga 湾 Nagasaki 岸外进行设备和船运行的检测和培训，9 月环绕日本在许多港口停泊面向公众开放。10 月为 2007 年服务于 IODP 做准备而进行全方位的运行检测。顶部载荷 1250t，住舱分为单人房间（128 套）、双人房间（11 套）、公共设施（医务室、文娱室、餐室），一部直升机甲板可以起降一架大型直升机（最大定员 30 人）（刘淮，2004；梁涛，2019；Millard et al.，2013），如图 9-2-2 所示。

图 9-2-2 日本"地球号"科考船

3）欧盟"北极光号"

SCHIFFKO 公司设计的欧洲极地破冰船"北极光号"（Aurora Borealis）是新一代集科学钻探与多

功能研究平台为一体的重型破冰船。它也是世界最大的北极项目——欧洲北极科考旗舰项目。欧洲极地委员会负责对"北极光号"项目进行协调（凌晓良，2010）。

这艘破冰科考船将是世界上第一艘国际性考察船，是研究人员了解上至大气、下至海床各个范围内全球变化问题的独特海洋观测平台。"北极光号"可以单船进行深海科学钻探，无需其他破冰船的协助，并拥有一个能在冰上进行操作的动态定位系统，可以在2m甚至更厚的冰面上进行动态定位，这在航运业上绝对是一次创新。

"北极光号"的另一个独特之处是拥有两个长宽均为7m的月池（moon pool）。月池位于船体中部，是从船体进入海洋的连续垂直通道。科学家可以通过这个通道布放设备而不会受到海风、海浪和海冰的影响。位于船尾的月池主要用于钻探工作，而位于船头的月池则用于其他的科研活动。通过这两个月池，科学家能首次在被海冰覆盖的封闭区域布放非常敏感和昂贵的设备，如遥控或自主式水下设备。位于甲板的实验室围绕月池呈心房形分布，里面设有环形通道和试验准备区域。为适用于各种类型的科学考察，该船还配备了各种先进的设备，并建有集装箱式实验室，同时充分考虑到船上的科学工作流程。Aurora Borealis开始运营时，将成为世界上第一个四季破冰船。它将增强欧洲在极地研究中的优势，并将促进欧洲建造性能优良破冰船的世界先进经验的积累（于新伟等，2017），如图9-2-3所示。

图9-2-3 欧盟"北极光号"钻探船

船载式钻探平台的弱点很明显，主要表现在平台稳定性弱，尤其是船舶的上下浮动，使得取土质量难以达到国际标准；当遇到水面上较强风、浪、涌时，会发生一定范围的倾斜、摇摆、平移和升降现象，直接影响勘探取样质量，这些不利因素阻碍或降低了船载钻探技术的工作质量。

二、国内的发展历程

近年来，我国船载钻探装备逐步发展，有了一定的基础装备。针对深海钻探的技术难题和关键技术，我国采用自主研发为主的策略，在深井钻井设备（钻具、钻头等）、深水钻探动力系统、喷射下导管、动态压井钻井技术、随钻环空压力监测技术、随钻测井技术、深水钻井液和固井技术、深水钻井隔水管及防喷器系统等实现突破，开展井眼轨迹导向控制技术、深海钻探风险分析与评价技术、深海钻探经济评价技术等方面研究。根据深海科学钻探全取芯的需求，针对海底不同岩性的地层，研发海底软土层压入式取样技术、海底软硬互层压入回转作用取样技术和海底破碎岩芯的揽簧取样技术等（李福建等，2018）。

未来，我国将开展深海钻探的钻井设备（钻具、钻头等）、钻探动力系统、喷射下导管、动态压井钻井技术、随钻环空压力监测技术、随钻测井技术、深水钻井液和固井技术、深水钻井隔水管及防喷器系统等研发。开展井眼轨迹导向控制技术、深海钻探风险分析与评价技术、深海钻探经济评价技术等方面研究。我国以"海洋地质十号"、"梦想号"深海钻探船为支撑平台，开展相配套的深海钻探技术研发（包括取芯取样、测井、原位测试等），为实施南海陆坡基础地质钻探工程，以及深海4000m级海洋钻探工程提供技术支撑（李琦，2019；王世栋等，2020），如图9-2-4所示。

图9-2-4 "海洋地质十号"船载钻机

海洋地质钻探以地质调查为目的包括海洋地质浅钻、海洋工程地质钻探、海洋科学钻探等的海洋钻探。钻探的目的是获取地层的岩芯或者通过钻孔测井获取地层物理、化学等的参数。目前在国际上钻探的水深已达到中深海，地层钻深已达到数千米。根据调查目的、地层特性、水文特性、钻机特性、船舶特性等的不同，钻探方法也会有所不同，但一般分为两种：向海底下入隔水套管和泥浆循环套管的作业方式，用较小口径钻杆及钻具组合完成钻进及取芯，比较适用于复杂地层和较浅水域；非下隔水管的敞开式作业方式，用较大口径钻杆及钻具组合进行钻进或随钻测井，用绳索取芯工具进行取芯，泥浆不回收，比较适用于沉积地层和较深水域（汪品先，2019）。

三、现在的工作方案

针对广州海洋局"海洋地质十号"船载钻机作业流程做以下介绍。

1) 导航定位

出航前DGPS接收机必须通过24小时稳定性试验，并对船上的Octans数字罗经进行校准。作业时，GPS数据输送到HYPACK及各个调查设备，采用HYPACK系统进行导航和定位数据记录工作。密切关注船舶动力定位系统，如有异常，及时通知驾驶台和后甲板作业现场。

2) 水深测量

出航前测量探头的吃水深度，并进行吃水校正。作业时使用站位声速值。钻探作业中，每个钻进回次的下钻前与钻后的余尺计算时都对水深进行一次测量，以确定实际钻深。

3) 动力定位

所有的船载钻机都采用动力定位，导航定位系统需要稳定性好，定位精度高，定位精度为0.3m，才能满足作业要求。

4) 钻锥探

首先将钻头、BHA、钻铤、钻杆和海底基盘有序下入海底，采用5.5in（1in=2.54cm）钻杆进行钻进，利用CPT系统进行岩芯采取。

打开月池盖，通过左右基盘绞车平稳下放海底基盘至月池船底口内适当位置停止；然后关闭月池盖，恢复井口作业面。

连接钻头、BHA、2m短钻杆，组成一根立柱，并用猫道输送至顶驱，与顶驱中心管连接。

安装钻杆导向架，打开月池盖上钻杆通道、气动卡瓦及卡瓦基座。

打开月池盖，下放钻杆及钻杆导向架，之后关闭月池盖，关闭钻杆通道，安装气动卡瓦及底座。

BHA、钻铤、钻杆的组合连接方法：

(1) 先将钻头、BHA、2m短钻杆连接成一根立柱。

（2）抓管机将 BHA 立柱、钻铤、钻杆、依次从钻杆盒取出输送给水平动力猫道。

（3）水平动力猫道将钻杆输送给液压顶驱，顶驱吊环扣合钻杆（或钻铤）接头位置，上提钻杆（或钻铤）。

（4）顶驱将钻具提起至竖直位置并到合适高度，打开气动卡瓦。

（5）下行顶驱将钻具缓慢插入气动卡瓦，缓慢穿过海底基盘背钳锥口，将钻杆预留合适高度以便和下一根钻杆进行连接。

（6）液气大钳完成低位钻杆（或钻铤）上扣连接。

（7）打开气动卡瓦，下放钻杆，重复（4）（5）步操作，直至钻柱底部钻头距离海底泥面 1m 左右。

打开海底基盘补偿系统、钻柱升沉补偿系统。根据水深调整补偿压力，保证基盘钢缆垂直。根据钻柱重量，调整升沉补偿压力。

将海底基盘从月池内下放至海底，坐底稳定后根据基盘的水下定位信标坐标对船进行二次定位和定向，确保动态船舶与静态基盘的相对位置基本吻合。下放钻杆至海底基盘以内，确保钻杆不接触海底，关闭海底钳，观察基盘绞车张力、基盘补偿系统及升沉补偿系统状态，确定各部分工作正常后，在钻柱孔中放入 CPT 探头及推入杆，进行 CPT 表层及后续测试。

5）取芯

采用 CPT 系统和冲击绞车针对不同地层采用不同的取芯工具，具体分为取软泥薄壁取芯器、取砂后壁取芯器和锤击式取芯。

扫孔、清孔工艺：利用泥浆的正循环和钻柱回转进行扫孔、清孔等，以此类推完成所有回次的取芯，直至终孔。

所取得样品利用 PVC 管或样品盒密封保存，并做好标识；根据现场要求，获取的沉积物样品直接封装，并摆放在 25℃ 以内的恒温样品库中，顶底不得颠倒。

开钻前进行水深测量，每回次进行水深校正。

在钻探过程中随时进行孔深校正。

在钻探施工过程中，钻探班报及地质编录与钻探工作同时进行。钻探班报内容包括：项目名称、施工船舶、开孔及终孔水深、钻孔终孔深度、岩芯长度及钻探异常情况等；地质编录内容包括：岩性野外命名、岩性描述、彩色照相、取样记录、现场测试记录及钻孔坐标等。

目前通过国家重点研发计划资助完成的浅钻钻深能力将达到 234m，比目前世界上商业化运行的德国 Mebo 钻机 200m 具有更大的钻深能力，系统布放过程应用升沉补偿技术，着底后钻进可实现全自动可视化操作，预计将在海洋地质调查和大洋科学考察中得到高效使用。

第十章　取得的成就

我国海洋地质工作者先后开展了油气资源、天然气水合物资源、大洋多金属结核和富钴结壳资源、近岸环境工程地质与资源、基础地质调查的调查，特别是在天然气水合物勘查与试采、深海油气资源勘查等方面取得了重大突破。

第一节　天然气水合物资源

近年来，随着我国天然气水合物资源勘查工作的开展，针对该领域采用了多种调查手段。在深海天然气水合物调查中采用将侧扫声呐搭载于声学深拖或ROV的形式居多，该种方法大大拉近了深海侧扫声呐设备与海底的距离，获得高质量海底表层声学影像，如水合物有利区块麻坑、泥火山、丘状体、冷泉等。浅层剖面技术作为一种高频回声探测技术，从理论上具备识别水合物分解的甲烷气体进入底层水体形成的小气泡。采用多波束系统在水合物调查区获取海底冷泉图像，得到冷泉的准确位置。国外早有成功应用的实例，如德国"太阳号"船利用浅层剖面仪在墨西哥湾获取海底气泡特征（羽状流）剖面。我国"海洋地质六号"船的参量浅剖仪近年在南海也获取了多处羽状流特征剖面，为揭示冷泉赋存区提供了有力的证据。二维地震勘探技术是天然气水合物资源普查阶段重要的应用技术，多年来，石油公司在海上均已开展了数十万千米的二维地震调查；三维地震勘探技术目前开始逐渐应用于天然气水合物勘探，三维地震数据通过数据精细处理和解释，能清晰立体地显示似海底反射层（BSR）及海底气烟囱、底辟、断层等流体运移系统。海底地震仪（OBS）探测技术，除了水听器以外，还可以承载X、Y和Z 3个分量的速度检波器，能够全面地记录纵波和横波信息，它具有宽频带、大动态范围、高采样率、高信噪比等优势，目前主要应用于海陆天然地震的长期观测、海底深部构造调查研究。2009年至今，广州海洋局在南海北部东沙海域、神狐海域的水合物调查中，多次应用OBS勘探技术，获得了水合物赋存区的速度结构，显示出了良好的应用前景。海洋电磁探测技术围绕天然气水合物调查，在南海完成百站位生产任务，为水合物调查的提供电性依据。随着近年来海洋可控源电磁方法不断发展，此方法已经成为海洋油气及水合物勘探有效手段之一，尤其在完善传统地震资料解释并提高钻井成功率方面发挥着举足轻重的作用。

1995年，地质矿产部开始组织相关科技人员从事水合物前期研究。1998年12月，广州海洋局率先提出开展"南海北部陆坡甲烷水合物资源调查与评价"项目，开始在南海寻找可燃冰。随后，于1999—2001年，通过高分辨率地震调查，地质科技人员在南海获得水合物存在的地震标志BSR，从而得到国家高度重视。2002年，我国批准设立天然气水合物资源调查与评价专项，正式拉开了我国大规模、多学科、多手段开展海域水合物资源调查评价的大幕。通过专项实施，成功运用地质、地球物理、地球化学多手段综合调查方法，在南海北部多个区域发现了与天然气水合物相关的多层次、多信息异常标志，有力证实了我国海域天然气水合物资源的存在。同时，从2002年起，针对我国海域天然气水合物调查起点晚，相关技术空白的状况，依托国家专项，在国家"863"计划、"973"计划、国家自然科学基金及国土资源部公益性行业科研基金等资助下，广州海洋局联合国内优势科技力量，先后实施了一系列海域天然气水合物勘查试采的技术研发及基础地质与成藏理论项目。在天然气水合物地球物理探测技术、地球化学探测技术、保真取样器研制、目标优选技术以及天然气水合物成藏机制与富集规律等方面取得突破性进展，打破了国外技术垄断，为专项实施提供了重要的技术支撑与基础理论指导。2007

年，经反复论证、精心组织，广州海洋局实施了南海水合物首次钻探，并在神狐海域钻获高甲烷含量的水合物实物样品（图 10-1-1）。首钻成功，也使得我国成为继美国、日本、印度之后第 4 个通过国家级研发计划在海底钻获水合物实物样品的国家。

从 2011 年开始，我国启动新的国家天然气水合物勘查与试采专项，主要任务是在我国南海北部天然气水合物重点成矿区带实施以综合地质、地球物理、地球化学、钻探等为主的水合物资源勘查，圈定有利分布区，查明资源分布状况；优选 2～3 个水合物富集区，利用海上开采配套技术研究成果，实施水合物试验性开采；同时，还要争取扩大在我国管辖海域开展水合物资源勘

图 10-1-1　神狐水合物样品分解点火

查范围，对调查区水合物资源前景进行初步评价，以期取得战略性突破，为今后我国海域水合物试开采及开发利用、实现产业化奠定了基础。2013 年，在南海珠江口盆地东部海域首次钻获大量块状、脉状、分散状等多类型的高饱和度水合物样品（图 10-1-2），首次证实超千亿立方米级天然气水合物矿藏。

图 10-1-2　南海珠江口盆地东部海域钻获的天然气水合物样品

2015 年，在南海北部神狐海域实现水合物钻获成功率 100%，再次钻探证实超千亿立方米级天然气水合物矿藏。利用自主研发"海马"号深潜器在珠江口盆地西部海域发现"海马冷泉"，并利用大型重力活塞取样器获取块状水合物实物样品（图 10-1-3、图 10-1-4）。

图 10-1-3　"海马"号在"冷泉"区获取生物样品（左）和碳酸盐结壳样品（右）

图 10-1-4　利用大型重力活塞获取的天然气水合物样品（左）及点火燃烧（右）

2016年，通过钻探锁定试采目标，系统获取了试采目标井储层关键数据，为试采实施奠定了坚实基础。2017年，首次在世界上成功实现连续安全可控试采，实现了我国海域水合物试采历史性突破。

2019年10月，由自然资源部中国地质调查局组织实施的我国海域天然气水合物（又称可燃冰）第二轮试采正式启动，试采团队克服了无先例可循、恶劣海况等困难，尤其是施工关键期正值新冠疫情防控最吃劲阶段，现场指挥部全面精准落实各项防控措施，保障正常生产作业，于2020年2月17日试采点火成功，持续至3月18日完成预定目标任务，在水深1225m的南海神狐海域，试采创造了"产气总量86.14万m^3，日均产气量2.87万m^3"两项新的世界纪录，攻克了深海浅软地层水平井钻采核心技术，实现了从"探索性试采"向"试验性试采"的重大跨越，在产业化进程中，取得了重大的标志性成果。

总体上，我国经过短短20多年的天然气水合物勘查历程，在我国海域取得了一系列重大的找矿成果，圈定了我国南海海域天然气水合物的成矿区带，钻探发现了2个超千亿立方米级天然气水合物矿藏，并取得了海域天然气水合物试采的巨大成功，有力推动了我国海域天然气水合物资源调查工作，从起步时被动依靠国外技术，经过追赶，到如今后来居上，已站在国际天然气水合物资源调查领域的前列。

由于神狐海域调查与研究程度较其他海域深入，对其水合物矿体分布特征了解相对透彻，基本上摸清了水合物矿体的空间展布。且神狐海域试采区与陆地补给基地距离适中，便于人员更换及生产物资的补给。综合各方面因素，我国首次试采选择在南海神狐海域，试采作业区位于珠海市东南320km。由于神狐海域可燃冰储集类型是黏土质粉砂储层，因此，相对国际上均针对高渗砂质储层试验性开采，我国首次试采难度更大，极具挑战性。

本次神狐试采采用的平台是"蓝鲸1号"钻井平台（图10-1-5），它诞生于山东烟台，是由中集来福士海洋工程有限公司自主设计建造的超深水半潜式钻井平台，是目前世界上最先进的钻井平台。它具有体型大、性能强、效率和安全系数高的优势。

图 10-1-5　"蓝鲸1号"钻井平台

2017年3月6日,"蓝鲸1号"钻井平台从烟台起航,自航奔赴南海神狐试采区。3月28日第一口试采井开钻,5月10日下午14时52分点火成功(图10-1-6),从水深1266m海底以下203~277m的天然气水合物矿藏开采出天然气。至5月18日连续产气8天,平均日产超过1.6万 m^3。国土资源部部长姜大明在现场宣布我国海域天然气水合物首次试采成功,中共中央、国务院发来贺电。7月9日,我国首次南海天然气水合物试采安全生产满60天后主动关井。此次试采,试采井产气过程平稳,井底状态良好,钻井作业安全,海底海洋环境监测未发现异常,无海底甲烷气体泄漏情况,获得了持续产气时间最长、产气总量最大、气流稳定、环境安全等多项重大突破性成果,并创造了产气时长和总量的世界纪录,全面完成了试采预期目标。

图10-1-6 天然气水合物试气点火现场图

中国海域气水合物试采成功具有十分重大的意义,必将引领和推动世界可燃冰开发基础研究和技术方法发展,加快人类开发利用可燃冰的步伐。

第二节 深海油气资源

海洋油气勘探开发技术在经历了浅剖、单道、移动式钻井装置、浮式生产系统之后,经过海洋地质学家多年坚持不懈的努力与攻关,逐渐形成了多元化的勘探技术及理论。目前已经有以综合地球物理调查为主、综合地球化学为辅和钻井的三大类海洋油气勘探方式,在海洋油气的探、寻阶段,综合地球物理调查的方式运用最多。在综合地球物理勘探的重、磁、电、震四类勘探方式中,地震勘探最为重要,而重、磁勘探是勘探初期为了解区域地层厚度分布状况而采用的手段,由于海水具有一定的导电性,电法勘探在海域运用相对较少。地震波有岩性、沉积厚度、孔隙度、密度和速度等多方面的差异,当穿过这些地层时,不同的岩性、岩性地层之间会表现出一定差异,如碳酸盐岩本身具有较高阻抗,表现为强振幅与弱反射的泥岩有明显的不同。正是由于地层岩性的多样性和地层界面的复杂性,才能使地震波部分反射回来并被接受、处理成像,最终使得海底地层的结构、展布清晰地呈现出来。现今的海洋二维地震勘探多以"单源、单缆"的方式进行,即单一的震源放炮激发地震产生地震波,一条拖缆可挂数百甚至上千个检波器(接收器)接受反射波信息,地震探测深度可以15 000m以上。而三维地震勘探与二维地震勘探的原理一致,区别在于三维地震勘探是针对重点构造或其他具有油气潜力的岩性圈闭而实施的加密调查,数据分辨率和密度都非常高,可以对海底地质体进行清晰的三维立体成像。相比于综合地球物理勘探,综合地球化学勘探是在加密调查区进行海底取样,分析海底表层沉积物中有机烃的含量,这些有机烃多为轻烃(C1~C4),由地下含有烃类的地质体通过微渗漏扩散而来,地下地质体中烃类含量越高,其扩散到海底表层的量就越高,在一定程度上可以预测地下油气聚集的区域。这种检测方式为海洋油气田的发现提供巨大的技术指导。需要强调的是，综合地球物理勘探和综合地球化学勘探的目的就是预测油气藏的地质储量、埋深、分布等状况，但如果要真正意义上发现、落实一个油气藏，必须实施海洋油气钻探（钻井）。目前，根据海洋钻探目的不同，可以将钻井分为多种类型，就海洋油气勘探阶段而言以参数井和评价井等为主。参数井的目的是为明确区域油气生储盖要素和油气藏是否存在，而评价井为在已获得工业性油气流的圈闭上（处于油藏评价阶段），以明确油气藏的控制储量等评价要素而实施的钻井。以上三大海洋油气勘探技术体系，包含众多的海洋油气勘探方法和理论，与陆域油气勘探有一定的相似性，只有综合运用这些技术手段才有机会发现海洋油气藏。

1960年，广东省石油局在莺歌海盆地水深15m浅水区域实施了第一口钻井——"英冲一井"，并成为我国海上第一口发现井，自此拉开了中国海洋石油开发的序幕。60～70年代一直在摸索中前行，在探索中进步。80年代初，开始走上最初依赖于对外合作，逐渐过渡到自营与合作相结合，再到自营引领合作开发（90年代末以后）和2010年以来的自主创新等几个阶段。经过数十年的苦行经营，我国已经建立起了完整的海洋石油工业体系，就勘探、开采技术而言，我国在500m以内的浅水油气勘探、开发技术方面已经处于国际先进水平。技术进步与理论革新为我国海域油气资源勘查提供了良好的支撑，目前，我国已经初步查明管辖海域浅水海域的油气资源概况，海上开发的油气田约200个，主要分布于渤海、南海等海域，具有"渤海产油、南海产气"的特点，并形成"南气、北油"的空间格局。值得指出的是，广州海洋局于1979年在南海北部珠江口盆地实施珠五井，并首次在该盆地发现工业油流（图10-2-1），敲开了珠江口盆地油气勘探开发的大门，浩瀚的海洋赋予了广海人开阔的专业视野，创新的血液始终在广海人身体里流淌，近40年的坚持与奋斗，广州海洋局海洋油气调查与评价团队始终传承自己的优势与特色，在研究水平与技术研发方面一直走在时代的前沿。

图10-2-1 珠江口盆地钻获高产工业油流

目前，我国在浅水区的油气勘探几近饱和，无论是油田周边找油田、油田下边找油田的指导思想，还是油田内部找油田、精耕细作老油田的勘探思路，要取得重大突破都较为困难。然而，2006年南海北部深水区LW3-1井天然气的重大发现，标志着我国成功涉足深水。2010年以来，南海北部陆续传来了LH17-2等一大批气田发现的捷报，显示了我国海域深水区良好的油气勘探前景。深水装备方面，我国自主研发的第6代半潜式钻井平台"海洋石油981号"，具备在水深3000m的海域钻井10 000m的钻探能力，这一先进的钻井平台彻底扭转了我国深水技术装备在国际上落后的被动局面，使得我国深水油气勘探步伐迈上了时代的快车道。然而，我国深水油气勘探程度仍然处于起步阶段，深水沉积盆地每

1000km² 不足 1 口探井，每平方千米沉积盆地不足 0.7km 地震测线，与墨西哥湾、北海等每 1000km² 有 10 口探井、每平方千米沉积盆地 2km 地震测线的勘探程度仍然有很大差距，但值得肯定是，深水必将是我国海洋油气增产、增储再次划时代意义的突破口。

第三节　大洋多金属结核矿产资源

海底地质浅层取芯钻探，获取浅层岩芯样品，为研究多金属结核、富钴结壳、多金属硫化物等大洋矿产的成矿机制、成矿过程和成矿规律提供依据。利用多波束探测技术记录了海底回波强度信息，利用回波强度数据可以进行多金属结核和富钴结壳分布研究。和多波束回波强度探测多金属结核结壳分布特征类似，对海底多金属结核的勘探可以通过侧扫声呐反向散射回声成像来勘探海底表面特征及多金属结核分布特征。侧扫声呐在勘探海底地形地貌的同时，根据声学影像信号的强度还能定性地分析多金属结核在海底的密集程度。

多金属结核的发现可追溯至 1872—1876 年，英国"挑战者"号船在环球考察时，首次在大西洋底发现，这是人类第一次发现海底多金属结核。从 20 世纪 50 年代末开始，美国、日本、法国、德国和苏联等一些发达国家及其财团在东太平洋海域开展了大规模的多金属结核勘查活动，并陆续圈定了多金属结核富矿区。我国大洋多金属结核资源调查研究活动始于 20 世纪 80 年代，至今已完成了约 20 个航次调查，20 世纪 80 年代，我国的科学考察船先后在中太平洋和东太平洋 CC 区海域进行了多个航次的调查工作，调查面积达 200 万 km²，在 CC 区圈定了 30 万 km² 具有商业价值的远景矿区。1991 年 3 月 5 日经联合国国际海底管理局筹委会批准，中国大洋矿产资源研究开发协会（COMRA）成为继印度、法国、苏联、日本等国之后第 5 个先驱投资者，获得了在东太平洋 CC 区 15 万 km² 多金属结核开辟区，维护了我国在国际海底资源开发活动中的权益。2001 年中国大洋协会在东太平洋 CC 区圈定了 7.5 万 km² 合同区，并与国际海底管理局签订了 15 年的《勘探合同》，实施了 3 个阶段（2001—2015 年）的勘探工作。由于在可以预见的未来多金属结核进入商业开发的时机尚不成熟，中国大洋协会于 2017 年 5 月与国际海底管理局签订了延期勘探协议，延长期限为 5 年。延期阶段的勘探工作是在前期 15 年工作基础上的补充和完善。

多金属结核的丰度和覆盖率是描述结核富集程度的重要参数。结核丰度可以用地质采样的方法获得，用地质采样器（包括无缆抓斗、有缆抓斗、箱式采样器）获得结核样品，计算每平方米海底内结核的赋存量（kg/m²），称为地质采样丰度。结核覆盖率是指单位海底面积中结核覆盖面积的百分比，覆盖率包括海底照片覆盖率和甲板覆盖率。甲板覆盖率是指在海上现场把每个测站的结核样品平铺于平板上照相，在相片上用网格法计算结核所占的面积所得到的覆盖率。还有一种称为单次照相覆盖率，把照相机安装在无缆抓斗上，直接进行拍摄海底结核的分布，然后经过图像处理系统计算求得结核覆盖率（图 10-3-1～图 10-3-4）。

图 10-3-1　海底摄像拖体拍摄的密布于太平洋海底表面的多金属结核

图 10-3-2　在太平洋海域利用地质拖网获取的大量多金属结核样品

图 10-3-3 用于计算甲板覆盖率的多金属结核样品

图 10-3-4 太平洋海域典型的菜花状结核

多金属结核的元素富集是由多种成矿作用共同作用的结果，主要有水成作用、成岩作用、热液作用、碎屑混入作用及生物作用。这些成矿作用在空间和时间上的分异，导致了多金属结核内部构造、矿物组成和元素组合特征的差异，形成不同类型的多金属结核矿床。

第四节　富钴结壳资源

海底富钴结壳的调查手段主要有深海浅钻、海底摄像、多波束探测技术、侧扫声呐技术以及 ROV 遥控无人深潜器探测技术等多种地质地球物理调查手段，在西太平洋我国富钴结壳合同区开展了富钴结壳资源与环境调查。"海马"号 ROV 在大洋海山的富钴结壳调查中，搭载了富钴结壳岩芯型钻机，可对海底特定的富钴结壳勘探目标进行钻进岩芯取样。利用多波束探测技术记录了海底回波强度信息，利用回波强度数据可以进行富钴结壳分布研究。利用海底地质浅层取芯钻探，获取浅层岩芯样品，揭示富钴结壳矿区的资源分布状况和开展资源评价。通过侧扫声呐反向散射回声成像来勘探海底表面特征及富钴结壳分布特征，利用海底摄像进行大范围视像调查。

利用 ROV 观测与取样技术，一是通过高清视频摄像和高清照相机对小尺度的富钴结壳资源形态、产状和表面特征进行了调查，进一步了解了富钴结壳的分布特征；二是通过机械手、强力爪、ROV 岩芯钻机等作业工具获取了结壳矿物标本，为揭示小尺度成矿特征提供了实物基础；三是通过高清摄像机对海上生物进行了调查，为进一步研究矿区生物多样性提供了高清视频照片；四是利用原位在线实时声学测厚仪实现了富钴结壳厚度声学测量的测线调查，为揭示富钴结壳矿区的资源分布状况和开展资源评价提供了基础数据；五是通过搭载工具的试验，为后续的改进和应用积累了丰富的经验。

2013 年 7 月 19 日，国际海底管理局核准了我国提出的富钴结壳勘探区申请，获得了太平洋海域 3000km² 的富钴结壳矿区。自 1997 年以来，经过 20 余年的调查和研究，我国基本摸清了西太平洋富钴结壳分布状况，即将进入勘探阶段。未来十几年内，将利用综合地质、地球物理调查手段，在勘探区开展富钴结壳资源调查和资源评价工作。

富钴结壳是生长在海山（海底高地）基岩上的"壳状"沉积矿产（图 10-4-1），富含钴、镍、铜、钛、稀土、铂族等金属元素，因其钴含量一般达到 0.5%，价值最高，其他金属资源也可以综合利用，因此被称为富钴结壳。

图 10-4-1 西太平洋海山富钴结壳面貌

钴元素具有相对较小的原子半径，能与其他金属及非金属形成高密度、高强度的合金材料，先前被广泛应用于高速切割刀具、耐磨轴承和穿甲弹等制造工业中，第二次世界大战后，钴的利用方面又涌现出许多新技术，如强力永磁铁的制造，脱硫催化剂和喷气式飞机的轴承和涡轮叶片等。此外，钴还可以应用在营养添加剂、涂料、彩色玻璃和陶瓷等制造中。目前，陆地上的钴资源主要作为铜、镍金属矿床的伴生元素存在，且分布不均，品位不高（陆地上钴含量大于0.1%的矿床很少），储量有限（估计陆地钴资源可供开采50年左右），价格不稳。同时，钴在合金、化学制品中的用量不断提高。考虑到钴作为战略金属资源的重要性，自20世纪80年代开始，国际上很多国家在国际海底区域开展了富钴结壳调查。

富钴结壳是海水中的铁和锰的水合氧化物胶体沉淀在坚硬的岩石表面而成，往往产出在海山、岛屿斜坡和海底高地上，在太平洋、大西洋、印度洋、南海等海域普遍发育。然而这种水化学沉积作用极其缓慢，因此富钴结壳的生长需要足够长的时间，西太平洋存在白垩纪的海山群，是富钴结壳发育最好的成矿区域，该区域包括麦哲伦海山群、马尔库斯-威克海山群和马绍尔群岛海山群，厚的结壳可以超过10cm（图10-4-2），而在新形成的洋中脊附近，例如西南印度洋洋中脊附近的富钴结壳很薄（图10-4-3）。

图10-4-2 西太平洋厚层状富钴结壳

结壳纵向厚度约10cm，上部为致密层，
中间为疏松层，下部为亮煤层

图10-4-3 西南印度洋中脊薄层富钴结壳

根据形态，富钴结壳可划分为三种类型，即板状结壳、砾状结壳和钴结核。板状结壳：铁锰壳层直接在基岩上生长，沿基岩面呈板状延伸；砾状结壳：铁锰壳层围绕岩块或矿块呈包裹层状生长，壳层厚度小于岩块或矿块厚度；钴结核：铁锰壳层围绕不同成分的核心生长，壳层厚度大于核心直径。富钴结壳湿密度为1.90g/cm³，平均干密度为1.30g/cm³，表面呈葡萄状，葡萄体的大小从毫米级到厘米级。在抛光的富钴结壳薄片中，可以见到纹层状、柱状、树枝状、斑杂状等结构构造（图10-4-4）。富钴结壳的主要成分是铁和锰的氧化物或氢氧化物，因此也称为铁锰结壳或富钴铁锰结壳。富钴结壳结晶程度低，主要由$\delta\text{-}MnO_2$和非晶态的FeOOH组成，其余组分包括有碳氟磷灰石、沸石、蒙脱石、辉石、

 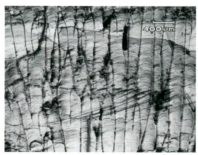 

(a) 水平纹层　　　　　　　　　(b) 柱状结构　　　　　　　　　(c) 树枝状结构

图10-4-4 结壳显微结构

长石及石英等矿物和玄武岩、凝灰岩等岩屑。

海洋中的铁锰壳状沉积，根据成因，可以划分出三种成因类型，分别是水成型结壳、热液型结壳和成岩型结壳。富钴结壳是水成型铁锰壳状沉积的典型代表，即水成铁锰沉积的端元类型。其中，水成结壳的化学元素直接来源于海水，并且具有极其缓慢的生长速度。西太平洋海山结壳的生长可以追溯至晚白垩世，而太平洋赤道区域发生了2次主磷酸盐化事件和3次次磷酸盐化事件。因而结壳生长过程中伴随着多期磷酸盐化事件，西太平洋海山富钴结壳生长时间最长，发育完整，其底部老壳层普遍具有较高的磷含量，常常出现碳氟磷灰石矿物。磷酸盐作用可以发育在结壳的基底、核心或者呈团块、夹层状、细脉状、浸染状等产状产出于结壳中。

近几年，在富钴结壳合同区获取厚度超过30cm富钴结壳样品，对重点区块进行详细勘探，估算其探明资源量；同时，在合同区海山山顶之上发现密集分布的富钴结核，结核粒径在3~6cm之间，其钴金属含量高达0.69%，高于深海盆地多金属结核和富钴结壳钴含量。

通过多年的调查技术积累，逐步形成了基于"海马"号遥控潜水器作业平台，集高清视像、高频声学探测和多种取样工具为一体的富钴结壳原位精细探测技术方法体系，提高了富钴结壳探测效率和精度；同时，首次利用"海马"号ROV成功打捞深海浅钻、锚系等重型大型设备，显示出我国自主研发的深海潜水器已具备强大工程应用能力。

成功完成我国首台富钴结壳规模取样器海试。完成了行走、铣挖、泵吸和声学测厚等单体功能试验，实现了行走状态下探、掘、采等联动功能，各项功能基本正常，性能稳定。并在合同区海山单次获取100kg结壳矿样，初步实现了海底富钴结壳的规模采集，为未来资源开采奠定了技术基础。

首次在合同区实现了富钴结壳高频声学厚度剖面连续探测，揭示了500多米距离的富钴结壳厚度连续变化特征，并获取了富钴结壳及其不同类型基岩的声学物性参数。该技术将更好地服务于富钴结壳资源评价。

创新应用深海视频处理系统及三点激光标尺，首次实现对海底摄像在线视频资料的实时智能化处理与解释。实现对海底富钴结壳表面特征和分布情况自动观察统计，有效提高海底视像资料处理解释效率。

第五节 深海沉积物稀土资源

稀土元素（REEs）指包括元素化学周期表中的镧系元素及钇（Y）和钪（Sc）在内的17种元素。稀土元素被誉为"工业维生素"，其广泛应用于石油、化工、冶金、纺织、陶瓷、玻璃、电子、轻工等领域，已成为国内外公认的关乎新兴产业发展的战略性资源。

据美国地质调查局公布的数据，目前全球稀土氧化物储量（当前技术经济可回收资源量）为9900万t。中国是稀土资源大国，其稀土储量曾占世界的71.1%左右。在过去几十年中国承担了国际上90%以上的稀土供给，经过半个多世纪的超强度开采，中国稀土资源保有储量及保障年限不断下降。同时随着国际产业化进程的发展，国际市场上对稀土元素（尤其是Eu、Tb、Dy等中、重稀土元素）的需求越来越大，因此新型稀土矿产资源的勘探开发成为世界各国关注的焦点。

日本90%以上的稀土矿产需要从中国进口，为摆脱中国对稀土元素价格的控制，多年来日本致力于新型稀土资源的勘查和开发。2011年日本东京大学科学家统计了ODP、IODP及DSDP 78个站位沉积物稀土含量发现在太平洋的深海黏土中富含有大量稀土元素，尤其是具有战略意义的重稀土元素。文章发表在权威杂志 *Nature geoscience* 上。文中估计中北太平洋区和东南太平洋区两大海域的深海黏土中稀土总蕴藏量约为880亿t，相当于陆地稀土总资源量（约1.1亿t）的800~1000倍，这一报道引起了国际稀土矿业的广泛关注。

自从深海沉积物稀土资源作为一种潜在资源提出后，日本首先开展了深海稀土资源的调查。2013年日本在其经济专属区南鸟岛附近海域进行了深海稀土的调查，发现海底之下3m左右的浅层沉积物存在富含超高稀土含量的沉积物，其中的REY含量可达6600×10^{-6}，这是目前发现的深海沉积物中最高的稀土含量。日本、美国的矿业公司已经开始研制深海稀土资源开采模型。此外，俄罗斯、德国、法国、印度、英国、挪威等国家的相关科研机构也开始关注深海稀土资源的勘探开发。2013年起中国地质调查局率先在太平洋国际海域开展了深海沉积物稀土资源调查，至今已完成4个航次调查，在太平洋海域圈定了几十万平方千米稀土资源远景区，并开展了深海稀土选冶实验研究工作，初步的研究表明深海稀土资源是具有工业价值和开发前景的稀土资源。深海稀土的调查研究成果为拓展我国战略稀土储备空间，赢得在该领域的国际话语权和首语权做出了重要贡献。

目前研究表明富含稀土的深海沉积物在岩性上主要为多金属软泥、沸石黏土和远洋黏土，沉积物水深为3500～6000m，富稀土沉积层厚度可达几米至数十米，其中多金属软泥主要分布于东太平洋洋脊（EPR）附近，而沸石黏土和远洋黏土是太平洋海域广泛存在的两种富含REY的沉积物类型，目前认为相对于陆地碳酸盐型稀土矿床显著富集轻稀土元素（LREE），富稀土的深海沉积物则显著地富集重稀土元素（HREE）。

深海黏土中主要包含了黏土矿物、沸石、微结核和鱼骨屑等矿物和物质（图10-5-1），并未能直接观察到稀土矿物。海洋地质学家和地球化学家通过大量的实验室化学及矿物的分析，认为深海黏土中的稀土元素主要存在与其中的鱼骨屑中［图10-5-1（b）］。这种鱼骨屑的化学成分与磷灰石相当，其对沉积物中稀土元素的贡献可达到70%左右，沉积物中鱼骨屑的含量越高，其中的稀土含量也就越高，稀土成矿的潜力也就越大。

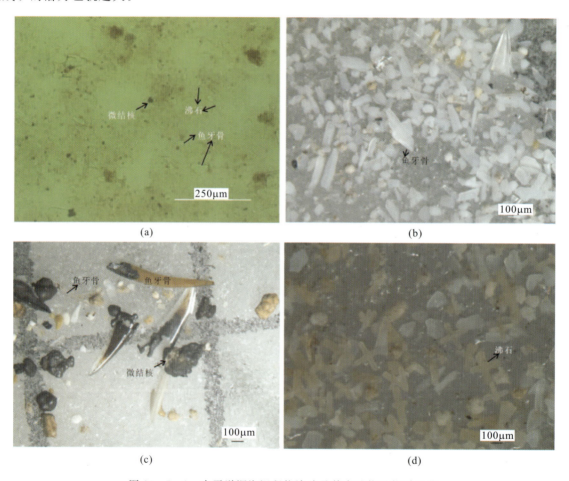

图10-5-1　太平洋深海沉积物涂片及其中矿物及物质组成
（a）沉积物涂片；（b）～（d）沉积物晒洗掉黏土矿物后剩余的肉眼可见的鱼牙骨、沸石、微结核等物质和矿物

稀土是高科技产品生产中不可缺少的物质，被形象地称为工业"味精"。为适应现代高科技产品持续发展需要，广州海洋局利用"海洋地质六号"调查船连续多年开展了深海稀土资源调查，取得了突破性进展，圈定了深海沉积物稀土资源远景区，并证明深海蕴藏着稀土资源。技术人员首先通过分析深海

沉积物稀土资源的区域成矿地质背景及找矿远景，确定深海沉积物稀土资源调查区；接着通过多波束测深调查工区的地形地貌，再通过浅剖确定富稀土（高稀土品位）层段，浅层剖面显示主要位于浅表层的渐新世以来深褐色富含沸石的深海黏土层，富含稀土沉积层的厚度为几米至30多米，富稀土沉积层的底部可见特征的燧石层，初步了解了深海沉积物稀土矿床特征，确定了深海沉积物稀土资源成矿远景区，估算了深海稀土资源量，了解富稀土深海沉积物稀土成矿富集机制；最后通过沉积物地质取样，获取深海样品，进行分析测试，并提出了海上现场深海沉积物稀土含量测试估算方法，并开展了深海黏土中稀土元素的酸浸出工艺实验和研究，取得了良好的效果，通过调查发现，超高品位的富稀土沉积物，其品位约 6000×10^{-6}，分布范围广，证明深海稀土资源潜力大。

第六节　近岸环境工程地质与资源

近年来，海洋地质工作者利用RTK地形测量、单波束测深、多波束测深、侧扫声呐测量、浅层剖面测量、单道地震测量、海流定点观测站、高密度电法测量、海底摄像调查、潮间带地质取样、海域地质取样、地下水取样、海水入侵CTD在线采集、柱状样、温盐深测量、陆海统筹地质钻探、浅钻等手段开展近岸环境工程地质与资源调查，取得了丰硕的成绩。广州海洋局完成了澳门海域、广西、海南、广东等重点海岸带综合地质调查，为海岸带地质环境提供有效治理手段及给目标用户提供一系列的决策手段。

广州海洋局采用无人艇、无人机等新技术手段以及遥感水深反演等新理论方法，构建海空一体化调查体系，开展海陆衔接带地形地貌、浅地层结构调查，取得了良好效果，初步形成了一套适用于近岸浅水区的地质方法体系，为正在实施的陆海统筹综合地质调查提供技术支撑，实现海陆调查无缝连接。利用拖曳式海底摄像调查设备以及小型观察型ROV（LBV 300-5型）开展海底摄像调查，开展了三亚湾海底摄像调查，获取大量影像资料，初步分析了三亚湾近岸生态环境质量、底质类型和海底微地貌识别，为海岸带地质环境调查提供了新的研究方法和思路，拓展海洋地质调查方法和领域（图10-6-1、图10-6-2）。

图 10-6-1　无人艇、无人机在三亚东瑁洲岛开展岛礁调查

图 10-6-2　水下摄像调查设备及三亚湾内珊瑚影像

主要参考文献

补家武,鄢泰宁,昌志军,2001.海底取样技术发展现状及工作原理概述——海底取样技术专题之一[J].探矿工程(岩土钻掘工程)(2):44-48.
常晓辉,2013.Q-Marine技术及其在海洋勘探中的应用[J].海洋石油,33(3):40-45.
陈泓君,李文成,陈弘,等.2005.南海北部中更新世晚期以来古海岸变迁及其地质意义[J].南海地质研究(1):57-66.
陈钧,万军,施卫星,2008.双频测深仪测深研究[J].海洋测绘,28(6):70-73,78.
陈凯,景建恩,魏文博,等,2013.海洋拖曳式水平电偶源数值模拟与电场接收机研制[J].地球物理学报,56(11):3718-3727.
陈凯,景建恩,赵庆献,等,2017.海底可控源电磁接收机及其水合物勘查应用[J].地球物理学报,60(11):4262-4272.
陈凯,魏文博,邓明,等,2015.海底可控源电磁接收机的电场低噪声观测技术[J].地球物理学进展,30(4):1864-1869.
陈练,苏强,董亮,等,2014.国内外海洋调查船发展对比分析[J].舰船科学技术,36(增刊1):2-7.
陈淼,李占桥,袁延茂,等,2004.海鸟系列CTD数据预处理分析[J].海洋测绘,24(6):62-64.
陈奇,耿雪樵,万步炎,等,2017.基于海底钻机的多功能原位测试系统开发与应用[J].湖南科技大学学报(自然科学版),32(3):10-15.
陈瑶,2017.用于水下光谱成像的水下宽谱光源的研究[D].杭州:浙江大学.
陈宗恒,盛堰,胡波,2014.ROV在海洋科学科考中的发展现状及应用[J].科技创新与应用,21:3-4.
邓明,2003.海底大地电磁数据采集器[J].地球物理学报,46(2):217-223.
邓明,景建恩,郭林燕,等,2017.MCSEM电磁场能流密度分布特征研究[J].地球物理学报,60(11):4149-4159.
邓明,魏文博,盛堰,等,2013.深水大地电磁数据采集的若干理论要点与仪器技术[J].地球物理学报,56(11):3610-3618.
邓明,魏文博,张文波,等,2010.激励及地电条件与天然气水合物的电偶源电场响应[J].石油勘探与开发,37(4):438-442.
董超,刘蔚,李雪,等,2019.水面无人艇海洋调查国内应用进展与展望[J].导航与控制,18(1):1-9,43.
杜鸿,2010.长河二号导航系统简介与发展趋势[J].科技资讯,22:6.
范震寰,2005.多波束测深关键技术研究[D].南京:南京航空航天大学.
方红,杨晓兵,2002.电感耦合等离子体原子发射光谱法测定化妆品中砷、铅、汞[J].光谱实验室,19(1):74-77.
方守川,2014.海底电缆地震勘探导航定位关键技术研究及系统研制[D].武汉:武汉大学.
房建成,宁晓琳,2006.天文导航原理及应用[M].北京:北京航空航天大学出版社.
耿雪樵,徐行,刘方兰,等,2009.我国海底取样设备的现状与发展趋势[J].地质装备,10(4):13-18.
郭斌斌,李琦,肖波,等,2015.SBE 917plus CTD剖面仪及其自容式作业[J].海洋信息(1):42-45.
郭军,冯强强,温明明,等.2018.Teledyne benthos TTV-301声学深拖系统在海底微地形地貌调查中的应用[J].测绘工程,27(10):46-51.
郭军,马金凤,王学爱.等,2017.一种针对侧扫声呐图像的数字镶嵌技术方法[J].测绘工程,26(6):34-39.
郭乙陆,2019.面向凝视型光谱成像系统的水下光谱图像重建方法研究[D].杭州:浙江大学.
国家海洋局第二海洋研究所科技发展处,2000.MCD-1型、MCS-1型多管取样器简介[J].海洋学研究,18(2):57.
海洋知圈,2018.海洋底质沉积物研究简史及采样技术简述[EB/OL].(2018-06-05)[2020-07-12].http://www.yidianzixun.com/article/0JEAdHYo/amp.
海洋地质与第四世纪地质,2006.美国新钻探船2007年加入IODP[J].海洋地质与第四纪地质,26(3):52.
何高文,梁东红,宋成兵,等,2005.浅地层剖面测量和海底摄像联合应用确定平顶海山富钴结壳分布界线[J].地球科学——中国地质大学学报,30(4):509-512.
何继善,鲍力知,1999.海洋电磁法研究的现状和进展[J].地球物理学进展,14(1):7-39.
何炬,2005.国外天文导航技术发展综述[J].舰船科学技术(5):92-97.
何展翔,王志刚,孟翠贤,等,2009.基于三维模拟的海洋CSEM资料处理[J].地球物理学报,52(8):2165-2173.
胡安平,龚涛,2016.增强罗兰导航技术的研究现状和进展[J].现代导航,7(1):77-81.

黄玉龙,张勇刚,赵玉新,2019.自主水下航行器导航方法综述[J].水下无人系统学报,27(3):232-253.

蒋立军,杜文萍,许枫,2002.侧扫声呐回波信号的增益控制[J].海洋测绘,22(3):6-8.

金翔龙,2007.海洋地球物理研究与海底探测声学技术的发展[J].地球物理学进展,22(4):1243-1249.

景建恩,伍忠良,邓明,等,2016.南海天然气水合物远景区海洋可控源电磁探测试验[J].地球物理学报,59(7):2564-2572.

景建恩,赵庆献,邓明,等,2018.琼东南盆地天然气水合物及其成藏模式的海洋可控源电磁研究[J].地球物理学报,61(11):4677-4689.

李春峰,宋陶然,2012.南海新生代洋壳扩张与深部演化的磁异常记录[J].科学通报,57(20):1879-1895.

李福建,王志伟,李阳,等,2018.大洋钻探船深海钻探作业模式分析[J].海洋工程装备与技术,5(5):40.

李家良,2012.水面无人艇发展与应用[J].活力与指挥控制,37(6):203-207.

李金铭,2005.地电场与电法勘探[M].北京:地质出版社.

李民刚,2012.40米重力活塞取样器设计及仿真[D].青岛:青岛理工大学.

李乃胜,1995.冲绳海槽地热[M].青岛:青岛出版社.

李琦,2019."海洋地质十号"完成远洋科考首秀[J].今日科苑(3):8.

李淑玲,孟小红,郭良辉,等,2012.南海重力异常特征及其显著的构造意义[J].现代地质,26(6):1154-1161.

李涛,应成威,2019.荧光探测技术在深水检测中的工程应用[J].化工管理,518(11):105-106.

李肖霞,2007.海洋高光谱数据在浅海海底探测及赤潮藻类信息提取中的应用[D].青岛:中国海洋大学.

李亚敏,罗贤虎,徐行,等,2010.南海北部陆坡深水区的海底原位热流测量[J].地球物理学报,53(9):1-10.

李一保,张玉芬,刘玉兰,等,2007.浅地层剖面仪在海洋工程中的应用[J].工程地球物理学报,4(1):4-8.

李勇航,牟泽霖,万芃,2015.海洋侧扫声呐探测技术的现状及发展[J].通讯世界(3):213-214.

李勇航,单晨晨,苏明,等,2020.声学水面无人艇在浅水海底地貌调查中的应用[J].海洋地质与第四纪地质,40(6):219-226.

李征航,黄劲松,2016.GPS测量与数据处理[M].武汉:武汉大学出版社.

李壮,2013.短基线定位关键技术研究[D].哈尔滨:哈尔滨工程大学.

连琏,马厦飞,陶军,2015."海马"号4500米级ROV系统研发历程[J].船舶与海洋工程,31(1):9.

梁东红,何高文,2011.利用海底摄像观测剖面分析平顶海山富钴结壳分布规律[J].中南大学学报(自然科学版),42(增刊2):123-126.

梁国龙,江峰,蔡平,1999.一种新颖的短基线高精度定位系统[J].应用声学,18(5):15-18.

梁涛,2019."地球号"钻探船钻井系统介绍[C]//中国地质学会探矿工程专业委员会.第二十届全国探矿工程(岩土钻掘工程)学术交流年会论文集:348-356.

凌晓良,2010.全能战士:"北极光"号新一代极地破冰船[J].现代舰船(11):32-33.

刘伯胜,雷家煜,1993.水声学原理[M].哈尔滨:哈尔滨船舶工程学院出版社.

刘春保,2019.2018年国外导航卫星发展综述[J].国际太空(2):42-47.

刘德顺,金永平,万步炎,等,2014.深海矿产资源岩芯探测取样技术与装备发展历程与趋势[J].中国机械工程,25(23):3255-3265.

刘淮,2004."地球"号深海钻探船[J].船艇,228(4):38-39.

刘磊,张纯,2011.高速多脉冲侧扫声呐设计[J].声学技术,30(3):341-343.

刘晓东,张方生,朱维庆,等,2005.深水声学拖曳系统[J].海洋测绘,25(6):37-44.

刘彦祥,2016.ADCP技术发展及其应有综述[J].海洋测绘,36(2):45-48.

刘依谋,印兴耀,张三元,等,2014.宽方位地震勘探技术新进展[J].石油地球物理勘探,49(3):596-610.

刘云鹤,殷长春,翁爱华,等,2012.海洋可控源电磁法发射源姿态影响研究[J].地球物理学报,55(8):2757-2768.

刘正元,王磊,崔维成,2011.国外无人潜器最新进展[J].船舶力学,15(10):1182-1193.

刘志飞,拓守廷,2007.科学大洋钻探回顾与展望[J].自然杂志,29(3):141-151.

陆基孟,1993.地震勘探原理[M].东营:石油大学出版社.

吕群波,2007.干涉光谱成像数据处理技术[D].北京:中国科学院研究生院.

栾锡武,刘鸿,岳保静,等,2010.海底冷泉在旁扫声呐图像上的识别[J].现代地质,24(3):474-480.

孟庆龙,李守宏,孙雅哲,等,2017.国内外海洋调查船现状对比分析[J].海洋开发与管理,11:26-31.

牟泽霖,李勇航,万芃,等,2014.海洋单道地震探测技术应用[J].中国科技成果(13):32-34,38.

宁津生,姚宜斌,张小红,2013.全球导航卫星系统发展综述[J].导航定位学报,1(1):3-8.

裴彦良,解秋红,华清峰,等,2014.差分导航定位系统及其在海洋工程地震勘察中的应用[J].海洋技术学报,33(3):113-118.

彭德清,1988.中华船谱[M].北京:人民交通出版社.

彭登,徐行,徐鸣亚,等,2016.ROV专用的海底热流探测技术与应用研究[J].地球物理学进展,31(1):295-299.

彭芸,夏建新,任华堂,2015.国外深海底岩芯取样钻机设计参数及其应用效果[J].金属矿山,44(3):156-160.

丘学林,施小斌,阎贫,等,2003.南海北部地壳结构的深地震探测和研究新进展[J].自然科学进展,13(3):231-236.

丘学林,曾钢平,胥颐,等,2006.南海西沙石岛地震台下的地壳结构研究[J].地球物理学报,49(6):1720-1729.

丘学林,赵明辉,敖威,等,2011.南海西南次海盆与南沙地块的OBS探测和地壳结构[J].地球物理学报,54(12):3117-3128.

丘学林,赵明辉,叶春明,等,2003.南海东北部海陆联测与海底地震仪探测[J].大地构造与成矿学,27(4):295-300.

任席闯,崔洁,刘冰,2018.长河二号导航系统通信潜能分析[J].舰船电子工程,38(12):45-47.

阮爱国,初凤友,孟补在,2007.海底天然气水合物地震研究方法及海底地震仪的应用[J].天然气工业,27(4):46-48.

阮福明,吴秋云,王斌,等,2017.中国海油高精度地震勘探采集装备技术研制与应用[J].中国海上油气,29(3):19-24.

沈新蕊,王延辉,杨绍琼,等,2018.水下滑翔机技术发展现状与展望[J].水下无人系统学报,26(2):89-106.

史小雨,鲍志雄,2019."全球精度"Hi-RTP服务保障"一带一路"国家和地区[J].卫星应用(4):19-21.

司英晖,孙艳军,温林荣,2008.国外钻机及钻井平台发展的新动态[J].石油机械,36(7):74-80.

宋宏,万启新,吴超鹏,等,2020.基于LCTF的水下光谱成像系统研制[J].红外与激光工程,49(2):44-50.

宋岩,夏新宇,2001.天然气水合物研究和勘探现状[J].天然气地球科学,12(1-2):3-10.

唐秋华,周兴华,丁继胜,等,2006.多波束反向散射强度数据处理研究[J].海洋学报,28(2):51-55.

陶军,陈宗恒,2016."海马"号无人遥控潜水器的研制与应用[J].工程研究:跨学科视野中的工程,8(2):185.

万步炎,黄筱军,2006.深海浅地层岩芯取样钻机的研制[J].矿业研究与开发,26(B10):49-51.

万步炎,金永平,黄筱军,2015.海底20m岩芯取样钻机的研制[J].海洋工程装备与技术,2(1):1-5.

汪集暘,2015.地热学及其应用[M].北京:科学出版社.

汪品先,2019.大洋钻探与中国的海洋地质[J].海洋地质与第四纪地质,39(1):10-17.

王冰,栾振东,张鑫,等,2018.一种新型的6000米深水可视可控轻型沉积物柱状取样系统[J].海洋科学,42(7):27-33.

王春瑞,2010.星基广域差分GPS的应用与精度分析[J].海洋测绘,3(4):54-56.

王广福,刘福田,徐礼国,等,1998.大动态、宽频带、三分量数字海底地震仪OBS863-1[C]//陈颙,王水,秦蕴珊,等,寸丹集——庆贺刘光鼎院士工作50周年学术论文集.北京:科学出版社:152-160.

王力峰,尚久靖,梁金强,等,2016.南海东北部陆坡水南海东北部陆坡水合物钻探区海底表层热导率分布特征[J].海洋地质与第四纪地质,36(2):29-37.

王猛,邓明,伍忠良,等,2017.新型坐底式海洋可控源电磁发射系统及其海试应用[J].地球物理学报,60(11):4253-4261.

王猛,张汉泉,伍忠良,等,2013.勘查天然气水合物资源的海洋可控源电磁发射系统[J].地球物理学报,56(11):3708-3717.

王铭,景建恩,邓明,等,2016.海洋可控源电磁数据可视化预处理软件开发[J].地球物理学进展,31(4):1845-1851.

王琪,刘雁春,暴景阳,2002.声呐记录失真分析[J].海洋技术,21(3):72-74.

王去伪,1989.潜水器在海洋水下作业中的应用[J].海洋科学,13(4):71.

王石,张建强,杨舒卉,等,2019.国内外无人艇发展现状及典型作战应用研究[J].活力与指挥控制,44(2):11-15.

王世栋,田烈余,王俊珠,等,2020.海洋地质十号船钻探系统及其在海洋地质调查中的应用[J].探矿工程(岩土钻掘工程),47(2):24-29.

王舒畋,2008.浅层物探技术在近海灾害地质与工程地质调查中的应用[J].海洋石油,28(1):6-12.

王巍,2013.惯性技术研究现状及发展趋势[J].自动化学报,39(6):723-729.

王伟巍,2010.海底地震勘探最新方法与技术发展[J].中国科技成果,11(6):7-11.

王伟巍,谢城亮,赵庆献,等,2015.横波勘探在海洋天然气水合物调查中的应用[J].海洋技术学报,34(2):111-117.

王艳,2011.海缆路由探测中浅地层剖面仪的现状及应用[J].物探装备,21(3):145-149.

王智,严建华,张洪源,2011.长河二号导航系统及其技术更新[J].数字通信世界(6):88-89.

王中林,王心谷,叶思正,1978.海底地层的勘察机械——小型沉放式水下钻机[J].水运工程(10):38-43.

魏文博,2002.我国大地电磁测深新进展及瞻望[J].地球物理学进展,17(2):245-254.

温浩然,魏纳新,刘飞,2015.水下滑翔机的研究现状与面临的挑战[J].船舶工程,37(1):1-6.

温宁,张志荣,王嘹亮,等,2005.深水油气勘探中的长排列大容量震源地震采集技术及其应用[J].地质与勘探,40(增刊):2-5.

吴世敏,周蒂,丘学林,2001.南海北部陆缘的构造属性问题[J].高校地质学报,7(4):419-426.

吴水根,周建平,顾春华,等,2007.全海洋浅地层剖面仪及其应用[J].海洋学研究,25(2):91-96.

吴永亭,2013.LBL 精密定位理论方法研究及软件系统研制[D].武汉:武汉大学.

吴勇毅,2018."天音计划"开启卫星导航迎来北斗时代[J].上海信息化(7):10-16.

吴志强,2014.海洋宽频带地震勘探技术新进展[J].石油地球物理勘探,49(3):421-431.

吴自银,郑玉龙,初凤友,等,2005.海底浅表层信息声探测技术研究现状及发展[J].地球科学进展,20(11):1211-1217.

伍林,等,2005.拉曼光谱技术的应用及研究进展[J].光散射学报,17(2):180-186.

夏戡原,丘学林,黄慈流,等,1999.莺歌海盆地深部结构及盆地演化初探[C]//广东省海洋学会.中国及邻近海域海洋科学讨论会:176-177.

相里斌,1997.傅里叶变换光谱仪中的主要技术环节[J].光子学报,26(6):550-554.

肖合来提·阿布列肯木,张少武,2012.走航式 ADCP 在外业测量中的应用[J].吉林水利,4:19-23.

徐建,郑玉龙,包更生,等,2011.基于声学深拖调查的海山微地形地貌研究:以马尔库斯-威克海岭一带的海山为例[J].海洋学研究,29(1):17-24.

徐匡迪,2002.发展海洋工程技术开发利用海洋资源[J].海洋开发与管理,19(5):4-7.

徐行,李亚敏,罗贤虎,等,2012.南海北部陆坡水合物勘探区典型站位不同类型热流对比[J].地球物理学报,55(3):998-1006.

徐行,罗贤虎,肖波,2005.海洋地热流测量技术及其方法研究[J].海洋技术,24(1):77-81.

徐行,施小斌,罗贤虎,等,2006.南海西沙海槽地区的海底热流测量[J].海洋地质与第四纪地质,26(4):51-58.

许枫,魏建江,2006.第七讲 侧扫声呐[J].物理,35(12):1034-1037.

许广清,1997.8A4 水下机器人控制系统[J].船舶工程(3):42-45.

许竞克,王佑君,侯宝科,等,2011.ROV 的研发现状及发展趋势[J].四川兵工学报,32(4):71.

晏勇,马培荪,王道炎,等,2005.深海 ROV 及其作业系统综述[J].机器人,27(1):82.

杨木壮,梁金强,郭依群,等,2001.天然气水合物调查研究方法与技术[J].海洋地质动态,17(7):14-19.

殷长春,贲放,刘云鹤,等,2014.三维任意各向异性介质中海洋可控源电磁法正演研究[J].地球物理学报,57(12):4110-4122.

殷长春,刘云鹤,翁爱华,等,2012.海洋可控源电磁法空气波研究现状及展望[J].吉林大学学报(地球科学版),42(5):1506-1519.

于新伟,陈林,王化明,等,2017.破冰船技术发展现状分析[J].造船技术(3):1-4.

于宗明,张乐乐,2019.双频测深仪对淤泥层测定的分析[J].工程技术研究,4(10):92-93.

余本善,孙乃达,2015.海上宽频地震采集技术新进展[J].石油科技论坛(1):41-45.

喻普之,李乃胜,1992.东海地壳热流[M].北京:海洋出版社.

臧启运,韩贻兵,徐孝诗,1999.重力活塞取样器取样技术研究[J].海洋技术,18(2):57-62.

张春华,刘纪元,2006.第二讲 合成孔径声呐成像及其研究进展[J].物理,35(5):408-413.

张光学,徐华宁,刘学伟,等,2014.三维地震与 OBS 联合勘探揭示的神狐海域含水合物地层声波速度特征[J].地球物理学报,57(4):1169-1176.

张光学,徐华宁,刘学伟,等,2015.海底高频地震仪在南海北部天然气水合物探测中的应用[J].海洋地质与第四纪地质,35(1):185-192.

张佳政,赵明辉,丘学林,2012.西南印度洋洋中脊热液活动区综合地质地球物理特征[J].地球物理学进展,27(6):2685-2697.

张金宝,张光学,耿建华,等,2008.南海含天然气水合物地层速度反演方法探讨[J].南海地质研究(1):78-85.

张君元,杨光复,1984.XD-1 型箱式采样器[J].海洋科学,8(1):46-49.

张同伟,刘保华,刘烨瑶,等,2019.大深度载人潜水器之长基线定位系统海上试验及载人深潜应用[J].应用基础与工程科学学报,27(6):1429-1436.

张同伟,秦升杰,唐嘉陵,等,2019.深海船载走航式声学多普勒流速剖面仪[J].舰船电子工程,39(2):146-149.

张鑫,栾振东,阎军,等,2012.深海沉积物超长取样系统研究进展[J].海洋地质前沿,28(12):40-45.

张旭,018.海底摄像系统在中国大洋资源调查中的应用[J].机电工程技术,47(4):35-37,107.

张训华,赵铁虎,褚宏宪,等,2017.海洋地质调查技术[M].北京:海洋出版社.

张亚斌,施荣富,姚刚,2013.Q-Marine技术和特色处理技术在东海海域油气区的应用[J].石油天然气学报,35(6):47-52.

张异彪,郑荣耀,杨军,2018.海底振动柱状取样设备及取样技术的改进[J].海洋石油,38(3):96-99.

张赵英,2003.CTD测量技术的现状与发展[J].海洋技术,22(4):105-110.

赵建虎,2015.现代海洋测绘[M].武汉:武汉大学出版社.

赵建虎,刘经南,2008.多波束测深及图像数据处理[M].武汉:武汉大学出版社.

赵建虎,欧阳永忠,王爱学,2017.海底地形测量技术现状及发展趋势[J].测绘学报,46(10):1786-1794.

赵明辉,丘学林,徐辉龙,等,2011.南海南部深地震探测及南北共轭陆缘对比[J].地球科学——中国地质大学学报,36(5):823-830.

赵明辉,丘学林,叶春明,等,2004.南海东北部海陆深地震联测与滨海断裂带两侧地壳结构分析[J].地球物理学报,47(5):845-852.

赵铁虎,2011.海底高分辨率声学探测及其应用[D].青岛:中国海洋大学.

赵铁虎,张训华,冯京,2010.海底油气渗漏浅表层声学探测技术[J].海洋地质与第四纪地质,30(6):149-155.

郑权,2016.单波束水深测量综合数据处理系统设计与实现[D].天津:天津大学.

郑玉权,王慧,王一凡,2009.星载高光谱成像仪光学系统的选择与设计[J].光学精密工程,17(11):2629-2637.

中国矿业报,2015.我国完成深海海床60m钻探试验[J].地质装备,16(4):9.

周忠谟,易杰军,周琪,2004.GPS卫星测量原理与应用[M].北京:测绘出版社.

朱俊江,李三忠,2017.高分辨率三维海洋反射地震P-Cable系统应用进展[J].海洋地质与第四纪地质.37(4):221-228.

朱伟亚,何智敏,万步炎,等,2010.海底地质勘探多次取芯钻机试验研究[J].矿业研究与开发,30(4):33-36.

宗正,熊学军,刘玉红,等,2018.水下滑翔机的中尺度涡观测方法[J].海洋科学进展,26(2):108-187.

AKSU A E, HISCOTT R N, YAAR D, et al., 2002. Seismic stratigraphy of Late Quaternary deposits from the southwestern Black Sea shelf: Evidence for non-catastrophic variations in sea-level during the last~10000yr[J]. Marine Geology,190(1-2):61-94.

ANDERSON C, MATTSSON J, 2010. An integrated approach to marine electromagnetic surveying using a towed streamer and source[J]. First break,28(5):71-75.

ANONYMOUS,1985. New ODP Drillship JOIDES Resolution[J]. Eos Transactions American Geophysical Unior,66(10):106-106.

AYLING L J, JENNER J W, NEFFGEN J M, 2003. Seabed located drilling rig-ITF pioneer project[C]//2003 Offshore Technology Conference:OTC:5-8.

BARRY J P, HASHIMOTO J, 2009. Revisiting the challenger deep using the ROV KAIKO[J]. Marine Technology Society Journal,43(5):77.

BRICE T, 2011. Designing, acquiring and processing a multivessel coil survey in the Gulf of Mexico[J]. SEG Technical Program Expanded Abstract,30:92-96.

BULLARD E C, 1954. The flow of heat through the floor of the Atlantic Ocean[J]. Proc. Roy. Soc. London Ser, A.,222:408-429.

BUTTERWORTH S, 1924. The distribution of the magnetic field and return current round a submarine cable carrying alternating current. Part 2[J]. Philosophical Transactions of the Royal Society A: Mathematical, Physical and Engineering Sciences,224(616-625):141-184.

CACCIA M, BIBULI M, BRUZZONE G, et al., 2009. Charlie, a testbed for USV research[J]. IFAC Proceedings Volumes,42(18):97-102.

CHEN K, DENG M, LUO X H, et al., 2017. A micro ocean-bottom E-field receiver[J]. Geophysics,82(5):1-38.

CHEN K, WEI W, DENG M, et al., 2015. A new marine controlled-source electromagnetic receiver with an acoustic telemetry modem and arm-folding mechanism[J]. Geophysical Prospecting,63(6):1420-1429.

CHRIST R D, WERNLI R L Sr, 2013. The ROV manual: A user guide for remotely operated vehicles[M]. Amsterdam: Butterworth-Heinemann.

COLE R A, FRENCH W S, 1984. Three-dimensional marine seismic data acquisition using controlled streamer feathering[J]. SEG Technical Program Expanded Abstract,3:293-295.

CONSTABLE S C, 2013. Review paper: Instrumentation for marine magnetotelluric and controlled source electromagnetic sounding[J]. Geophysical Prospecting, 61(s1): 505-532.

CONSTABLE S, 2010. Ten years of marine CSEM for hydrocarbon exploration[J]. Geophysics, 75(5): 75A67-75A81.

CONSTABLE S, SRNKA L J, 2007. An introduction to marine controlled source electromagnetic methods for hydrocarbon exploration[J]. Geophysics, 72(2): WA3-WA12.

CORCORAN C, PERKINS C, LEE D, et al., 2007. A Wide-Azimuth streamer acquisition Pilot project in the Gulf of Mexico[J]. The Leading Edge, 26(4): 460-468.

COX C S, CONSTABLE S, CHAVE A D, et al., 1986. Controlled source electromagnetic sounding of the oceanic lithosphere[J]. Nature, 320(6067): 52-54.

DE BRAUWER M, HOBBS J P A, AMBORAPPE R, et al., 2018. Biofluorescence as a survey tool for cryptic marine species[J]. Conservation Biology, 32(3): 706-715.

DENG J, VINE D J, CHEN S, et al., 2015. Simultaneous cryo X-ray ptychographic and fluorescence microscopy of green algae[J]. Proceedings of the National Academy of Sciences, 112(8): 2314-2319.

DRYSDALE C V, 1924. The Distribution of the Magnetic Field and Return Current Round a Submarine Cable Carrying Alternating Current. Part 1. Philosophical Transactions of the Royal Society A: Mathematical, Physical and Engineering Sciences, 224(616-625): 95-140.

DUMKE I, NORNES S M, PURSER A, et al., 2018. First hyperspectral imaging survey of the deep seafloor: High-resolution mapping of manganese nodules[J]. Remote Sensing of Environment, 209: 19-30.

EBENIRO J O, O'BRIEN W P, SHAUB F J, 1986. Crustal structure of the South Florida Platform, eastern Gulf of Mexico: An ocean-bottom seismograph refraction study[J]. Marine Geophysical Researches, 8(4): 363-382.

EDWARDS R N, 2005. Marine controlled source electromagnetic principles, methodologies, future commercial applications[J]. Surveys in Geophysics, 26(6): 675-700.

ELLINGSRUD S, EIDESMO T, JOHANSEN S, et al., 2002. Remote sensing of hydrocarbon layers by seabed logging (SBL): Results from a cruise offshore Angola[J]. The Leading Edge, 21(10): 972-982.

FREUDENTHAL T, MARUM G W, 2009. Shallow drilling in the deep sea: a new technological perspective for the next phase of scientific ocean drilling[C]//Proceedings of the New Ventures in Exploring Scientific Targets Conference, Bremen, IODP: 1-6.

FREUDENTHAL T, WEFER G, 2007. Scientific Drilling with the Sea Floor Drill Rig MeBo[J]. Scientific Drilling, 5(5): 63-66.

GAUTHIER M, 2014. Quantifying the impact of bottom trawling on soft-bottom megafauna communities using video and scanning-sonar data on the continental slope off Vancouver Island, British Columbia[J]. Journal of Geophysical Research Oceans, 116(C9): 1527-1540.

GERARD R, LANGSETH M G, EWING M, 1962. Thermal gradient measurements in the water and bottom sediment of western Atlantic[J]. J. Geophys. Res., 67: 785-803.

GLASBY G P, 2002. Deep seabed mining: past failures and future prospects[J]. Mar. Georesour. Geotechnol, 2: 161-176.

GREVEMEYER I, Ro SENBERGER A, VILLINGER H, 2000. Natural gas hydrates on the continental slope off Pakistan: constrains from seismic techniques[J]. Geophys. J. Int, 140: 295-310.

HARRIES S, 2012. Isometric in-line and cross-line sampling advances marine 3D seismic[J]. World Oil, 233(10): 73-78.

HARTMANN A, VILLINGER H, 2002. Inversion of marine heat flow measurements by expansion of the temperature decay function[J]. Geophys. J. Int., 148: 628-636.

HOAGLANG P, et al., 2010. Deep-sea mining of seafloor massive sulfides[J]. Mar. Policy, 34: 728-732.

HOWARD M S, MOLDOVEANU N, 2006. Marine survey design for Rich-Azimuth seismic using surface streamers[J]. SEG Technical Program Expanded Abstract, 25(1): 2915-2919.

HYNDMAN R, DAVIS E, WRIGHT J A, 1979. The measurement of marine geothermal heat flow by a multipenetration probe digital acoustic telemetry an in-situ thermal conductivity[J]. Mar. Geophys. Res., 4(2): 181-205.

JACOBSON R S, DORMAN L M, PURDY G M, et al., 1991. Ocean bottom seismometer facilities available[J]. EOS Transactions American Geophysical Union, 72(46): 506-515.

JING J E, CHEN K, DENG M, et al., 2019. A marine controlled-source electromagnetic survey to detect gas hydrates in the Qiongdongnan Basin, South China Sea[J]. Journal of Asian Earth Sciences, 171: 201-212.

JOHNSEN G,et al.,2013. Underwater hyperspectral imagery to create biogeochemical maps of seafloor properties[M]//Watson J,Zielinski O,Subsea Optics and Imaging. Cambridge:Woodhead Publishing Ltd.

JONATHAN T,JACK W,MICHAEL J A,et al.,2019. Applied marine hyperspectral imaging:coral bleaching from a spectral viewpoint[J]. Spectroscopyeurope,31(1):13-17.

KODAIRA S,NAKAMURA Y,FUJIE G,et al.,2019. Marine active-source seismic studies in the Japan Trench:a seismogenic zone in an ocean-continent collision zone[J]. Acta Geologica Sinica,93(S1):94-95.

KRUSE F A,LEFKOFF A B,BOAORDMAN J W,et al.,1993. The Spectral Image Processing System (SIPS)-interactive visualization and analysis of imaging spectrometer data[J]. Remote Sens. Environ,44,145-163.

LIQUETE C,CANALS M,LUDWIG W,et al.,2009. Sediment discharge of the rivers of Catalonia,NE Spain,and the influence of human impacts[J]. Journal of Hydrology,366(1-4):76-88.

LISTER C R B,1979. The pulse-probe method of conductivity measurement[J]. Geophysical Journal International,57(2):451-461.

LIU S Q,ZHAO M H,SIBUET J-C,et al.,2018. Geophysical constraints on the lithospheric structure in the northeastern South China Sea and its implications for the South China Sea geodynamics[J]. Tectonophysics,742-743:101-119.

LV C X,YU H S,CHI J R,et al.,2019. A hybrid coordination controller for speed and heading control of underactuated unmanned surface vehicles system[J]. Ocean Engineering,176:222-230.

MAKRIS J,EGLOFF F,RIHM R,1999. WARRP (Wide Aperture Reflection and Refraction Profiling):The principle of successful data acquisition where conventional seismic fails[J]. SEG Technical Program Expanded Abstracts,18(1):989-992.

MAKRIS J,PAPOULIA J,PAPANIKOLAOU D,et al.,2015. Thinned continental crust below northern Evoikos Gulf,central Greece,detected from deep seismic soundings[J]. Tectonophysics,341(1):225-236.

MANLEY J E,2008. Unmanned surface vehicles,15 years of development[C]. IEEE International Conference on Oceans:1-4.

MAZEL C H,2005. Underwater fluorescence photography in the presence of ambient light[J]. Limnology and Oceanography:Methods. 3(11):499-510.

MAZEL C H, VERBEEK E R, 2014. Fluorescence of minerals under blue light. The Picking Table[J]. Journal of the Franklin-Ogdensburg Mineralogical Society,55(2):13-25.

MICHEL J L,KLAGES M,BARRIGA F J,et al.,2003. Victor 6000:design,utilization and first improvements[C]//The International Society offshore and Polar Engineers. Proceedings of The Thirteenth International Offshore and Polar Engineering Conference. Hawaii. USA:7-14.

MILLARD F C, HOLLY K G, NOBUHISA E,2013. Determining Scientific Projects for the Deep-Sea Drilling Vessel Chikyu[J]. Eos transactions american geophysical union,94(29):256-256.

MITTET R,TOR S P,2008. Shaping optimal transmitter waveforms for marine CSEM surveys[J]. Geophysics,73(3):97-104.

MOLDOVEANU N,COMBEE L,EGAN M,et al.,2007. Over/Under Towed-Streamer Acquisition:a method to extend seismic bandwidth to both higher and lower frequencies[J]. The Leading Edge,26(1):41-58.

MOLDOVEANU N,KAPOOR J,EGAN M,2008. Full-azimuth imaging using circular geometry acquision[J]. The Leading Edge,27(7):908-913.

MULLEN A D,TREIBITZ T,ROBERTS P L D,et al.,2016. Underwater microscopy for in situ studies of benthic ecosystems[J]. Nat. Commun,7:1-9.

MURRAY R E,2010. Deep water automated coring system (DWACS)[C]//OCEANS 2010. IEEE. Seattle:Oceanic Engineering Society.

NIGHTSEA,Fluorescence Reveals Hard-To-Find Marine Life[EB/OL]. [2020-10-15]. https://www.nightsea.com/articles/fluorescence-reveals-hard-study-marine-life.

NISSEN S S,HAYES D E,YAO B C,et al.,1995. Gravity,heat flow,and seismic constraints on the processes of crustal extension:Northern margin of the South China Sea[J]. J. Geophys. Res.,100(B11):22 447-22 483.

PEGGY D,SEAN H,2009. "Core on deck!" The End of SODV and the Return of the JOIDES Resolution as the IODP Riserless Vessel[J]. Scientific Drilling,8(8):75-82.

PEREZ-GARCIA C,FESEKER T,MIENERT J,et al.,2009. The Hakon Mosby mud volcano:330? 000? years of focused fluid flow activity at the SW Barents Sea slope[J]. Marine Geology,262(1-4):105-115.

PLANKE S,ERIKSEN F N,BERNDT C,et al.,2009. P - Cable High - Resolution Seismic[J]. Spotlight on Technology,22(1):85.

ROSS R,2008. Full - azimuth imaging using coil shooting acquision[J]. First Break,26(12):69-74.

SARRAZIN J,JUNIPER K S,1998. The use of video imagery to gather biological information at deep - sea hydrothermal vents[J]. Cah. Biol. Mar.,39:255-258.

SAVITZ S,BLICKSTEIN I,BURYK P,et al.,2013. U. S. navy employment options for unmanned surface vehicles (USVs) [R]. Santa Monica:Rand National Defense Research Institute.

SHERMAN D,KANNBERG P,CONSTABLE S,2016. Surface towed electromagnetic system for mapping of subsea Arctic permafrost[J]. Earth and Planetary Science Letters,460:97-104.

SHERMAN KANNBERG P,CONSTABLE S,2016. Surface towed electromagnetic system for mapping of subsea Arctic permafrost[J]. Earth and Planetary Science Letters,460:97-104.

SHYU C,CHEN Y,CHIANG S,et al.,2006. Heat flow measurements over bottom simulating reflectors offshore southwestern Taiwan[J]. Terr. Atmos. Ocean Sci.,17(4):845-869.

SMALLWOOD D A,2003. Advances in dynamical modeling and control of underwater robotic vehicles[EB/OL]. (2003-10-20)[2020-11-20]. http://www. ams. jhu. edu/~seminar/seminar/20031120whitcomb. pdf.

SOHN Y,Rebello N S,2002. Supervised and unsupervised spectral angle classifiers[J]. Photogramm. Eng. Remote Sens,68:1271-1280.

SVEN P,PETER M,HERZIG T,et al.,2005. Hannington,Thomas Monecke,J. Bruce Gemmell. Shallow Drilling of Seafloor Hydrothermal Systems Using the BGS Rockdrill:Conical Seamount (New Ireland Fore - Arc) and PACMANUS (Eastern Manus Basin),Papua New Guinea[J]. Marine Georesources &Geotechnology,23(3):175-193.

TAKAHASHI H,WATANABE T,KITAGAWA D,2005. A method to estimate carapace width of the red queen crab Chionoecetes japonicus using video images taken with a deep - sea video monitoring system on a towed sledge[J]. Nippon Suisan Gakkaishi,71(4):542-548.

TEGDAN J,EKEHAUG S,HANSEN I M,et al.,2015. Underwater hyperspectral imaging for environmental mapping and monitoring of seabed habitats[C]//OCEANS 2015,Genova:1-6.

TEZCAN D,OKYAR M,2006. Seismic stratigraphy of Late Quaternary deposits on the continental shelf of Antalya Bay,Northeastern Mediterranean[J]. Continental Shelf Research,26(14):1595-1616.

TREIBITZ T,NEAL B P,KLINE D I,et al.,2015. Wide field - of - view fluorescence imaging of coral reefs[J]. Scientific reports,5(1):1-9.

VILLINGER H,DAVIS E E,1987. A new reduction algorithm for marine heat flow measurements[J]. Journal Geophysical Research,92:12 846-12 856.

VON HERZEN R P,MAXELL A E,1959. The measurement of thermal conductivity of deep - sea sediments by a needle probe method[J]. J. Geophys. Res.,64:1557-1563.

WANG M,DENG M,ZHAO Q X,et al.,2015. Two types of marine controlled source electromagnetic transmitters[J]. Geophysical Prospecting,63:1403-1419.

WATANABE T,KITAGAWA D,2004. Estimating net efficiency of a survey trawl for the snow crabs (Chionoecetes opilio and C. japonicus) using a deep - sea video monitoring system on a towed sledge[J]. Nippon Suisan Gakkaishi,70(3):297-303.

WIDMAIER M,FROMYR E,DIRKS V,2015. Dual - sensor towed streamer:from concept to fleet - wide technology platform[J]. Marine Seismic,33:83-89.

YAN P,ZHOU D,LIU Z S,2001. A crustal structure profile across the northern continental margin of South China Sea[J]. Tectonophysics,338:1-21.

ZHAO M H,JUAN P C,ROBERT A S,2012. Three - dimensional seismic structure of a Mid - Atlantic Ridge segment characterized by active detachment faulting (Trans - Atlantic Geotraverse,25°55′N—26°20′N)[J]. Geochemistry,Geophysics,Geosystems,13(1):1-22.

ZWEIFLER A,AKKAYNAK D,MASS T,et al.,2017. In situ Analysis of Coral Recruits Using Fluorescence Imaging[J]. Front. Mar. Sci.,4(4):273.